单墫 主编

数学奥林匹克
命题人讲座

代数不等式

陈 计 季潮丞 著

上海科技教育出版社

图书在版编目(CIP)数据

代数不等式/陈计著. —上海：上海科技教育出版社，2009.8(2025.9重印)

(数学奥林匹克命题人讲座/单墫主编)

ISBN 978-7-5428-4848-2

Ⅰ.代… Ⅱ.陈… Ⅲ.不等式—高中—教学参考资料 Ⅳ.G634.603

中国版本图书馆CIP数据核字(2009)第098698号

丛书序

读书,是天下第一件好事。

书,是老师。他循循善诱,传授许多新鲜知识,使你的眼界与思路大开。

书,是朋友。他与你切磋琢磨,研讨问题,交流心得,使你的见识与能力大增。

书的作用太大了!

这里举一个例子:常庚哲先生的《抽屉原则及其他》(上海教育出版社,1980年)问世后,很快地,连小学生都知道了什么是抽屉原则。而在此以前,几乎无人知道这一名词。

读书,当然要读好书。

常常有人问我:哪些奥数书好?希望我能推荐几本。

我看过的书不多。最熟悉的是上海的出版社出过的几十本小册子。可惜现在已经成为珍本,很难见到。幸而上海科技教育出版社即将推出一套"数学奥林匹克命题人讲座"丛书,帮我回答了这个问题。

这套丛书的书名与作者初定如下:

黄利兵	陆洪文	《解析几何》
王伟叶	熊　斌	《函数迭代与函数方程》
陈　计	季潮丞	《代数不等式》
田廷彦		《圆》
冯志刚		《初等数论》
单　墫		《集合与对应》《数列与数学归纳法》
刘培杰	张永芹	《组合问题》
任　韩		《图论》
田廷彦		《组合几何》

唐立华　　　　　　　《向量与立体几何》
杨德胜　　　　　　　《三角函数·复数》

显然，作者队伍非常之强。老辈如陆洪文先生是博士生导师，不仅在代数数论等领域的研究上取得了卓越的成绩，而且十分关心数学竞赛。中年如陈计先生于不等式，是国内公认的首屈一指的专家。其他各位也都是当下国内数学奥林匹克的领军人物。如熊斌、冯志刚是2008年IMO中国国家队的正副领队、中国数学奥林匹克委员会委员。他们为我国数学奥林匹克做出了重大的贡献，培养了很多的人才。2008年9月14日，"国际数学奥林匹克研究中心"在华东师范大学挂牌成立，担任这个研究中心主任的正是多届IMO中国国家队领队、华东师范大学数学系副教授熊斌。

这些作者有一个共同的特点：他们都为数学竞赛命过题。

命题人写书，富于原创性。有许多新的构想、新的问题、新的解法、新的探讨。新，是这套丛书的一大亮点。读者一定会从这套丛书中学到很多新的知识，产生很多新的想法。

新，会不会造成深、难呢？

这套书当然会有一定的深度，一定的难度。但作者是命题人，充分了解问题的背景（如刘培杰先生就曾专门研究过一些问题的背景），写来能够深入浅出，"百炼钢化为绕指柔"。另一方面，倘若一本书十分浮浅，一点难度没有，那也就失去了阅读的价值。

读书，难免遇到困难。遇到困难，不能放弃。要顶得住，坚持下去，锲而不舍。这样，你不但读懂了一本好书，而且也学会了读书，享受到读书的乐趣。

书的作者，当然要努力将书写好。但任何事情都难以做到完美无缺。经典著作尚且偶有疏漏，富于原创的书更难免有考虑不足的地方。从某种意义上说，这种不足毋宁说是一种优点：它给读者留下了思考、想象、驰骋的空间。

如果你在阅读中，能够想到一些新的问题或新的解法，能够发现书中的不足或改进书中的结果，那就是古人所说的"读书得间"，值得祝贺！

我们欢迎各位读者对这套丛书提出建议与批评。

感谢上海科技教育出版社,特别是编辑卢源先生,策划组织编写了这套书。卢编辑认真把关,使书中的错误减至最少,又在书中设置了一些栏目,使这套书增色很多。

单 墫
2008 年 10 月

前　言

八十年来，哈代(G. H. Hardy)、贝尔曼(R. Bellman)等许多数学家花了不少时间与精力，系统地研究不等式，写下了一些名著. 1993 年米特里诺维奇(Mitrinović)、佩查里奇(Pečarić)与芬克(Fink)的《经典与全新不等式》(*Classical and New Inequalities*)更是一部近乎词典式的工具书. 然而，人们似乎很难从中找到所需要的东西.

在各级数学竞赛中，不等式是一个重要的考点. 笔者参与过一些竞赛的命题工作. 如"三角形周界的三等分点，构成的三角形面积，大于原三角形面积的 $\frac{2}{9}$."罗承辉及笔者将其特例提供给 1988 年全国高中数学联赛作为第 2 试第 2 题，原题则刊登在了《美国数学月刊》(*Amer. Math. Monthly*)的问题栏(1990 年 E3397 题).

本书的主题是代数不等式，这不仅是当下数学奥林匹克的命题热点，也是几何不等式的基础. 书中还涉及一些分析不等式的内容，这是卢源编辑根据笔者 1989 年在宁波大学的讲稿整理的.

数学竞赛中的不等式，已有许多论著，特别值得提出的是：
单墫,《数学竞赛研究教程》
Hojoo Lee,《*Topics in Inequalities*》
Pham Van Thuan, Le Vi,《*Olympiad Inequalities*》
Vasile Cirtoaje,《*Algeraic Inequalities*》

本书的写作深受其影响，但无意掠人之美，努力给出一些原创的东西，就教于方家. 本书承叶一超先生校对，感谢.

陈计
2009 年 7 月于怡江春色

目 录

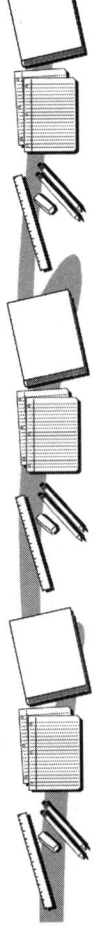

前言

第一讲　不等式与恒等式 / 1

§1.1　柯西不等式与拉格朗日恒等式 / 3

§1.2　一些简单不等式的证明 / 12

§1.3　算术平均-几何平均不等式 / 19

第二讲　变换 / 34

§2.1　三角变换 / 34

§2.2　代数变换 / 38

§2.3　增量变换 / 50

§2.4　建立新的有效不等式 / 61

第三讲　齐次化与正规化 / 88

§3.1　齐次化 / 88

§3.2　舒尔不等式和米尔黑德定理 / 93

§3.3　正规化 / 105

第四讲　数列中的不等式 / 115

第五讲　凸函数及一些复杂不等式 / 134

§5.1　凸函数 / 134

§5.2　赫尔德不等式 / 140

§5.3　幂平均单调性定理 / 144
§5.4　闵科夫斯基不等式 / 149
§5.5　切比雪夫不等式 / 154

第六讲　arqady 的不等式技巧 / 158

参考答案及提示 / 192

第一讲 不等式与恒等式

不等式与恒等式有密切的联系,将一个恒等式略去一些项或一些因式,就可以产生一个不等式.利用一些完全平方式的和非负的特性,可以产生或证明几乎所有的不等式.

但是,不等式的证明仍然比恒等式困难得多,因为"恒等式一旦写出来,就成为显然的."但不等式,甚至外形极简单的不等式,证明起来也可能不那么简单,这是因为我们不知道相应的恒等式.

本讲中,我们主要通过一些例子的讨论,试图探求找出这些相应恒等式的蛛丝马迹.

我们会用到 $\sum\limits_{cyc}$ 和 $\sum\limits_{sym}$ 两个符号,分别表示轮换求和与对称求和.同时把多项式中的第一个变量换成第二个变量,第二个变量换成第三个变量,……,最后一个变量换成第一个变量,这种变换叫做轮换,把所有轮换的式子相加,即轮换求和.把多项式中的任意两个变量互换位置,可得到另一个多项式,把所有经过这种变换的式子相加,即对称求和.

例如,对有三个变量 a,b,c 的情况:

$$\sum_{cyc} f(a,b,c) = f(a,b,c) + f(b,c,a) + f(c,a,b),$$

$$\sum_{sym} f(a,b,c) = f(a,b,c) + f(a,c,b) + f(b,a,c)$$
$$+ f(b,c,a) + f(c,a,b) + f(c,b,a).$$

特别地,当 $f(a,b,c) = f(a,c,b)$ 时,我们记

$$\sum_{sym} f(a,b,c) = f(a,b,c) + f(b,c,a) + f(c,a,b)$$

类似地,还有

$$\prod_{cyc} f(a,b,c) = f(a,b,c) \cdot f(b,c,a) \cdot f(c,a,b).$$

本讲第 3 节专门介绍了极其重要的算术平均-几何平均不等式,以及历史上多位数学家给出的或初等或高深的证明,有些用到了比较现代的数学工具,读者可有选择性地阅读.

第一讲 不等式与恒等式

§1.1 柯西不等式与拉格朗日恒等式

最基本的不等式是用"任何实数的平方是非负的"来证明的. 作为这一原理的实际应用,我们选定 $y_1 - y_2$ 作为我们的实数,其中 y_1 和 y_2 是实数. 于是有不等式 $(y_1 - y_2)^2 \geqslant 0$,展开得

$$y_1^2 + y_2^2 \geqslant 2 y_1 y_2, \tag{1}$$

当且仅当 $y_1 = y_2$ 时等号成立. 这是连接算术平均和几何平均不等式的最简形式.

下面我们给出一些简单的不等式例题.

例1 已知 $a^2 + b^2 + c^2 + d^2 = 1$. 求证:

$$(a+b)^4 + (a+c)^4 + (a+d)^4 + (b+c)^4 + (b+d)^4 + (c+d)^4 \leqslant 6. \tag{2}$$

证明 注意到

$$\begin{aligned}&(a+b)^4 + (a+c)^4 + (a+d)^4 + (b+c)^4 + (b+d)^4 \\&+ (c+d)^4 + (a-b)^4 + (a-c)^4 + (a-d)^4 + (b-c)^4 \\&+ (b-d)^4 + (c-d)^4 \\&= 6(a^2 + b^2 + c^2 + d^2)^2,\end{aligned} \tag{3}$$

由式(3)立即得到式(2)成立.

对于类似式(3)的恒等式平时要注意积累.

例2 设 $a,b,c,d>0$，且 $d=\max\{a,b,c,d\}$，证明：
$$a(d-b)+b(d-c)+c(d-a)<d^2. \quad (4)$$

证明 式(4)右边减去左边，并对 d 整理得
$$d^2-d(a+b+c)+(ab+bc+ca), \quad (5)$$
联想到恒等式
$$(d-a)(d-b)(d-c)$$
$$=d^3-d^2(a+b+c)+d(ab+bc+ca)-abc, \quad (6)$$
对比(5)、(6)可知(4)成立.

点评 得出式(5)后我们容易误入歧途，试图去证明
$$(a+b+c)^2-4(ab+bc+ca)\geqslant 0, \quad (7)$$
从而判别出式(5)恒正，但事实上式(7)并不成立.

例3 设 $S_n=1+2+3+\cdots+n, n\in\mathbf{N}$，求 $f(n)=\dfrac{S_n}{(n+32)S_{n+1}}$ 的最大值.

（2003年江苏省夏令营）

解
$$f(n)=\frac{S_n}{(n+32)S_{n+1}}=\frac{n}{(n+32)(n+2)}=\frac{n}{n^2+34n+64}$$
$$=\frac{1}{n+34+\dfrac{64}{n}}=\frac{1}{\left(\sqrt{n}-\dfrac{8}{\sqrt{n}}\right)^2+50}\leqslant\frac{1}{50}.$$

例4 设 $x,y,z\in\mathbf{R}^+$，且 $xyz(x+y+z)=1$，求 $(x+y)(x+z)$ 的最小值.

解 由 $xyz(x+y+z)=1$，可得 $x^2+xy+xz=\dfrac{1}{yz}$，于是
$$(x+y)(x+z)=x^2+xy+xz+yz=yz+\dfrac{1}{yz}$$

$$= \left(\sqrt{yz} - \frac{1}{\sqrt{yz}}\right)^2 + 2, \tag{8}$$

容易由式(8)得出最小值为 2.

当然式(8)的最后也可以由基本不等式得到最小值为 2,即:$yz + \frac{1}{yz} \geq 2$.

事实上,类似这样的条件不等式往往变化多端,如果不抓住特点常常会使问题变得很难把握.在后面的内容里我们会特意提到这类条件不等式.

例 5 设 x,y,z 是非负实数,且满足 $\sum\limits_{cyc} x = 32$. 试求 $\sum\limits_{cyc} x^3 y$ 的最大值.

解 不妨设 $x = \max\{x, y, z\}$,则
$$27\left(\sum_{cyc} x\right)^4 - 256\left(\sum_{cyc} x^3 y\right)$$
$$= z(148(xz(x-z) + y^2(x-y)) + 108(yz^2 + x^3)$$
$$+ 324xy(x+z) + 27z^3 + 14x^2z + 162y^2z + 176xy^2)$$
$$+ (x-3y)^2(27x^2 + 14xy + 3y^2) \geq 0,$$

当且仅当 $x - 3y = z = 0$ 时等号成立. 从而
$$\sum_{cyc} x^3 y \leq \frac{27}{256}\left(\sum_{cyc} x\right)^4 = 110592,$$

当且仅当 $x = 24, y = 8, z = 0$ 时等号成立.

利用上面的原理,我们来证明一个结果.

作为平方非负性的更生动的应用,我们考虑和式

$$\sum_{i=1}^{n}(x_i u + y_i v)^2 = u^2 \sum_{i=1}^{n} x_i^2 + 2uv \sum_{i=1}^{n} x_i y_i + v^2 \sum_{i=1}^{n} y_i^2, \quad (9)$$

其中所有的量都是实数.

由于上述关于 u 和 v 的二次型非负,所以它的判别式必非正,可表示成

$$\left(\sum_{i=1}^{n} x_i y_i\right)^2 \leqslant \left(\sum_{i=1}^{n} x_i^2\right)\left(\sum_{i=1}^{n} y_i^2\right), \quad (10)$$

当且仅当集合 $\{x_i\}$ 和 $\{y_i\}$ 对应成比例时等号成立,即存在不全为 0 的数 λ 和 μ,使得

$$\lambda x_i + \mu y_i = 0, \ i = 1, 2, \cdots, n.$$

这就是柯西(Cauchy)不等式.

例 6 证明柯西不等式:

$$\left(\sum_{i=1}^{n} a_i^2\right)\left(\sum_{i=1}^{n} b_i^2\right) \geqslant \left(\sum_{i=1}^{n} a_i b_i\right)^2. \quad (11)$$

证明 式(11)左边减去右边得

$$\left(\sum_{i=1}^{n} a_i^2\right)\left(\sum_{i=1}^{n} b_i^2\right) - \left(\sum_{i=1}^{n} a_i b_i\right)^2$$
$$= \sum_{i=1}^{n} \sum_{j=1}^{n} a_i^2 b_j^2 - \sum_{i=1}^{n} \sum_{j=1}^{n} a_i b_i a_j b_j$$
$$= \frac{1}{2} \sum_{i=1}^{n} \sum_{j=1}^{n} (a_i^2 b_j^2 + a_j^2 b_i^2 - 2 a_i b_i a_j b_j)$$
$$= \frac{1}{2} \sum_{i=1}^{n} \sum_{j=1}^{n} (a_i b_j - a_j b_i)^2$$
$$= \sum_{1 \leqslant i < j \leqslant n} (a_i b_j - a_j b_i)^2$$
$$\geqslant 0,$$

故式(11)成立.

> **点评**
> $$\left(\sum_{i=1}^n a_i^2\right)\left(\sum_{i=1}^n b_i^2\right) - \left(\sum_{i=1}^n a_i b_i\right)^2$$
> $$= \sum_{1\leqslant i<j\leqslant n}(a_i b_j - a_j b_i)^2, \qquad (12)$$
> 这就是拉格朗日(Lagrange)恒等式.

例 7 (纽伯格-佩多(Neuberg-Pedoe)不等式) 设 $\triangle A_1A_2A_3$ 和 $\triangle B_1B_2B_3$ 的边长分别是 a_1,a_2,a_3 和 b_1,b_2,b_3, 它们的面积分别记为 S_1 和 S_2. 证明:
$$a_1^2(b_2^2+b_3^2-b_1^2)+a_2^2(b_3^2+b_1^2-b_2^2)+a_3^2(b_1^2+b_2^2-b_3^2)$$
$$\geqslant 16 S_1 S_2, \qquad (13)$$
当且仅当 $\triangle A_1A_2A_3 \backsim \triangle B_1B_2B_3$ 时等号成立.

证明 我们将式(13)稍微变形后可以得到其等价形式:
$$16 S_1 S_2 \leqslant (a_1^2+a_2^2+a_3^2)(b_1^2+b_2^2+b_3^2) - 2(a_1^2 b_1^2+a_2^2 b_2^2+a_3^2 b_3^2). \qquad (14)$$
移项并应用柯西不等式得
$$16 S_1 S_2 + 2(a_1^2 b_1^2+a_2^2 b_2^2+a_3^2 b_3^2)$$
$$\leqslant \sqrt{(16 S_1^2+2(a_1^4+a_2^4+a_3^4))(16 S_2^2+2(b_1^4+b_2^4+b_3^4))}$$
$$= (a_1^2+a_2^2+a_3^2)(b_1^2+b_2^2+b_3^2),$$
当且仅当 $S_1:S_2=a_1^2:b_1^2=a_2^2:b_2^2=a_3^2:b_3^2$, 即 $\triangle A_1A_2A_3 \backsim \triangle B_1B_2B_3$ 时等号成立.

> **点评** 这个不等式是 1891 年纽伯格(J. Neuberg)提出的, 1943 年佩多(D. Pedoe)重新发现并证明了这个不等式. 本例中应用柯西不等式, 为纽伯格-佩多不等式给出了一个极其简洁的证明.

例 8 设 $\triangle A_1A_2A_3$ 与 $\triangle B_1B_2B_3$ 的边长分别为 a_1,a_2,a_3 与 b_1,b_2,b_3, 面积分别为 S_1,S_2, 又记

$$H = a_1^2(-b_1^2+b_2^2+b_3^2) + a_2^2(b_1^2-b_2^2+b_3^3) + a_3^2(b_1^2+b_2^2-b_3^3).$$

证明：对于 $\lambda \in \left\{ \dfrac{b_1^2}{a_1^2}, \dfrac{b_2^2}{a_2^2}, \dfrac{b_3^2}{a_3^2} \right\}$，

$$H \geqslant 8\left(\lambda S_1^2 + \frac{1}{\lambda} S_2^2\right). \tag{15}$$

证明　关于三角形的面积，我们有海伦（Heron）公式
$$S_1^2 = 2a_1^2 a_2^2 + 2a_2^2 a_3^2 + 2a_3^2 a_1^2 - a_1^4 - a_2^4 - a_3^4,$$
$$S_2^2 = 2b_1^2 b_2^2 + 2b_2^2 b_3^2 + 2b_3^2 b_1^2 - b_1^4 - b_2^4 - b_3^4.$$

记
$$D_i = \sqrt{\lambda} a_i^2 - \sqrt{\frac{1}{\lambda}} b_i^2 \quad (i=1,2,3),$$

则有恒等式
$$H - 8\left(\lambda S_1^2 + \frac{1}{\lambda} S_2^2\right)$$
$$= \frac{D_1^2 + D_2^2 + D_3^2}{2} - (D_1 D_2 + D_2 D_3 + D_3 D_1).$$

当 $\lambda = \dfrac{b_1^2}{a_1^2}$ 时，$D_1 = 0$，式(14)就成为

$$H - 8\left(\lambda S_1^2 + \frac{1}{\lambda} S_2^2\right) = \frac{1}{2}(D_2 - D_3)^2,$$

于是式(15)成立．同理式(15)对 $\lambda = \dfrac{b_2^2}{a_2^2}$ 或 $\lambda = \dfrac{b_3^2}{a_3^2}$ 成立．

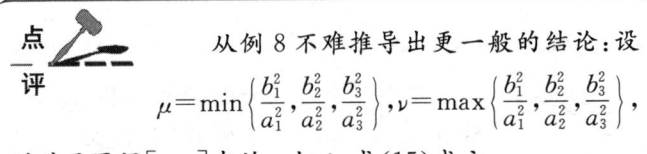

点评　从例8不难推导出更一般的结论：设
$$\mu = \min\left\{\frac{b_1^2}{a_1^2}, \frac{b_2^2}{a_2^2}, \frac{b_3^2}{a_3^2}\right\}, \nu = \max\left\{\frac{b_1^2}{a_1^2}, \frac{b_2^2}{a_2^2}, \frac{b_3^2}{a_3^2}\right\},$$
则对于区间 $[\mu, \nu]$ 中的一切 λ，式(15)成立．

例9　A, B, C 为 $\triangle ABC$ 的内角．求证：对任意的 x, y, z，有
$$x^2 + y^2 + z^2 - 2xy\cos C - 2yz\cos A - 2zx\cos B \geqslant 0. \tag{16}$$

证明　$x^2 + y^2 + z^2 - 2xy\cos C - 2yz\cos A - 2zx\cos B$

$$= (x - y\cos C - z\cos B)^2 + (y\sin C - z\sin B)^2. \quad (17)$$

由式(17)立即得到式(16).

> **点评**
>
> 1. 式(17)是典型的拉格朗日配方法. 先认定一个变元(例如 x),对其进行配方,然后对余下的进行整理配方.
>
> 2. "A,B,C 为 $\triangle ABC$ 的内角"可改为较弱的条件"$A+B+C=(2n+1)\pi$".
>
> 3. 当 $A+B+C=2n\pi$ 时,我们有
> $$x^2+y^2+z^2+2xy\cos C+2yz\cos A+2zx\cos B \geqslant 0, \quad (18)$$
> 证明方法类似式(16).

例 10 证明 $x^2+y^2+z^2 \geqslant xy+yz+zx.$ (19)

证明 $x^2+y^2+z^2-xy-yz-zx = \dfrac{1}{2}(x-y)^2 + \dfrac{1}{2}(y-z)^2 + \dfrac{1}{2}(z-x)^2 \geqslant 0.$

式(16)中令 $A=B=C=\dfrac{\pi}{3}$ 即得式(19).

例 11 (安振平不等式)

设 $\triangle A_1A_2A_3$ 和 $\triangle B_1B_2B_3$ 的边长、半周长和面积分别为 a_1, a_2, a_3, p_1, S_1 和 b_1, b_2, b_3, p_2, S_2. 证明:
$$\begin{aligned}
& b_1(p_2-b_1)(p_1-a_2)(p_1-a_3) \\
& + b_2(p_2-b_2)(p_1-a_3)(p_1-a_1) \\
& + b_3(p_2-b_3)(p_1-a_1)(p_1-a_2) \geqslant 2S_1S_2,
\end{aligned} \quad (20)$$
当且仅当 $\triangle A_1A_2A_3 \backsim \triangle B_1B_2B_3$ 时等号成立.

证明 按下列方式引入 6 个正数:

$$\begin{cases} x=a_2+a_3-a_1, \\ y=a_3+a_1-a_2, \\ z=a_1+a_2-a_3, \\ p=b_2+b_3-b_1, \\ q=b_3+b_1-b_2, \\ r=b_1+b_2-b_3, \end{cases} 可得 \begin{cases} S_1=\dfrac{1}{4}\sqrt{(x+y+z)xyz}, \\ S_2=\dfrac{1}{4}\sqrt{(p+q+r)pqr}, \\ b_1=\dfrac{1}{2}(q+r), \\ b_2=\dfrac{1}{2}(r+p), \\ b_3=\dfrac{1}{2}(p+q), \end{cases}$$

所以不等式(20)与下列代数不等式等价：

$$(yzp(q+r)+zxq(r+p)+xyr(p+q))^2$$
$$\geqslant 4xyz(x+y+z)pqr(p+q+r). \tag{21}$$

不妨设 $x/p \geqslant y/q \geqslant z/r$, 则不难验证

$$(yzp(q+r)+zxq(r+p)+xyr(p+q))^2$$
$$-4xyz(x+y+z)pqr(p+q+r)$$
$$=(yzp(q+r)-zxq(r+p)+xyr(p-q))^2$$
$$+4xypq(xr-zp)(yr-zq)\geqslant 0, \tag{22}$$

当且仅当 $x/p=y/q=z/r$, 即 $\triangle A_1A_2A_3 \backsim \triangle B_1B_2B_3$ 时等号成立.

点评 这个不等式是 1987 年安振平提出的. 将式(20)变形可得

$$a_1^2(b_2^2+b_3^2-b_1^2)+a_2^2(b_3^2+b_1^2-b_2^2)+a_3^2(b_1^2+b_2^2-b_3^2)-16S_1S_2 \geqslant 2((a_1b_2-a_2b_1)(a_1b_3-a_3b_1)+(a_2b_3-a_3b_2)(a_2b_1-a_1b_2)+(a_3b_1-a_1b_3)(a_3b_2-a_2b_3))=$$

$$b_1b_2b_3\left((b_2+b_3-b_1)\left(\dfrac{a_2}{b_2}-\dfrac{a_3}{b_3}\right)^2+(b_3+b_1-b_2)\left(\dfrac{a_3}{b_3}-\dfrac{a_1}{b_1}\right)^2+(b_1+b_2-b_3)\left(\dfrac{a_1}{b_1}-\dfrac{a_2}{b_2}\right)^2\right), \tag{23}$$

所以安振平不等式较纽伯格-佩多不等式更强.

叶一超将式(21)写成

$$\begin{vmatrix} xy & yz \\ pq & qr \end{vmatrix}^2 + \begin{vmatrix} yz & zx \\ qr & rp \end{vmatrix}^2 + \begin{vmatrix} zx & xy \\ rp & pq \end{vmatrix}^2$$

$$\geqslant 2\left(\begin{vmatrix} xy & yz \\ pq & qr \end{vmatrix} \begin{vmatrix} yz & zx \\ qr & rp \end{vmatrix} + \begin{vmatrix} yz & zx \\ qr & rp \end{vmatrix} \begin{vmatrix} zx & xy \\ rp & pq \end{vmatrix} \right.$$

$$\left. + \begin{vmatrix} zx & xy \\ rp & pq \end{vmatrix} \begin{vmatrix} xy & yz \\ pq & qr \end{vmatrix} \right). \tag{24}$$

注意到 $\begin{vmatrix} xy & yz \\ pq & qr \end{vmatrix}, \begin{vmatrix} yz & zx \\ qr & rp \end{vmatrix}, \begin{vmatrix} zx & xy \\ rp & pq \end{vmatrix}$ 不完全同号,故最多只有一项为正,移至左边将其配方即得.

令 $xy = p_1, yz = p_2, zx = p_3, pq = q_1, qr = q_2, rp = q_3$,则式(21)可写成 $((p_1 + p_2 + p_3)(q_1 + q_2 + q_3) - (p_1 q_1 + p_2 q_2 + p_3 q_3))^2 \geqslant 4(p_1 p_2 + p_2 p_3 + p_3 p_1)(q_1 q_2 + q_2 q_3 + q_3 q_1)$, $\tag{25}$

将其推广为

$$\left(\sum_{i=1}^{n} p_i \right)\left(\sum_{i=1}^{n} q_i \right) - \sum_{i=1}^{n} p_i q_i$$

$$\geqslant \sqrt{\left(\sum_{\text{sym}} p_i p_j \right)\left(\sum_{\text{sym}} q_i q_j \right)}. \tag{26}$$

证明 $\sum_{i=1}^{n} p_i q_i + \sqrt{\left(\sum_{\text{sym}} p_i p_j \right)\left(\sum_{\text{sym}} q_i q_j \right)}$

$$\leqslant \sqrt{\left(\sum_{i=1}^{n} p_i^2 + \sum_{\text{sym}} p_i p_j \right)\left(\sum_{i=1}^{n} q_i^2 + \sum_{\text{sym}} q_i q_j \right)}$$

$$= \left(\sum_{i=1}^{n} p_i \right)\left(\sum_{i=1}^{n} q_i \right)$$

§1.2 一些简单不等式的证明

例1 设 $x,y,z \in \mathbf{R}^+$. 求证：
$$(xy+yz+zx)\left(\frac{1}{(x+y)^2}+\frac{1}{(y+z)^2}+\frac{1}{(z+x)^2}\right) \geq \frac{9}{4}. \quad (1)$$

证明 因为
$$4\left(\sum_{cyc} yz\right)\left(\sum_{cyc}(x+y)^2(z+x)^2\right) - 9\prod_{cyc}(y+z)^2$$
$$= \sum_{cyc} yz(y-z)^2(4y^2+7yz+4z^2)$$
$$+ \frac{xyz}{x+y+z}\sum_{cyc}(y-z)^2(2yz+(y+z-x)^2) \geq 0, \quad (2)$$

所以式(1)成立.

点评 式(2)也可配成 $\sum_{cyc}(y-z)^2\{(y+z-x)^2[7(x^2+yz)+9x(y+z)]+16xyz(y+z)\} \geq 0.$

式(2)的后半部分是对分子分母同时乘以 $x+y+z$. 当然也可以把式(2)的后半部分整理成舒尔(Schur)型不等式. 参见http://www.mathlinks.ro/viewtopic.php?t=32470.

式(1)是1994年本人提供给《数学难题》(Crux Mathematicorum)的题目(第1940题).

伊朗把式(1)选入1996年的赛题.

例2 证明：对于任意实数 t, 有

第一讲 不等式与恒等式

$$t^4 - t + \frac{1}{2} > 0. \tag{3}$$

证明 由恒等式

$$t^4 - t + \frac{1}{2} = \left(t^2 - \frac{1}{2}\right)^2 + \left(t - \frac{1}{2}\right)^2 \tag{4}$$

知式(3)成立.

1. 恒等式(4)显然不能为零,那么到底式(4)的最小值是多少呢?

事实上,

$$t^4 - t + \frac{1}{2} > t^4 - t + \frac{3\sqrt[3]{2}}{8} = \left(t^2 - \frac{\sqrt[3]{4}}{4}\right)^2 + \frac{\sqrt[3]{4}}{2}\left(t - \frac{\sqrt[3]{2}}{2}\right)^2 \geqslant 0.$$

2. 类似式(3)的题目,有助于我们对恒等变形技巧的掌握,应多加训练. 下面还有一些供大家参考:

设 $x, y, z > 0$ 且 $x + y + z = 3$,证明:

(1) $\dfrac{1}{x} + \dfrac{1}{y} + \dfrac{1}{z} - 3\min\{x, y, z\} \geqslant x^2 + y^2 + z^2 - 3$;

(2) $\dfrac{1}{x} + \dfrac{1}{y} + \dfrac{1}{z} - 3 \geqslant x^2 + y^2 + z^2 - 3\max\{x, y, z\}$.

参见 http://www.mathlinks.ro/viewtopic.php?t=121558

例3 设 x, y, z 为非负实数,且任意两个之和不为零. 证明:

$$\sum_{\text{cyc}} \frac{2x^2 + yz}{y + z} \geqslant \frac{9(x^2 + y^2 + z^2)}{2(x + y + z)}. \tag{5}$$

证明
$$\sum_{\text{cyc}} \frac{2x^2 + yz}{y + z} - \frac{9(x^2 + y^2 + z^2)}{2(x + y + z)}$$
$$= \sum_{\text{cyc}} \frac{(y - z)^2 (2(x - y - z)^2 + yz)}{2(x + y)(x + z)(x + y + z)}$$
$$\geqslant 0,$$

所以式(5)成立.

13

参见 http://www.mathlinks.ro/Forum/viewtopic.php?t=124608

例 4 设 $x,y,z>0$,且 $yz+zx+xy=1$.试证明:
$$\frac{1+y^2z^2}{(y+z)^2}+\frac{1+z^2x^2}{(z+x)^2}+\frac{1+x^2y^2}{(x+y)^2}\geqslant\frac{5}{2}. \tag{6}$$

证明 因为
$$\sum_{cyc}\frac{1+y^2z^2}{(y+z)^2}-\frac{5}{2}$$
$$=\frac{(y-z)^2(z-x)^2(x-y)^2}{2(y+z)^2(z+x)^2(x+y)^2}$$
$$+\sum_{cyc}\frac{(x(y+z)(y^2+z^2-2x^2)+(y-z)^2(x^2+yz))^2}{6(y+z)^2(z+x)^2(x+y)^2}$$
$$\geqslant 0,$$
所以式(6)成立.

> **点评** 式(6)还有一个增量代换的证明,本质上也属于恒等变形,并且从道理上来讲更加浅显.参见§2.3 例 1.
>
> 不妨设 $x\leqslant y\leqslant z$,令 $y=x+s, z=x+s+t$,于是
> $$2\sum_{cyc}(z+x)^2(x+y)^2((yz+zx+xy)^2+y^2z^2)$$
> $$-5(y+z)^2(z+x)^2(x+y)^2(yz+zx+xy)$$
> $$=32(s^2+st+t^2)x^6+48(2s+t)(s^2+st+2t^2)x^5$$
> $$+8(13s^4+26s^3t+69s^2t^2+56st^3+13t^4)x^4$$
> $$+8(2s+t)(3s^4+6s^3t+32s^2t^2+29st^3+6t^4)x^3$$
> $$+(8s^6+24s^5t+279s^4t^2+518s^3t^3+351s^2t^4+96st^5$$
> $$+8t^6)x^2+2st^2(2s+t)(s+t)(17s^2+17st+4t^2)x$$
> $$+s^2t^2(7s^2+7st+2t^2)(s+t)^2\geqslant 0.$$
> 参见 http://www.mathlinks.ro/viewtopic.php?t=57552&start=20

第一讲 不等式与恒等式

例 5 设 a,b,c 是互不相等的三个实数,证明:
$$\left(\frac{a-b}{b-c}\right)^2+\left(\frac{b-c}{c-a}\right)^2+\left(\frac{c-a}{a-b}\right)^2\geqslant 5. \tag{7}$$

证明
$$\left(\frac{a-b}{b-c}\right)^2+\left(\frac{b-c}{c-a}\right)^2+\left(\frac{c-a}{a-b}\right)^2$$
$$=5+\left(1+\frac{a-b}{b-c}+\frac{b-c}{c-a}+\frac{c-a}{a-b}\right)^2\geqslant 5. \tag{8}$$

例 6 证明:对实数 x,y,z 有
$$16\sum_{\text{cyc}}x^4-20\sum_{\text{cyc}}x^3(y+z)+9\sum_{\text{cyc}}y^2z^2+15\sum_{\text{cyc}}x^2yz\geqslant 0. \tag{9}$$

证明 对于任意实数 u,v,x,y,z,考虑以下两个式子:
$$u^2\left(\sum_{\text{cyc}}x^4-\sum_{\text{cyc}}y^2z^2\right)+v^2\left(\sum_{\text{cyc}}y^2z^2-\sum_{\text{cyc}}x^2yz\right), \tag{10}$$
$$uv\left(\sum_{\text{cyc}}x^3(y+z)-2\sum_{\text{cyc}}x^2yz\right). \tag{11}$$

当 $x=v-u,y=z=u$ 时,式(10)与式(11)相等.
特别地,当 $u=4,v=5$ 时,式(10)$\geqslant$式(11),即为式(9).事实上,
$$4\left(\sum_{\text{cyc}}x^4-\sum_{\text{cyc}}y^2z^2\right)\left(\sum_{\text{cyc}}y^2z^2-\sum_{\text{cyc}}x^2yz\right)$$
$$-\left(\sum_{\text{cyc}}x^3(y+z)-2\sum_{\text{cyc}}x^2yz\right)^2$$
$$=3(y-z)^2(z-x)^2(x-y)^2(x+y+z)^2\geqslant 0. \tag{12}$$

参见 http://www.mathlinks.ro/viewtopic.php?t=112101

例 7 对实数 a,b,c,设 $|a+b|=m,|a-b|=n$ 且 $mn\neq 0$.证明:
$$\max\{|ac+b|,|a+bc|\}\geqslant\frac{mn}{\sqrt{m^2+n^2}}. \tag{13}$$

证明 因为
$$(m^2+n^2)\max\{|ac+b|^2,|a+bc|^2\}-m^2n^2$$
$$\geqslant(|a+b|^2+|a-b|^2)\frac{|ac+b|^2+|a+bc|^2}{2}-|a+b|^2|a-b|^2$$
$$=((a^2+b^2)c+2ab)^2\geqslant 0, \tag{14}$$

所以式(13)成立.

当 a,b,c 是复数时,式(13)依然成立,只须把证明中的最后一步改为:
$= |(|a|^2+|b|^2)c+a\bar{b}+\overline{ab}|^2 \geq 0$.
式(13)还可加强成 $\max\{|ac+b|,|a+bc|\} \geq \min\{m,n\}$.

例8 实数 a,b 满足 $a+b=1$. 证明:
$$ab(a^4+b^4) \leq \frac{5\sqrt{10}-14}{27}.\tag{15}$$

证明 因为
$$\frac{5\sqrt{10}-14}{27}(a+b)^6 - ab(a^4+b^4)$$
$$= \frac{(2a^2+(6-\sqrt{10})ab+2b^2)(a^2-(2+\sqrt{10})ab+b^2)^2}{14+5\sqrt{10}}$$
$$\geq 0,\tag{16}$$
所以式(15)成立.

我们还可以把式(15)左边转化成关于 ab 的三次式来解决.
设 $ab=t$,可以得到 $ab(a^4+b^4) = 2t^3-4t^2+t = f(t)\left(t \leq \frac{1}{4}\right)$.

参见 http://www.mathlinks.ro/Forum/viewtopic.php?t=201812.

例9 证明:对于实数 a,b,c 及非负实数 p,q,r,有
$$((q+r)a+(r+p)b+(p+q)c)^2$$
$$\geq 4(p+q+r)(pbc+qca+rab).\tag{17}$$

证明 不失一般性,不妨设 $a=\max\{a,b,c\}$,因为
$$((q+r)a+(r+p)b+(p+q)c)^2-4(p+q+r)(pbc+qca+rab)$$
$$=((q-r)a+(r+p)b-(p+q)c)^2+4qr(a-b)(a-c)\geqslant 0,$$
所以式(17)成立.

参见 http://www.mathlinks.ro/Forum/viewtopic.php?t=202027.

例 10 设非负实数 a,b,c,d 满足 $a+b+c+d=4$,证明:
$$a^2(b+c)+b^2(c+d)+c^2(d+a)+d^2(a+b)+8abcd\leqslant 16. \quad (18)$$

证明 由算术平均-几何平均不等式 $(a+b+c+d)(bcd+cda+dab+abc)\geqslant 16abcd$,所以 $\sum_{cyc}bcd\geqslant 4abcd$,因此不等式
$$\sum_{cyc}a^2(b+c)+2\sum_{cyc}abc\leqslant 16 \quad (19)$$
比式(18)更强.

因为
$$\frac{(a+b+c+d)^3}{4}-\sum_{cyc}a^2(b+c)-2\sum_{cyc}abc$$
$$=\sum_{cyc}\frac{a}{4}(a-b-c+d)^2\geqslant 0,$$
所以式(19)成立.

> **点评** 还可以设 $a=\min\{a,b,c,d\}$,则
> $$(a+b+c+d)^3-4\sum_{cyc}a^2(b+c)-8\sum_{cyc}abc$$
> $$=4a((a-c)^2+(b-d)^2)+(c-a)(a-b-c+d)^2$$
> $$+(b+d-2a)(a+b-c-d)^2\geqslant 0,$$
> 所以式(19)成立.
>
> 此外,对于非负实数 a,b,c,d,还有不等式
> $$4(a^2(b+pc+d)+b^2(c+pd+a)+c^2(d+pa+b)$$
> $$+d^2(a+pb+c))$$
> $$\leqslant (a+b+c+d)^3-q(bcd+cda+dab+abc)-$$
> $$\frac{16(8-4p-q)abcd}{a+b+c+d},$$

当且仅当

$$\left(q\geqslant 3 \wedge p\leqslant \frac{136-9q-(3q-8)^{\frac{3}{2}}}{108}\right) \vee (q\leqslant 3 \wedge p\leqslant 1)$$

时等号成立.

参见 http://www.mathlinks.ro/Forum/viewtopic.php?t=148360, http://www.mathlinks.ro/Forum/viewtopic.php?t=148354.

§1.3 算术平均-几何平均不等式

我们现在来讨论非常重要的一个不等式,当然也是不等式理论中的一个基本定理:算术平均-几何平均不等式.这个异常优美的结论如下.

设 $x_1, x_2, \cdots, x_n$ 是 n 个非负数,$n>1$,则

$$\frac{x_1+x_2+\cdots+x_n}{n} \geqslant (x_1 x_2 \cdots x_n)^{\frac{1}{n}}, \tag{1}$$

当且仅当所有 x_i 都相等时等号成立.

我们设 $A = \dfrac{x_1+x_2+\cdots+x_n}{n}$,$G = \sqrt[n]{x_1 x_2 \cdots x_n}$. 在后面例题中提到的 A 和 G 都是指这两个值.

最早使用两个正实数的算术平均和几何平均概念的可能是毕达哥拉斯(Pythagoras)学派.他们似乎已经知道存在不等式

$$\sqrt{ab} \leqslant \frac{1}{2}(a+b) \quad (a, b > 0),$$

但是毫无疑问,这个不等式是由欧几里得(Euclid)证明的.而算术平均-几何平均不等式的证法非常多,既有初等方法,也有应用极限或优超关系等的方法.下面选择其中有代表性的一些方法进行介绍.

例1 证明算术平均-几何平均不等式.

证明 **方法一** (柯西的证明)由

$$x_1 x_2 = \left(\frac{x_1+x_2}{2}\right)^2 - \left(\frac{x_1-x_2}{2}\right)^2 \leqslant \left(\frac{x_1+x_2}{2}\right)^2. \tag{2}$$

有

$$x_1 x_2 x_3 x_4 \leqslant \left(\frac{x_1+x_2}{2}\right)^2 \left(\frac{x_3+x_4}{2}\right)^2 \leqslant \left(\frac{x_1+x_2+x_3+x_4}{4}\right)^4. \quad (3)$$

重复这种论证 m 次,则有

$$x_1 x_2 \cdots x_{2^m} \leqslant \left(\frac{x_1+x_2+\cdots+x_{2^m}}{2^m}\right)^{2^m}. \quad (4)$$

故当 n 为 2 的幂时,式(1)成立.

设 n 为小于 2^m 的一个数,取

$$a_1 = x_1,\ a_2 = x_2,\ \cdots,\ a_n = x_n,$$

$$a_{n+1} = a_{n+2} = \cdots = a_{2^m} = \frac{x_1 + x_2 + \cdots + x_n}{n} = A,$$

并运用(4)于 a_i,则得

$$x_1 x_2 \cdots x_n A^{2^m - n} \leqslant \left(\frac{a_1 + a_2 + \cdots + a_{2^m}}{2^m}\right)^{2^m} = \left(\frac{nA + (2^m - n)A}{2^m}\right)^{2^m}$$
$$= A^{2^m},$$

或

$$x_1 x_2 \cdots x_n \leqslant A^n,$$

因此式(1)成立.

点评 柯西给出的证明是该不等式的多种证法中最早也是最精彩的一个. 但其不足之处是没有讨论等号成立的情况.

柯西的证明有一个变体,它可以阐明一个从逻辑观点看来较为重要的现象.

寻常的归纳证明是从 n 到 $n+1$,命题 $p(n)$ 的真实性是从下列两个假设推出的:

(a) $P(n)$ 蕴含 $P(n+1)$;

(b) $P(n)$ 对 $n=1$ 成立.

有另外一种证明方法,可称之为"反向归纳"证明. 依据这种证法,命题 $P(n)$ 的真实性得之于:

(a') $P(n)$ 蕴含 $P(n-1)$;

(b') $P(n)$ 对**无限多**的 n 成立.

柯西的证明可以演化成为后一种形式的一个证明. 首先,柯西对 $n=2^m$ 证明了 (b′). 其次,若此不等式对 n 成立,且若 A 为 $x_1,x_2,\cdots,x_{n-1}$ 之算术平均,则运用不等式于 n 个数 $x_1,x_2,\cdots,x_{n-1},A$,即得

$$A^n=\left(\frac{x_1+x_2+\cdots+x_{n-1}+A}{n}\right)^n\geqslant x_1x_2\cdots x_{n-1}A,$$

故对 $n-1$ 也成立.

方法二 (克劳弗德(Crawford)的证明)

证明 定义 $x_1=\min(x_i)<\max(x_i)=x_2$,然后用 A 和 x_1+x_2-A 分别代替 x_1 和 x_2,于是 A 仍然不动,而

$$A(x_1+x_2-A)-x_1x_2=(A-x_1)(x_2-A)>0, \tag{5}$$

因此 G 增大. 重复此种方法,则至多经过 $n-1$ 步之后,我们即可得到一组 x_i,其中每一个皆等于 A. 由此即得 $G<A$.

这一证明多少有一点不自然,但却完全是初等的. 它有一个变形,即将 x_1 和 x_2 分别代之以 G 和 $\dfrac{x_1x_2}{G}$.

方法三 (康可敏的归纳证明)

证明 假定 $x_1\leqslant x_2\leqslant\cdots\leqslant x_n$ 且 $x_1<x_n$,那么显然有 $x_1<A<x_n$,所以

$$A(x_1+x_n-A)-x_1x_n=(x_1-A)(A-x_n)>0. \tag{6}$$

对 $n=2$,式(1)成立. 假定对 $n-1$ 结果正确. 由 $x_2,x_3,\cdots,x_{n-1}$ 和 x_1+x_n-A 的算术平均值是 A,根据归纳假设,有

$$A^{n-1}\geqslant x_2x_3\cdots x_{n-1}(x_1+x_n-A), \tag{7}$$

则由式(6)得

$$A^n>x_1x_2\cdots x_n. \tag{8}$$

> **点评** 这一证明是最完美的证明,它无疑是受克劳弗德证明的启发而得到的. 它的一个变形,即将 x_1 和 x_n 分别代之以 G 和 $\dfrac{x_1 x_n}{G}$,也是属于康可敏的.

方法四 (克里斯托(Chrystal)的归纳证明)

算术平均-几何平均不等式还有一些归纳证明法,其中一个较简单的如下:设 $0 < x_1 \leq x_2 \leq \cdots \leq x_n$,$x_1 < x_n$,$A_v$ 和 G_v 分别是前 v 个 x_i 的算术平均和几何平均. 又设已经证明了 $A_{n-1} \geq G_{n-1}$. 于是,$x_n > A_{n-1}$,又有

$$A_n = \frac{(n-1)A_{n-1} + x_n}{n} = A_{n-1} + \frac{x_n - A_{n-1}}{n}. \tag{9}$$

将上式两边自乘 n 次,并记 $n > 1$,则得

$$A_n^n > A_{n-1}^n + n A_{n-1}^{n-1} \frac{a_n - A_{n-1}}{n} = a_n A_{n-1}^{n-1} \geq a_n G_{n-1}^{n-1} = G_n^n.$$

方法五 (赫尔维茨(Hurwitz)恒等式法)

现在,我们给出属于赫尔维茨的一个有趣证明.

对于 n 个实变量 $x_1, x_2, \cdots, x_n$ 的函数 $F(x_1, x_2, \cdots, x_n)$,我们用

$$\sum ! F(x_1, x_2, \cdots, x_n)$$

表示从 F 经 x_i 的各种可能排列而得到的 $n!$ 个项所成的和. 于是

$$\begin{aligned}
&\sum ! x_1^n = (n-1)!(x_1^n + x_2^n + \cdots + x_n^n), \\
&\sum ! x_1 x_2 \cdots x_n = n! x_1 x_2 \cdots x_n.
\end{aligned} \tag{10}$$

考虑用如下方法得到的函数 φ_k,$k = 1, 2, \cdots, n-1$:

$$\begin{aligned}
\varphi_1 &= \sum ! (x_1^{n-1} - x_2^{n-1})(x_1 - x_2), \\
\varphi_2 &= \sum ! (x_1^{n-2} - x_2^{n-2})(x_1 - x_2) x_3, \\
\varphi_3 &= \sum ! (x_1^{n-3} - x_2^{n-3})(x_1 - x_2) x_3 x_4, \\
&\cdots \\
\varphi_{n-1} &= \sum ! (x_1 - x_2)(x_1 - x_2) x_3 x_4 \cdots x_n.
\end{aligned} \tag{11}$$

由此可见,

$$\varphi_1 = \sum !x_1^n + \sum !x_2^n - \sum !x_1^{n-1}x_2 - \sum !x_2^{n-1}x_1 \quad (12)$$
$$= 2\sum !x_1^n - 2\sum !x_1^{n-1}x_2,$$

同样地,

$$\varphi_2 = 2\sum !x_1^{n-1}x_2 - 2\sum !x_1^{n-2}x_2x_3,$$
$$\varphi_3 = 2\sum !x_1^{n-2}x_2x_3 - 2\sum !x_1^{n-3}x_2x_3x_4 \quad (13)$$
$$\cdots$$
$$\varphi_{n-1} = 2\sum !x_1^2 x_2 x_3 \cdots x_{n-1} - 2\sum !x_1 x_2 \cdots x_n,$$

求和得

$$\varphi_1 + \varphi_2 + \cdots + \varphi_n = 2\sum !x_1^n - 2\sum !x_1 x_2 \cdots x_n. \quad (14)$$

或者,根据式(10),得

$$\frac{x_1^n + x_2^n + \cdots + x_n^n}{n} - x_1 x_2 \cdots x_n = \frac{1}{2n!}(\varphi_1 + \varphi_2 + \cdots + \varphi_n). \quad (15)$$

显然对 $x_i \geqslant 0$,每个函数 $\varphi_k(x)$ 都是非负的. 事实上,

$$\varphi_k = \sum !(x_1^{n-k} - x_2^{n-k})(x_1 - x_2)x_3 x_4 \cdots x_{k+1}$$
$$= \sum !(x_1 - x_2)^2 (x_1^{n-k-1} + x_1^{n-k-2}x_2 + \cdots$$
$$+ x_2^{n-k-1})x_3 x_4 \cdots x_{k+1}, \quad (16)$$

由此即得算术平均-几何平均不等式

这是在恒等式意义下建立式(1)的唯一证明.

方法六 (极限的应用)

由柯西不等式,我们有

$$\frac{x_1 + x_2 + \cdots + x_n}{n} \geqslant \left(\frac{\sqrt{x_1} + \sqrt{x_2} + \cdots + \sqrt{x_n}}{n}\right)^2, \quad (17)$$

除非所有 x_i 都相等. 又若每个 x_i 皆为正,则

$$M_r(x) = \left(\frac{1}{n}\sum x_i^r\right)^{\frac{1}{r}} = \exp\left(\frac{1}{r}\ln\left(\frac{1}{n}\sum x_i^r\right)\right)$$
$$= \exp\left(\frac{1}{r}\ln\left(1 + r\sum \frac{\ln x_i}{n} + o(r^2)\right)\right),$$

故当 $r \to 0$ 时,

$$\exp\left(\sum \frac{\ln x_i}{n}\right) = \prod x_i^{\frac{1}{n}} = G(x), \quad (18)$$

于是

$$A(x)=M_1(x)>M_{\frac{1}{2}}(x)>M_{\frac{1}{4}}(x)>\cdots>\lim_{m\to+\infty}M_{2^{-m}}(x)=G(x). \quad (19)$$

这一证明甚为简练,但不如前面一些证明那样初等. 可以看出,我们只用到式(18)中 r 经过一个特殊序列 2^{-m} 趋于 0 这一特别情形.

方法七 (麦克劳林(Maclaurin)的证明)

不妨设 $x_1 \leqslant x_2 \leqslant \cdots \leqslant x_n, x_1 < x_n$. 若我们将 x_1 和 x_n 各代之以 $\frac{1}{2}(x_1+x_n)$,其算术平均值 A 并不改变. 但

$$\left(\frac{x_1+x_n}{2}\right)^2 > x_1 x_n,$$

故其几何平均值 G 增大.

若设变动各 x_i 使 A 保持为一常数,并假定存在集合 $\{x_i^*\}$ 使 G 取极大值,则各 x_i^* 必相等. 否则我们可以像上面一样用另外的一组来代替而使 G 更大. 由此可知,G 的极大值为 A,而且此极大值只有当各 x_i 皆相等时才能取得.

要证明存在一个 $\{x_i^*\}$,我们令

$$\varphi(x_1,x_2,\cdots,x_{n-1})=x_1 x_2 \cdots x_{n-1}(nA-x_1-\cdots-x_{n-1}). \quad (20)$$

则 φ 在闭集

$$x_1 \geqslant 0, x_2 \geqslant 0, \cdots, x_{n-1} \geqslant 0, x_1+x_2+\cdots+x_{n-1} \leqslant nA \quad (21)$$

中为连续的. 因此它对此域中某一组值 $x_1^*, x_2^*, \cdots, x_{n-1}^*$ 取得极大值.

若将 G 保持不动,而将 x_1 和 x_2 各代之以 $\sqrt{x_1 x_n}$,则可得一类似的证明.

> **点评** 这一证明是算术平均-几何平均不等式的所有证明中最为人所熟知的,属于麦克劳林. 柯西的证明可以认为是麦克劳林证明的一个衍生形式,因为他是就 $n=2^m$ 这一特殊情形利用类似于麦克劳林的方法证明了定理的. 一般说来,麦克劳林的证明不是一个"有限"证明. 正如我们所说的,它依赖于魏尔斯特拉斯(Weierstrass)关于连续函数取极大值的定理. 这被麦克劳林视为理所当然.

关于有定形式的一点说明

在例 1 的式(15)和式(16)中令 $x_1=a_1^2, x_2=a_2^2, \cdots$，则得

$$a_1^{2n}+a_2^{2n}+\cdots+a_n^{2n}-na_1^2a_2^2\cdots a_n^2$$
$$=\frac{1}{2(n-1)!}\Big(\sum !(a_1^2-a_2^2)^2(a_1^{2n-4}+a_1^{2n-6}a_2^2$$
$$+\cdots+a_2^{2n-4})+\cdots\Big), \tag{22}$$

它是 $(a_1^2-a_2^2)a_1^{n-2}$ 等多项式的平方和. 又因

$$a_1^{2n}+a_2^{2n}+\cdots+a_{2n}^{2n}-2na_1a_2\cdots a_{2n}$$
$$=a_1^{2n}+a_2^{2n}+\cdots+a_n^{2n}-na_1^2a_2^2\cdots a_n^2$$
$$+a_{n+1}^{2n}+a_{n+2}^{2n}+\cdots+a_{2n}^{2n}-na_{n+1}^2a_{n+2}^2\cdots a_{2n}^2$$
$$+n(a_1a_2\cdots a_n-a_{n+1}a_{n+2}\cdots a_{2n})^2,$$

故得

$$F=a_1^{2n}+a_2^{2n}+\cdots+a_{2n}^{2n}-2na_1a_2\cdots a_{2n}=\sum_i p_i^2, \tag{23}$$

其中 p_i 为 n 次多项式. 例如，

$$a^6+b^6+c^6+d^6+e^6+f^6-6abcdef$$
$$=\frac{1}{2}(a^2+b^2+c^2)[(b^2-c^2)^2+(c^2-a^2)^2+(a^2-b^2)^2]$$
$$+\frac{1}{2}(d^2+e^2+f^2)[(e^2-f^2)^2+(f^2-d^2)^2+(d^2-e^2)^2]$$
$$+3(abc-efd)^2 \tag{24}$$

即为 $9+9+1=19$ 个实多项式的一个平方和.

一个**实形式**是指 m 个实变元 $x_1,x_2,\cdots,x_m$ 的实系数齐次多项式 $F(x_1,x_2,\cdots,x_m)$. 若形式 F 在变元的某一区域内不变号，比如说 $F\geqslant 0$，则称此 F 在该区域内为**有定**的. 我们可将有定形式分为正形式和负形式. 显然只须考虑正形式即可. 例如，式(23)在变元的整个实值区域内为正的. 显而易见，具有此项性质的形式必为偶数次.

若在某一区域中 $F>0$，则称 F 在该区域中为**严格正的**.

式(23)及柯西不等式中所讨论的形式,皆可表为实多项式的平方和.自然会产生一个问题:是不是这就是有定形式的一个共同性质?即若 $F \geqslant 0$ 对所有实 x_i 成立,是不是就有

$$F = \sum_i p_i^2,$$

其中 p_i 为实多项式?

这一问题已为希尔伯特(Hilbert)全部解决.这里由于篇幅的限制,只能作一些简短的说明.我们先注意,有两种情形答案是可立刻得出的.记 F 的次数为 $2n$,变元的个数为 m.

若 $m=2$,即 $F=F(x,y)$,而 n 为任意的,则 F 的任何实因子 $ax+by$ 必以偶次幂出现,复因子必以共轭对 $ax+by, \overline{ax+by}$ 出现.因此,适当地集中因子,可得

$$F = p^2(q+\mathrm{i}r)(q-\mathrm{i}r) = (pq)^2 + (pr)^2, \tag{25}$$

其中 p, q, r 为实多项式.

代数中有一个为人熟知的定理,即 m 个变元的任何定二次型皆可表为至多 m 个实线性型的平方和.于是对下述两种情形.

(1) $m=2, n$ 为任意的;

(2) m 为任意的,$2n=2$,

答案是肯定的.

希尔伯特发现了第三种情形:

(3) $m=3, 2n=4$,

并证明了任何三元正四次型皆可表为三个实二次型的平方和.他又证明了,在所有其他情形下,答案是否定的,即存在 m 个变元的 $2n$ 次有定形式,不可能以所说的形式表出.

有趣的是,直到1969年莫茨金(Motzkin)才给出了不可表为实形式平方和的正定型的第一个明确的例子:

$$M(x, y, z) = x^4 y^2 + x^2 y^4 + z^6 - 3x^2 y^2 z^2. \tag{26}$$

希尔伯特-阿廷(Hilbert-Artin)定理

1893年,希尔伯特提出了下面的定理:任何正的 F 皆可表为

$$F = \sum_i R_i^2,$$

其中 R_i 是一个实有理函数.一个与之等价的定理是:任何正的 F 皆可

表为实形式的平方和的商.

第一个定理显然隐含第二个定理,分母只有一个平方. 又因

$$\frac{\sum g_i^2}{\sum h_j^2} = \sum_{i,j} \left[\frac{g_i h_j}{\sum h_j}\right]^2,$$

第二个定理又隐含第一个定理. 故两者等价.

希尔伯特对 (x,y,z) 的三元形式给出了这两个定理的一个非常困难的证明. 普遍性的定理是由阿廷在 1927 年首先证明的. 阿廷的证明非常值得注意,而且相当简单,但它所依据的是近世抽象代数的观念,这使得我们不可能把它放到本书中来讲.

例 2 (米特里诺维奇-乔科维奇(Mitrinović-Djoković)不等式)

1970 年,米特里诺维奇(D. S. Mitrinović)和乔科维奇(D. Z. Djoković)在《分析不等式》(赵汉宾译,广西人民出版社 1986 年版)中发表了如下结果:

若 $x_k > 0(k=1,\cdots,n)$, $x_1 + x_2 + \cdots + x_n = 1$,且 $a > 0$,则

$$\sum_{k=1}^n \left(x_k + \frac{1}{x_k}\right)^a \geq \frac{(n^2+1)^a}{n^{a-1}}. \tag{27}$$

仿效例 1 中麦克劳林的手法,推广上述不等式成如下形式.

若 $x_k > 0$, $k=1,2,\cdots,n$, $n \geq 2$, $x_1 + x_2 + \cdots + x_n = s \leq 2\sqrt{2+\sqrt{5}}$,且 $a > 0$. 证明:

$$\sum_{k=1}^n \left(x_k + \frac{1}{x_k}\right)^a \geq n\left(\frac{s}{n} + \frac{n}{s}\right)^a, \tag{28}$$

当且仅当 $x_1 = x_2 = \cdots = x_n$ 时等号成立.

证明 由算术平均-几何平均不等式,

$$\left(\frac{1}{n}\sum_{k=1}^n \left(x_k + \frac{1}{x_k}\right)^a\right)^{\frac{1}{a}} \geq \left(\prod_{k=1}^n \left(x_k + \frac{1}{x_k}\right)\right)^{\frac{1}{n}}. \tag{29}$$

所以要证式(28),只须证:

$$\prod_{k=1}^n \left(x_k + \frac{1}{x_k}\right) \geq \left(\frac{s}{n} + \frac{n}{s}\right)^n. \tag{30}$$

我们先证 $n=2$ 的情形. 注意恒等式：

$$\left(x_1+\frac{1}{x_1}\right)\left(x_2+\frac{1}{x_2}\right)-\left(\frac{x_1+x_2}{2}+\frac{2}{x_1+x_2}\right)^2$$

$$=\frac{(x_1-x_2)^2}{4x_1x_2(x_1+x_2)^2}(4+4(x_1^2+2x_1x_2+x_2^2)$$

$$-(x_1^3x_2+2x_1^2x_2^2+x_1x_2^3))$$

$$=\frac{(x_1-x_2)^2}{16x_1x_2(x_1+x_2)^2}((x_1^2-x_2^2)+16+16(x_1+x_2)^2$$

$$-(x_1+x_2)^4), \tag{31}$$

它在 $(x_1+x_2)^2\leqslant 8+4\sqrt{5}$, 即 $x_1+x_2\leqslant 2\sqrt{2+\sqrt{5}}$ 时非负, 当且仅当 $x_1=x_2$ 时为零.

下面, 我们将证明 $n\geqslant 3$ 时式(30)成立. 不妨设 $x_1\geqslant x_2\geqslant\cdots\geqslant x_n>0$, 则 $x_1+x_n<2\sqrt{2+\sqrt{5}}$, 从而由 $n=2$ 的情形成立知

$$\prod_{k=1}^{n}\left(x_k+\frac{1}{x_k}\right)\geqslant\left(\frac{x_1+x_n}{2}+\frac{2}{x_1+x_n}\right)^2\prod_{k=2}^{n-1}\left(x_k+\frac{1}{x_k}\right). \tag{32}$$

我们考虑数组 $\frac{x_1+x_n}{2},\frac{x_1+x_n}{2},x_2,\cdots,x_{n-1}$ 的重排 $x_1^{(1)}\geqslant x_2^{(1)}\geqslant\cdots\geqslant x_n^{(1)}$, 并不断重复上述过程, 这样我们得到了 $x_1^{(m)}\geqslant x_2^{(m)}\geqslant\cdots\geqslant x_n^{(m)}$, $m=1,2,\cdots$. 显然

$$\lim_{m\to+\infty}x_i^{(m)}=\frac{s}{n},\ i=1,2,\cdots,n. \tag{33}$$

再由式(32), 可知 $\prod_{k=1}^{n}\left(x_k^{(m)}+\frac{1}{x_k^{(m)}}\right)$ 是关于 m 的单调递减数列, 并收敛于 $\left(\frac{s}{n}+\frac{n}{s}\right)^n$. 因此式(30)成立. 由式(32)取等号的条件 $x_1=x_n$, 可知式(30)中当且仅当 $x_1=x_2=\cdots=x_n$ 时等号成立.

泰勒(Taylor)级数优超关系

若 $f(x)=\sum\limits_{\text{cyc}}a_nx^n, g(x)=\sum\limits_{\text{cyc}}b_nx^n$ 是两个具有正系数的级数,

且 $a_n \leqslant b_n$ 对任一 n 都成立,则称 $f(x)$ 为 $g(x)$ 所优超,记作 $f \ll g$. 显而易见,若 $f_1 \ll g_1, f_2 \ll g_2$,则 $f_1 f_2 \ll g_1 g_2$ 等等.

例 3 使用泰勒级数的优超关系证明算术平均-几何平均不等式.

证明 首先,显然对 $N=1,2,\cdots$,及 $x,y \geqslant 0$,有关系式

$$e^{xy} \gg \frac{x^N y^N}{N!}, \tag{34}$$

故得

$$e^{y \sum_i x_i} \gg \frac{(x_1 x_2 \cdots x_n)^N y^{nN}}{(N!)^n}. \tag{35}$$

于是,比较 y^{nN} 的系数得

$$\frac{\left(\sum_i x_i\right)^{nN}}{(nN)!} \geqslant \frac{(x_1 x_2 \cdots x_n)^N}{(N!)^n}$$

或者

$$\frac{\left(\sum_i x_i\right)^n}{x_1 x_2 \cdots x_n} \geqslant \left(\frac{(nN)!}{(N!)^n}\right)^{\frac{1}{N}}$$

对所有正整数 N 成立.

令 $N \to +\infty$,由斯特林公式得

$$\lim_{N \to +\infty} \left(\frac{(nN)!}{(N!)^n}\right)^{\frac{1}{N}} = n^n,$$

于是式(1)成立. 这一证明未给出等号成立的条件.

点评 1935 年,博尔(H. Bohr)把这一观念运用到算术平均-几何平均不等式的证明之中.

为了进一步阐明如何把优超观念运用于建立不等式,我们再给出一个例子. 若 $a_1, a_2, \cdots, a_n$ 为正,则由 $1 + a_\nu x \ll e^{a_\nu x}$ 得

$$\prod (1 + a_\nu x) \ll e^{s_n x},$$

其中 $s_n = a_1 + a_2 + \cdots + a_n$. 将 $1, x, x^2, \cdots, x^n$ 的系数相加,并注意在 x^2 的系数之间存在一个严格不等式,则得

$$(1+a_1)(1+a_2) \cdot \cdots \cdot (1+a_n) < 1 + \frac{s_n}{1!} + \frac{s_n^2}{2!} + \cdots + \frac{s_n^n}{n!}.$$

第一讲 不等式与恒等式

习 题 一

1. 实数 x,y,z 满足 $xy+yz+zx=-1$. 求证：$x^2+5y^2+8z^2 \geqslant 4$.

2. 设 $a,b,c>0$, $x,y,z \in \mathbf{R}$. 求证：
$$x^2+y^2+z^2 \geqslant 2\sqrt{\frac{abc}{(a+b)(b+c)(c+a)}}\left(\sqrt{\frac{a+b}{c}}xy+\sqrt{\frac{b+c}{a}}yz+\sqrt{\frac{c+a}{b}}zx\right).$$

3. 方程 $x^3+ax^2+bx+c=0$ 的三个根 α,β,γ 均为实数，且 $a^2=2b+2$. 证明：$|a-c| \leqslant 2$.

4. 设 a,b,c 是正实数. 求证：
$$\sqrt{ab(a+b)}+\sqrt{bc(b+c)}+\sqrt{ca(c+a)} > \sqrt{(a+b)(b+c)(c+a)}.$$

5. 证明：
$$(a^2+b^2+c^2)(a^4+b^4+c^4) \geqslant (b-c)^2(c-a)^2(a-b)^2.$$

6. 证明：对于非负实数 x,y,z，有
$$(x^2+y^2+z^2+yz+zx+xy)^2 \geqslant 4(x+y+z)(x^2y+y^2z+z^2x).$$

7. 证明：对于实数 a,b,c,x,y,z，当 $|x|+|z| \geqslant |y|$ 时，有
$$x^2(a-b)(a-c)+y^2(b-c)(b-a)+z^2(c-a)(c-b) \geqslant 0.$$

8. 设实数 a,b,c 满足 $a+b+c=3$. 证明：
$$(3-a)^2(3-b)^2(3-c)^2 \geqslant 64abc,$$
当且仅当 $a=b=c=1$ 时等号成立.

9. 设非负实数 x,y,z 满足 $x+y+z=1$. 证明：
$$((y-z)^2+3\sqrt{3}yz)((z-x)^2+3\sqrt{3}zx)((x-y)^2+3\sqrt{3}xy) \geqslant 3\sqrt{3}xyz.$$

10. 设正实数 x,y,z 满足 $x+y+z=1$. 证明：

(1) $\dfrac{x}{\sqrt{\dfrac{1}{y}-1}}+\dfrac{y}{\sqrt{\dfrac{1}{z}-1}}+\dfrac{z}{\sqrt{\dfrac{1}{x}-1}} \leqslant \dfrac{3\sqrt{3}}{4}\sqrt{(1-x)(1-y)(1-z)}$；

(2) $\dfrac{x}{\sqrt[3]{\dfrac{1}{y}-1}}+\dfrac{y}{\sqrt[3]{\dfrac{1}{z}-1}}+\dfrac{z}{\sqrt[3]{\dfrac{1}{x}-1}} \leqslant \dfrac{3}{2\sqrt[3]{2}}\sqrt[3]{(1-x)(1-y)(1-z)}$.

11. 设 $x, y, z > 0$, $x^2 + y^2 + z^2 = 1$. 求证：
$$\frac{1}{x^2} + \frac{1}{y^2} + \frac{1}{z^2} - \frac{2(x^3 + y^3 + z^3)}{xyz} \geq 3.$$

12. 设正实数 a, b, c 满足 $a + b + c = 1$. 证明：
$$\left(\frac{a}{1+a}\right)^2 + \left(\frac{b}{1+b}\right)^2 + \left(\frac{c}{1+c}\right)^2 \geq \frac{3}{16}$$

13. 设非负实数 a, b, c, d 满足 $a + b + c + d = 4$. 证明：
$$ab(a+b+2c) + bc(b+c+2d) + cd(c+d+2a) + da(d+a+2b) \leq 16.$$

14. 证明：对正数 x, y, z，有
$$\frac{x}{\sqrt{x^2+2yz}} + \frac{y}{\sqrt{y^2+2zx}} + \frac{z}{\sqrt{z^2+2xy}} < 2$$

15. 对任意实数 x，证明：
$$5x^4 + x^2 + 2 > 5x.$$

16. 实数 x, y, z 不等于 1 且满足 $xyz = 1$. 证明：
$$\frac{x^2}{(x-1)^2} + \frac{y^2}{(y-1)^2} + \frac{z^2}{(z-1)^2} \geq 1$$

17. 设 $a_n = \sum\limits_{k=1}^{n} \frac{1}{k(n+1-k)}$. 求证：当正整数 $n \geq 2$ 时, $a_{n+1} < a_n$.

18. 若 x, y, z 都是正实数，且 $x^2 + y^2 + z^2 = 1$. 求证：

(a) $\dfrac{yz}{x} + \dfrac{xz}{y} + \dfrac{xy}{z} \geq \sqrt{3}$；

(b) $\dfrac{y^2 z}{x^2} + \dfrac{x^2 z}{y^2} + \dfrac{x^2 y}{z^2} \geq \sqrt{3}$；

(c) $\dfrac{y^2 z^3}{x^4} + \dfrac{x^2 z^3}{y^4} + \dfrac{x^2 y^3}{z^4} \geq \sqrt{3}$.

19. 设 x, y 为任意实数. 求证：
$$3(x+y+1)^2 + 1 \geq 3xy.$$

20. 设 $x, y, z \in \mathbf{R}^+$. 求证：
$$\frac{2(x^3 + y^3 + z^3)}{xyz} + \frac{9(x+y+z)^2}{x^2+y^2+z^2} \geq 33.$$

21. 设 $a_1 \geq a_2 \geq \cdots \geq a_n \geq 0$, $B_k = \sum\limits_{i=1}^{k} B_i$（约定 $B_0 = 0$），并且
$$B' \leq B_k \leq B \ (k = 1, 2, \cdots, n).$$

证明阿贝尔(Abel)不等式:
$$a_1 B' \leqslant \sum_{i=1}^{n} a_i b_i \leqslant a_1 B.$$

22. 当 $x,y,z \in [1,2]$ 时,证明下列不等式成立,并指出等号成立的条件:
$$\Big(\sum_{\text{cyc}} x\Big)\Big(\sum_{\text{cyc}} \frac{1}{x}\Big) \geqslant 6\Big(\sum_{\text{cyc}} \frac{x}{y+z}\Big).$$

23. 求最大的实数 m,使不等式
$$\frac{1}{x}+\frac{1}{y}+\frac{1}{z}+m \leqslant \frac{1+x}{1+y}+\frac{1+y}{1+z}+\frac{1+z}{1+x}$$
对任何满足 $xyz = x+y+z+2$ 的正实数 x,y,z 恒成立.

24. 贝肯巴克(E. F. Beckenbach)和贝尔曼(R. Bellman)在一本期刊中记载了樊畿的一个有趣结论:若 $0 < x_i \leqslant \dfrac{1}{2}, i=1,2,\cdots,n$,则
$$\frac{\prod\limits_{i=1}^{n} x_i}{\prod\limits_{i=1}^{n}(1-x_i)} \leqslant \frac{\Big(\sum\limits_{i=1}^{n} x_i\Big)^n}{\Big(\sum\limits_{i=1}^{n}(1-x_i)\Big)^n},$$
当且仅当各 x_i 相等时等号成立.

试证明这个结论.

25. 从下列引理出发,证明算术平均-几何平均不等式.

引理:若对所有的 $\nu, a_{\nu-1} \leqslant a_\nu, b_{\nu-1} \leqslant b_\nu, a_\nu \leqslant b_\nu$,则将 a_i 与 b_i 作交换时,$\sum a_\nu \sum b_\nu$ 不减,且除 $a_i = b_i$ 或当 $\nu \neq i$ 时 $a_\nu = b_\nu$ 的情形外,$\sum a_\nu \sum b_\nu$ 为增.

26. 证明:
$$x_1 x_2 \cdots x_n = 1, \quad x_i \geqslant 0$$
蕴含 $x_1 + x_2 + \cdots + x_n \geqslant n$.

27. 定义两个正数 x 和 y 的对数平均为:
$$L(x,y) = \frac{x-y}{\ln x - \ln y}, \quad x \neq y,$$
$$L(x,x) = x.$$

证明:$L(x,y) \leqslant \dfrac{x+y}{2}$.

第二讲 变　　换

§2.1 三　角　变　换

三角变换是一种常见变换,我们常常能够用到.

例1 对任意实数 a,b,c,试证:
$$(a^2+2)(b^2+2)(c^2+2) \geq 9(ab+bc+ca). \tag{1}$$

证明 设 $a=\sqrt{2}\tan A, b=\sqrt{2}\tan B, c=\sqrt{2}\tan C$,其中 $A,B,C \in \left(0, \dfrac{\pi}{2}\right)$. 利用 $1+\tan^2\theta = \dfrac{1}{\cos^2\theta}$,式(1)可以写成

$$\frac{4}{9} \geq \cos A\cos B\cos C(\cos A\sin B\sin C + \sin A\cos B\sin C + \sin A\sin B\cos C). \tag{2}$$

因为
$$\cos(A+B+C) = \cos A\cos B\cos C - \cos A\sin B\sin C - \sin A\cos B\sin C$$
$$\quad -\sin A\sin B\cos C$$

所以式(2)可以改写为
$$\frac{4}{9} \geq \cos A\cos B\cos C(\cos A\cos B\cos C - \cos(A+B+C)). \tag{3}$$

设 $\theta = \dfrac{A+B+C}{3}$,且
$$\cos A\cos B\cos C \leq \left(\frac{\cos A+\cos B+\cos C}{3}\right)^3 \leq \cos^3\theta,$$

要证式(3)只需证明

$$\frac{4}{9} \geq \cos^3\theta(\cos^3\theta - \cos 3\theta).\tag{4}$$

利用

$$\cos 3\theta = 4\cos^3\theta - 3\cos\theta,$$

$$\left(\frac{\cos^2\theta}{2} \cdot \frac{\cos^2\theta}{2} \cdot (1-\cos^2\theta)\right)^{\frac{1}{3}}$$

$$\leq \frac{1}{3}\left(\frac{\cos^2\theta}{2} + \frac{\cos^2\theta}{2} + (1-\cos^2\theta)\right) = \frac{1}{3},$$

知式(4)成立,当且仅当 $\tan A = \tan B = \tan C = \frac{\sqrt{2}}{2}$ 即 $a=b=c=1$ 时等号成立.

例 2 设正数 x, y, z 满足 $x+y+z=xyz$. 证明:

$$\frac{1}{\sqrt{1+x^2}} + \frac{1}{\sqrt{1+y^2}} + \frac{1}{\sqrt{1+z^2}} \leq \frac{3}{2}.\tag{5}$$

证明 设 $x=\tan A, y=\tan B, z=\tan C$,其中 $A, B, C \in \left(0, \frac{\pi}{2}\right)$,且 A, B, C 为三角形的三内角. 于是式(5)就可以写成

$$\cos A + \cos B + \cos C \leq \frac{3}{2}.\tag{6}$$

由函数的凸性易知式(6)显然成立.

点评 1. 正数 x, y, z 满足 $x+y+z=xyz$. 在这样的条件下,以上证明中的代换是常见而且等价的.

另一个常见的代换是:

当 $p, q, r \geq 0$ 且 $p^2+q^2+r^2+2pqr=1$ 时,我们可以设

$p=\cos A, q=\cos B, r=\cos C$,其中 $A, B, C \in \left[0, \frac{\pi}{2}\right]$,且

$$A+B+C=\pi.$$

2. 式(6)还有其他证明方法,如

$$3-2(\cos A+\cos B+\cos C)$$
$$=(\sin A-\sin B)^2+(\cos A+\cos B-1)^2\geqslant 0.$$

我们还可以建立恒等式 $\cos A+\cos B+\cos C=1+\dfrac{r}{R}$,其中 r 是 $\triangle ABC$ 的内切圆半径,R 是 $\triangle ABC$ 的外接圆半径,由不等式 $R\geqslant 2r$,易知式(6)成立.

例 3 非负实数 a,b,c 满足 $a^2+b^2+c^2+abc=4$. 证明:
$$0\leqslant ab+bc+ca-abc\leqslant 2. \tag{7}$$

证明 易知 $a=\min\{a,b,c\}\leqslant 1$,否则 $a^2+b^2+c^2+abc>4$. 那么
$$ab+bc+ca-abc\geqslant(1-a)bc\geqslant 0. \tag{8}$$

另一方面,设 $a=2p,b=2q,c=2r$,可得 $p^2+q^2+r^2+2pqr=1$. 于是我们可以设 $a=2\cos A,b=2\cos B,c=2\cos C$,其中 $A,B,C\in\left[0,\dfrac{\pi}{2}\right]$,且 $A+B+C=\pi$. 那么式(7)的另一边就可改写为

$$\cos A\cos B+\cos B\cos C+\cos C\cos A-2\cos A\cos B\cos C\leqslant\dfrac{1}{2}. \tag{9}$$

由 $a=\min\{a,b,c\}$ 知,$A=\max\{A,B,C\}\geqslant\dfrac{\pi}{3}$,于是 $1-2\cos A\geqslant 0$. 从而

$$\cos A\cos B+\cos B\cos C+\cos C\cos A-2\cos A\cos B\cos C$$
$$=\cos A(\cos B+\cos C)+\cos B\cos C(1-2\cos A).$$

由

$$\cos B+\cos C\leqslant\dfrac{3}{2}-\cos A,$$
$$2\cos B\cos C=\cos(B-C)+\cos(B+C)\leqslant 1-\cos A,$$

知

$$\cos A(\cos B+\cos C)+\cos B\cos C(1-2\cos A)$$
$$\leqslant\cos A\left(\dfrac{3}{2}-\cos A\right)+\left(\dfrac{1-\cos A}{2}\right)(1-2\cos A).$$

容易验证：
$$\cos A\left(\frac{3}{2}-\cos A\right)+\left(\frac{1-\cos A}{2}\right)(1-2\cos A)=\frac{1}{2},$$
从而式(9)成立.

§2.2 代数变换

有时候不等式的条件和表达形式比较隐讳,我们要通过适当的代数变换使它变得看上去浅显,或者局部浅显.在此作者不再赘述,还是请读者自己看题.

例1 对于正实数 a,b,c,证明:

$$\frac{a}{\sqrt{a^2+8bc}}+\frac{b}{\sqrt{b^2+8ca}}+\frac{c}{\sqrt{c^2+8ab}}\geqslant 1. \tag{1}$$

证明 设 $x=\dfrac{a}{\sqrt{a^2+8bc}}, y=\dfrac{b}{\sqrt{b^2+8ca}}, z=\dfrac{c}{\sqrt{c^2+8ab}}$.

显然 $x,y,z\in(0,1)$,于是式(1)就可以改写为:

$$x+y+z\geqslant 1. \tag{2}$$

由

$$\frac{a^2}{8bc}=\frac{x^2}{1-x^2}, \frac{b^2}{8ac}=\frac{y^2}{1-y^2}, \frac{c^2}{8ab}=\frac{z^2}{1-z^2},$$

知

$$\frac{1}{512}=\left(\frac{x^2}{1-x^2}\right)\left(\frac{y^2}{1-y^2}\right)\left(\frac{z^2}{1-z^2}\right),$$

即

$$(1-x^2)(1-y^2)(1-z^2)=512(xyz)^2. \tag{3}$$

假设式(2)不成立,即

$$x+y+z<1.$$

于是

$$(1-x^2)(1-y^2)(1-z^2)$$
$$>((x+y+z)^2-x^2)((x+y+z)^2-y^2)((x+y+z)^2-z^2)$$
$$=(x+x+y+z)(y+z),$$

$$(x+y+y+z)(z+x)(x+y+z+z)(x+y)$$
$$\geqslant 4(x^2yz)^{\frac{1}{4}} \cdot 2(yz)^{\frac{1}{2}} \cdot 4(y^2zx)^{\frac{1}{4}} \cdot 2(zx)^{\frac{1}{2}} \cdot 4(z^2xy)^{\frac{1}{4}} \cdot 2(xy)^{\frac{1}{2}}$$
$$=512(xyz)^2. \qquad (4)$$

显然式(4)与式(3)矛盾,故假设不成立,从而得到式(2)成立,即式(1)成立.

例 2 设正实数 a,b,c 满足 $abc=1$. 证明:
$$\frac{1}{a^3(b+c)}+\frac{1}{b^3(c+a)}+\frac{1}{c^3(a+b)}\geqslant \frac{3}{2}. \qquad (5)$$

证明 设 $a=\frac{1}{x}, b=\frac{1}{y}, c=\frac{1}{z}$, 从而 $xyz=1$. 于是式(5)就改写为
$$\frac{x^2}{y+z}+\frac{y^2}{z+x}+\frac{z^2}{x+y}\geqslant \frac{3}{2}. \qquad (6)$$

利用柯西不等式得
$$((y+z)+(z+x)+(x+y))\left(\frac{x^2}{y+z}+\frac{y^2}{z+x}+\frac{z^2}{x+y}\right)\geqslant (x+y+z)^2,$$

再利用算术平均-几何平均不等式得
$$\frac{x^2}{y+z}+\frac{y^2}{z+x}+\frac{z^2}{x+y}\geqslant \frac{x+y+z}{2}\geqslant \frac{3(xyz)^{\frac{1}{3}}}{2}=\frac{3}{2}. \qquad (7)$$

由式(7)知式(6)成立,即式(5)成立.

例 3 设正数 a,b,c 满足 $a+b+c=abc$. 证明:
$$\frac{1}{\sqrt{1+a^2}}+\frac{1}{\sqrt{1+b^2}}+\frac{1}{\sqrt{1+c^2}}\leqslant \frac{3}{2}. \qquad (8)$$

证明 设 $a=\frac{1}{x}, b=\frac{1}{y}, c=\frac{1}{z}$. 由 $a+b+c=abc$ 知
$$1=xy+yz+zx. \qquad (9)$$

于是式(8)就改写为
$$\frac{x}{\sqrt{x^2+1}}+\frac{y}{\sqrt{y^2+1}}+\frac{z}{\sqrt{z^2+1}}\leqslant \frac{3}{2}. \qquad (10)$$

由式(9)知式(10)可以改写为
$$\frac{x}{\sqrt{x^2+xy+yz+zx}}+\frac{y}{\sqrt{y^2+xy+yz+zx}}+\frac{z}{\sqrt{z^2+xy+yz+zx}}\leqslant \frac{3}{2},$$

即
$$\frac{x}{\sqrt{(x+y)(x+z)}}+\frac{y}{\sqrt{(y+z)(y+x)}}+\frac{z}{\sqrt{(z+x)(z+y)}} \leqslant \frac{3}{2}. \quad (11)$$

利用算术平均-几何平均不等式得

$$\begin{aligned}\frac{x}{\sqrt{(x+y)(x+z)}} &= \frac{x\sqrt{(x+y)(x+z)}}{(x+y)(x+z)} \\ &\leqslant \frac{1}{2}\frac{x[(x+y)+(x+z)]}{(x+y)(x+z)} \\ &= \frac{1}{2}\left(\frac{x}{x+y}+\frac{x}{x+z}\right). \quad (12)\end{aligned}$$

同理,

$$\frac{y}{\sqrt{(y+z)(y+x)}} \leqslant \frac{1}{2}\left(\frac{y}{y+z}+\frac{y}{y+x}\right), \quad (13)$$

$$\frac{z}{\sqrt{(z+x)(z+y)}} \leqslant \frac{1}{2}\left(\frac{z}{z+x}+\frac{z}{z+y}\right), \quad (14)$$

由式(12),(13),(14)知式(11)成立,即式(10)成立,从而式(8)成立.

例 4 对任意正实数 a,b,c,证明:

$$\frac{a}{b+c}+\frac{b}{c+a}+\frac{c}{a+b} \geqslant \frac{3}{2}. \quad (15)$$

证明 设 $x=b+c, y=c+a, z=a+b$,于是式(15)就改写为

$$\sum_{\text{cyc}}\frac{y+z-x}{2x} \geqslant \frac{3}{2},$$

即
$$\sum_{\text{cyc}}\frac{y+z}{x} \geqslant 6. \quad (16)$$

利用算术平均-几何平均不等式得

$$\begin{aligned}\sum_{\text{cyc}}\frac{y+z}{x} &= \frac{y}{x}+\frac{z}{x}+\frac{z}{y}+\frac{x}{y}+\frac{x}{z}+\frac{y}{z} \\ &\geqslant 6\left(\frac{y}{x}\cdot\frac{z}{x}\cdot\frac{z}{y}\cdot\frac{x}{y}\cdot\frac{x}{z}\cdot\frac{y}{z}\right)^{\frac{1}{6}} \\ &= 6,\end{aligned}$$

从而式(15)成立.

点评 对于式(15),还可以设 $x=\dfrac{a}{b+c}, y=\dfrac{b}{c+a}, z=\dfrac{c}{a+b}$,再进行证明.

例5 设正实数 a,b,c 满足 $abc=1$. 证明:
$$\left(a-1+\frac{1}{b}\right)\left(b-1+\frac{1}{c}\right)\left(c-1+\frac{1}{a}\right)\leqslant 1. \tag{17}$$

证明 设 $a=\dfrac{x}{y}, b=\dfrac{y}{z}, c=\dfrac{z}{x}$,其中 $x,y,z>0$. 于是可以把式(17)改写为
$$xyz \geqslant (y+z-x)(z+x-y)(x+y-z). \tag{18}$$

不失一般性,设 $z\geqslant y\geqslant x$,令 $y-x=p, z-x=q$,其中 $p,q\geqslant 0$. 于是
$$xyz-(y+z-x)(z+x-y)(x+y-z)$$
$$=(p^2-pq+q^2)x+(p^3+q^3-p^2q-pq^2).$$

由米尔黑德定理知上式非负. 或者利用
$$p^2-pq+q^2\geqslant(p-q)^2\geqslant 0,$$

以及
$$p^3+q^3-p^2q-pq^2=(p-q)^2(p+q)\geqslant 0,$$

知式(18)成立.

点评 1. 从式(17)到式(18)的代数代换是常见的,当然根据适当的情况还可以代换成
$$a=\frac{x^2}{yz}, b=\frac{y^2}{zx}, c=\frac{z^2}{xy}$$

或者其他.

2. "设 $z\geqslant y\geqslant x$,令 $y-x=p, z-x=q$,其中 $p,q\geqslant 0$." 这种代换称为增量代换,它能带我们走得更远.

因为 $abc=1$,所以不妨设 $a\geqslant 1\geqslant b$. 于是

$$1-\left(a-1+\frac{1}{b}\right)\left(b-1+\frac{1}{c}\right)\left(c-1+\frac{1}{a}\right)$$
$$=\left(c+\frac{1}{c}-2\right)\left(a+\frac{1}{b}-1\right)+\frac{(a-1)(1-b)}{a}.$$

我们后面会多次提到增量代换.

3. 对于式(18)还可以这样证明.

设 $x\geqslant y\geqslant z$,若 $y+z<x$,则显然成立.

于是 $\sqrt{(y+z-x)(z+x-y)}\leqslant\dfrac{y+z-x+z+x-y}{2}=z$.

同理有其他二式,累乘即得.

4. 对于很多不等式,我们往往不能用"一招鲜"解决问题,常常需要"多管齐下". 当然其中恒等变形和不等变形是"内功",代换和定理的应用是"招式".

例 6 设正实数 a,b,c 满足 $a+b+c=1$. 证明:

$$\frac{a}{a+bc}+\frac{b}{b+ca}+\frac{\sqrt{abc}}{c+ab}\leqslant 1+\frac{3\sqrt{3}}{4}. \tag{19}$$

证明 把式(19)改写为

$$\frac{1}{1+\frac{bc}{a}}+\frac{1}{1+\frac{ca}{b}}+\frac{\sqrt{\frac{ab}{c}}}{1+\frac{ab}{c}}\leqslant 1+\frac{3\sqrt{3}}{4}. \tag{20}$$

设 $x=\sqrt{\dfrac{bc}{a}},y=\sqrt{\dfrac{ca}{b}},z=\sqrt{\dfrac{ab}{c}}$,于是式(20)就可以改写为

$$\frac{1}{1+x^2}+\frac{1}{1+y^2}+\frac{z}{1+z^2}\leqslant 1+\frac{3\sqrt{3}}{4}, \tag{21}$$

其中 $x,y,z>0$,且 $xy+yz+zx=1$. 于是不难给出如下代换(类似于第一节中例 2 的三角代换,其实它们是一对孪生代换,且是等价的):

设 $x=\tan\dfrac{A}{2},y=\tan\dfrac{B}{2},z=\tan\dfrac{C}{2}$,其中 $A,B,C\in(0,\pi)$,且

$$A+B+C=\pi.$$

于是式(21)就变为

$$\frac{1}{1+\left(\tan\frac{A}{2}\right)^2}+\frac{1}{1+\left(\tan\frac{B}{2}\right)^2}+\frac{\tan\frac{C}{2}}{1+\left(\tan\frac{C}{2}\right)^2}\leqslant 1+\frac{3\sqrt{3}}{4}, \quad (22)$$

即

$$1+\frac{1}{2}(\cos A+\cos B+\sin C)\leqslant 1+\frac{3\sqrt{3}}{4},$$

$$\cos A+\cos B+\sin C\leqslant\frac{3\sqrt{3}}{2}. \quad (23)$$

事实上,

$$\cos A+\cos B\leqslant 2\cos\left(\frac{A+B}{2}\right)=2\cos\left(\frac{\pi-C}{2}\right),$$

而不等式

$$2\cos\left(\frac{\pi-C}{2}\right)+\sin C\leqslant\frac{3\sqrt{3}}{2}$$

又是非常容易证明的.

综上可知式(19)成立.

例7 设 $a,b,c,d>0$. 当 $\dfrac{1}{1+a^4}+\dfrac{1}{1+b^4}+\dfrac{1}{1+c^4}+\dfrac{1}{1+d^4}=1$ 时,证明:

$$abcd\geqslant 3. \quad (24)$$

证明 设 $A=\dfrac{1}{1+a^4},B=\dfrac{1}{1+b^4},C=\dfrac{1}{1+c^4},D=\dfrac{1}{1+d^4}$,于是

$$a^4=\frac{1-A}{A},\ b^4=\frac{1-B}{B},\ c^4=\frac{1-C}{C},\ d^4=\frac{1-D}{D}.$$

利用算术平均-几何平均不等式得

$$(B+C+D)(C+D+A)(D+A+B)(A+B+C)$$
$$\geqslant 3(BCD)^{\frac{1}{3}}\cdot 3(CDA)^{\frac{1}{3}}\cdot 3(DAB)^{\frac{1}{3}}\cdot 3(ABC)^{\frac{1}{3}},$$

即

$$(B+C+D)(C+D+A)(D+A+B)(A+B+C)\geqslant 81ABCD,$$
$$\frac{B+C+D}{A}\cdot\frac{C+D+A}{B}\cdot\frac{D+A+B}{C}\cdot\frac{A+B+C}{D}\geqslant 81.$$

由 $A+B+C+D=1$ 知

$$\frac{1-A}{A} \cdot \frac{1-B}{B} \cdot \frac{1-C}{C} \cdot \frac{1-D}{D} \geqslant 81,$$

即

$$a^4 b^4 c^4 d^4 \geqslant 81,$$

从而式(24)成立.

例 8 实数 $x,y,z>1$,且满足 $\frac{1}{x}+\frac{1}{y}+\frac{1}{z}=2$. 证明:

$$\sqrt{x+y+z} \geqslant \sqrt{x-1}+\sqrt{y-1}+\sqrt{z-1}. \tag{25}$$

证明 设 $a=\sqrt{x-1}, b=\sqrt{y-1}, c=\sqrt{z-1}$,那么

$$\frac{1}{1+a^2}+\frac{1}{1+b^2}+\frac{1}{1+c^2}=2,$$

即

$$a^2 b^2+b^2 c^2+c^2 a^2+2a^2 b^2 c^2=1. \tag{26}$$

于是式(25)就可以改写为

$$\sqrt{a^2+b^2+c^2+3} \geqslant a+b+c,$$

即

$$ab+bc+ca \leqslant \frac{3}{2}. \tag{27}$$

设 $p=bc, q=ca, r=ab$,于是式(26)就变为 $p^2+q^2+r^2+2pqr=1$,式(27)可以改写为

$$p+q+r \leqslant \frac{3}{2}. \tag{28}$$

利用三角变换,设 $p=\cos A, q=\cos B, r=\cos C$,其中 $A, B, C \in \left(0, \frac{\pi}{2}\right)$,且

$$A+B+C=\pi,$$

可知式(28)显然成立.

例 9 证明:对于任意 $a,b,c>0$,有

$$\frac{a}{b}+\frac{b}{c}+\frac{c}{a} \geqslant \frac{a+b}{b+c}+\frac{b+c}{a+b}+1. \tag{29}$$

证明 设 $x=\frac{a}{b}, y=\frac{c}{b}$,从而 $\frac{c}{a}=\frac{y}{x}, \frac{a+b}{b+c}=\frac{x+1}{1+y}, \frac{b+c}{a+b}=\frac{1+y}{x+1}$.

于是式(29)就可改写为

$$x^3y^2+x^2+x+y^3+y^2 \geqslant x^2y+2xy+2xy^2. \tag{30}$$

利用算术平均-几何平均不等式得

$$\frac{x^3y^2+x}{2} \geqslant x^2y, \frac{x^3y^2+x+y^3+y^3}{2} \geqslant 2xy^2, x^2+y^2 \geqslant 2xy,$$

所以式(30)成立,即式(29)成立. 当且仅当 $x=y=1$,即 $a=b=c$ 时等号成立.

对式(29)进行修改,则有

$$\frac{a}{b}+\frac{b}{c}+\frac{c}{a} \geqslant \frac{a+b}{b+c}+\frac{b+c}{c+a}+\frac{10}{11}.$$

对正实数 x,y,z 及实数 p,则有

$$\frac{x^p}{y^p}+\frac{y^p}{z^p}+\frac{z^p}{x^p} \geqslant \left(\frac{x+y}{y+z}\right)^p+\left(\frac{y+z}{x+y}\right)^p+1.$$

参见 http://www.mathlinks.ro/Forum/viewtopic.php?t=107534

http://www.mathlinks.ro/viewtopic.php?t=216132

例 10 对任意实数 $x_1, x_2, \cdots, x_n$,证明:

$$\frac{x_1}{1+x_1^2}+\frac{x_2}{1+x_1^2+x_2^2}+\cdots+\frac{x_n}{1+x_1^2+\cdots+x_n^2} < \sqrt{n}. \tag{31}$$

证明 由于

$$\frac{x_1}{1+x_1^2}+\frac{x_2}{1+x_1^2+x_2^2}+\cdots+\frac{x_n}{1+x_1^2+\cdots+x_n^2}$$
$$\leqslant \frac{|x_1|}{1+x_1^2}+\frac{|x_2|}{1+x_1^2+x_2^2}+\cdots+\frac{|x_n|}{1+x_1^2+\cdots+x_n^2},$$

所以可以把式(31)的条件加强为: $x_1, x_2, \cdots, x_n$ 是非负实数.

令 $x_0=1$,设 $y_i=x_0^2+x_1^2+\cdots+x_i^2$ $(i=0,1,\cdots,n)$,从而 $x_i=\sqrt{y_i-y_{i-1}}$. 于是要证式(31),只需证明

$$\sum_{i=0}^{n} \frac{\sqrt{y_i-y_{i-1}}}{y_i} < \sqrt{n}. \tag{32}$$

由于

$$\sum_{i=0}^{n} \frac{\sqrt{y_i - y_{i-1}}}{y_i} \leqslant \sum_{i=0}^{n} \frac{\sqrt{y_i - y_{i-1}}}{\sqrt{y_i y_{i-1}}} = \sum_{i=0}^{n} \sqrt{\frac{1}{y_{i-1}} - \frac{1}{y_i}},$$

由柯西不等式知

$$\sum_{i=1}^{n} \sqrt{\frac{1}{y_{i-1}} - \frac{1}{y_i}} \leqslant \sqrt{n \sum_{i=1}^{n} \left(\frac{1}{y_{i-1}} - \frac{1}{y_i} \right)} = \sqrt{n \left(\frac{1}{y_0} - \frac{1}{y_n} \right)} < \sqrt{n}.$$

事实上,$y_0 = 1$ 且 $y_n > 0$,$y_i \geqslant y_{i-1}$.

综上知式(32)成立,于是式(31)成立.

例 11 对一个三角形的三条边 a, b, c,证明:

$$\left(\sum_{\text{cyc}} a \right) \left(\sum_{\text{cyc}} \frac{1}{a} \right) \geqslant 6 \left(\sum_{\text{cyc}} \frac{a}{b+c} \right). \tag{33}$$

证明 设 $a = y+z, b = z+x, c = x+y$,则得到关于非负数 x, y, z 的等价不等式:

$$\left(\sum_{\text{cyc}} x \right) \left(\sum_{\text{cyc}} \frac{1}{y+z} \right) \geqslant 3 \left(\sum_{\text{cyc}} \frac{y+z}{2x+y+z} \right). \tag{34}$$

去分母,左边减右边并整理得

$$2 \sum_{\text{cyc}} x^2 (x^2 - y^2)(x^2 - z^2) + 3 \sum_{\text{cyc}} xy(x^2 - y^2) \geqslant 0. \tag{35}$$

由式(35)知式(34)成立,从而式(33)成立. 当且仅当三角形是正三角形时等号成立.

式(33)是 2006 年越南数学奥林匹克竞赛第四题,是一个代数不等式的推广.

原题如下:

当 $x, y, z \in [1, 2]$ 时,证明下列不等式成立,并指出等号成立条件:

$$\left(\sum_{\text{cyc}} x \right) \left(\sum_{\text{cyc}} \frac{1}{x} \right) \geqslant 6 \left(\sum_{\text{cyc}} \frac{x}{y+z} \right).$$

有兴趣的读者可以尝试证明它.

例 12 实数 x,y,z 满足 $xyz=8$. 证明:
$$\frac{2}{2+x^2}+\frac{2}{2+y^2}+\frac{2}{2+z^2}\geqslant 1. \tag{36}$$

证明 设 $x^2=u^3,y^2=v^3,z^2=w^3$,那么式(36)就改写为
$$\frac{vw}{vw+2u^2}+\frac{wu}{wu+2v^2}+\frac{uv}{uv+2w^2}\geqslant 1, \tag{37}$$

其中 u,v,w 为正实数,且满足 $uvw=4$.

因为
$$\frac{vw}{vw+2u^2}+\frac{wu}{wu+2v^2}+\frac{uv}{uv+2w^2}-1$$
$$=\frac{uvw(u+v+w)[(v-w)^2+(w-u)^2+(u-v)^2]}{(2u^2+vw)(2v^2+wu)(2w^2+uv)}\geqslant 0,$$

所以式(37)成立,即式(36)成立.

例 13 正实数 x,y,z 满足 $x+y+z+2=xyz$. 证明:
$$x+y+z+6\geqslant 2(\sqrt{yz}+\sqrt{zx}+\sqrt{xy}). \tag{38}$$

证明 设 $x=\dfrac{v+w}{u},y=\dfrac{w+u}{v},z=\dfrac{u+v}{w}$,于是式(38)就改写为
$$\sum_{\text{cyc}}\frac{v+w}{u}+6\geqslant 2\sum_{\text{cyc}}\sqrt{\frac{(w+u)(u+v)}{vw}}, \tag{39}$$

其中 u,v,w 是正实数.

因为 $(2vw+wu+uv)^2-4vw(w+u)(u+v)=u^2(v-w)^2\geqslant 0$,
所以
$$2\sum_{\text{cyc}}\sqrt{\frac{(w+u)(u+v)}{vw}}\leqslant \sum_{\text{cyc}}\frac{2vw+wu+uv}{vw}=6+\sum_{\text{cyc}}\frac{v+w}{u},$$

所以式(39)成立,即式(38)成立.

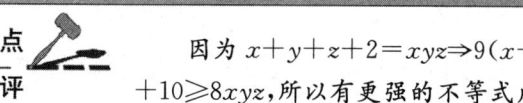

因为 $x+y+z+2=xyz\Rightarrow 9(x+y+z)+10\geqslant 8xyz$,所以有更强的不等式成立. 即当正实数 x,y,z 满足 $9(x+y+z)+10\geqslant 8xyz$ 时,有
$$x+y+z+6\geqslant 2(\sqrt{yz}+\sqrt{zx}+\sqrt{xy}).$$
见第二讲习题 23.

例 14 正实数 a,b,c,d 满足 $abcd=1$. 证明：

$$\frac{1}{a(b+1)}+\frac{1}{b(c+1)}+\frac{1}{c(d+1)}+\frac{1}{d(a+1)} \geq 2 \quad (40)$$

证明 设 $a=\dfrac{y}{x}, b=\dfrac{z}{y}, c=\dfrac{w}{z}, d=\dfrac{x}{w}$，其中 $x,y,z,w>0$，于是式 (40) 改写为

$$\sum_{\text{cyc}} \frac{x}{y+z} \geq 2,$$

等价于

$$\sum_{\text{cyc}} \frac{x^2}{xy+xz} \geq 2. \quad (41)$$

由柯西不等式知

$$\sum_{\text{cyc}} \frac{x^2}{xy+xz} \geq \frac{\left(\sum_{\text{cyc}} x\right)^2}{\sum_{\text{cyc}}(xy+xz)}. \quad (42)$$

事实上，

$$\left(\sum_{\text{cyc}} x\right)^2 - 2\left(\sum_{\text{cyc}} xy+xz\right) = (x-z)^2+(y-w)^2. \quad (43)$$

由式 (42), (43), (41) 知式 (40) 成立.

1. 如果设 $a=\dfrac{x}{y}, b=\dfrac{y}{z}, c=\dfrac{z}{w}, d=\dfrac{w}{x}$，证明起来会不太容易.

2. 利用柯西不等式我们有一个直接的证明.

因为

$$(a(b+1)+a^2b(c+1)+a^2b^2c(d+1)+a^2b^2c^2d(a+1))\left(\frac{1}{a(b+1)}+\frac{1}{b(c+1)}+\frac{1}{c(d+1)}+\frac{1}{d(a+1)}\right) \geq (1+a+ab+abc)^2,$$

所以要证式 (40), 只需证明

$$(1+a+ab+abc)^2 \geq 2(a(b+1)+a^2b(c+1)+a^2b^2c(d+1)+a^2b^2c^2d(a+1))$$

$$= 2(a(b+1)+a^2b(c+1)+ab(1+abc)$$
$$+abc(a+1)).$$

事实上，
$$(1+a+ab+abc)^2-2(a(b+1)+a^2b(c+1)$$
$$+ab(1+abc)+abc(a+1))$$
$$=(ab-1)^2+a^2(bc-1)^2\geqslant 0,$$

所以式(40)成立。

参见 http://www.mathlinks.ro/viewtopic.php?t=216131

例 15 设正实数 a,b,c 满足 $abc=1$. 证明：
$$\sqrt{3a^2+4}+\sqrt{3b^2+4}+\sqrt{3c^2+4}\leqslant\sqrt{7}(a+b+c).$$

证明 设 $a=x^3, b=y^3, c=z^3$，则
$$\sum_{cyc} x\sqrt{\frac{3x^4+4y^2z^2}{7}}\leqslant\sum_{cyc}\frac{x}{7}(7x^2+4y^2+4z^2-4xy-4xz)=\sum_{cyc}x^3.$$

事实上，
$$(7x^2+4y^2+4z^2-4xy-4xz)^2-7(3x^4+4y^2z^2)$$
$$=\left(\frac{y+z}{2}-x\right)^2(7(y+z-2x)^2+2(9y^2-14yz+9z^2))$$
$$+\left(\frac{y-z}{2}\right)^2(48x^2+39y^2+42yz+39z^2)\geqslant 0.$$

点评 本题也可用求一阶导数的方法来证明，只需令 $f(a)=\sqrt{7}a-\sqrt{3a^2+4}-\dfrac{4\ln a}{\sqrt{7}}$.

参见 http://www.mathlinks.ro/Forum/viewtopic.php?t=157600

§2.3 增 量 变 换

例1 已知 $x, y, z > 0$,且 $yz + zx + xy = 1$. 证明:
$$\sum_{cyc} \frac{1 + y^2 z^2}{(y+z)^2} \geqslant \frac{5}{2}. \tag{1}$$

证明 由式(1)的对称性,不妨设 $x \leqslant y \leqslant z$,且 $y = x + s, z = x + s + t$,其中 $s, t \geqslant 0$. 于是

$$2\sum_{cyc}(z+x)^2(x+y)^2((yz+zx+xy)^2 + y^2z^2)$$
$$-5(y+z)^2(z+x)^2(x+y)^2(yz+zx+xy)$$
$$= 32(s^2 + st + t^2)x^6 + 48(2s+t)(s^2+st+2t^2)x^5$$
$$+ 8(13s^4 + 26s^3t + 69s^2t^2 + 56st^3 + 13t^4)x^4$$
$$+ 8(2s+t)(3s^4 + 6s^3t + 32s^2t^2 + 29st^3 + 6t^4)x^3$$
$$+ (8s^6 + 24s^5t + 279s^4t^2 + 518s^3t^3 + 351s^2t^4 + 96st^5 + 8t^6)x^2$$
$$+ 2st^2(2s+t)(s+t)(17s^2 + 17st + 4t^2)x$$
$$+ s^2t^2(7s^2 + 7st + 2t^2)(s+t)^2$$
$$\geqslant 0,$$

所以式(1)成立.

例2 实数 $a, b, c \in \left[\frac{1}{\sqrt{2}}, \sqrt{2}\right]$. 证明:
$$\frac{3}{b+2c} + \frac{3}{c+2a} + \frac{3}{a+2b} \geqslant \frac{2}{b+c} + \frac{2}{c+a} + \frac{2}{a+b}. \tag{2}$$

证明 因为
$$\frac{3}{b+2c} + \frac{3}{c+2a} + \frac{3}{a+2b} - \frac{2}{b+c} - \frac{2}{c+a} - \frac{2}{a+b}$$
$$\equiv \frac{F(a,b,c)}{(b+c)(c+a)(a+b)(b+2c)(c+2a)(a+2b)},$$

50

又因为 $a,b,c \in \left[\dfrac{1}{\sqrt{2}}, \sqrt{2}\right]$,所以 $b+c>a, c+a>b, a+b>c$,能够以 a,b,c 为边构成三角形. 设 $a=y+z, b=z+x, c=x+y$, 由对称性不妨设 $a=\max\{a,b,c\}$, 即 $x=\min\{x,y,z\}$, 所以

$$F(a,b,c)=F(y+z,z+x,x+y)\equiv G(x,y,z)=G(x,x+s,x+t)$$
$$=96(s^2-st+t^2)x^3+12(10s^3-11s^2t+5st^2+10t^3)x^2$$
$$+8(2s+t)(s+t)(3s^2-7st+6t^2)x$$
$$+(2s+t)(3s^4-2s^3t-8s^2t^2+7st^3+6t^4)$$
$$\geqslant 0.$$

事实上,
$$3s^4-2s^3t-8s^2t^2+7st^3+6t^4$$
$$=\dfrac{(3s+4t)(4s+3t)(2s-3t)^2+6s^4+8s^3t+45st^3}{18}.$$

综上可知式(2)成立.

点评

1. 解答中的 $F(a,b,c), G(x,y,z)$ 是指满足相应等式的函数. 对于
$$G(x,y,z)=G(x,x+s,x+t),$$
其实是作了一个代数变换. 因为 $x=\min\{x,y,z\}$, 所以可以设 $y=x+s, z=x+t$, 其中 $s,t>0$.

2. 当 $a,b,c \in \left[\dfrac{1}{d}, d\right]$ 时, 有
$$\dfrac{3}{b+2c}+\dfrac{3}{c+2a}+\dfrac{3}{a+2b} \geqslant \dfrac{2}{b+c}+\dfrac{2}{c+a}+\dfrac{2}{a+b},$$
其中 $d=1.9676\cdots$ 是以下多项式的零点:
$11\,492d^{32}+59\,736d^{30}+200\,208d^{28}-733\,396d^{26}-4\,894\,679d^{24}-6\,662\,736d^{22}+2\,856\,552d^{20}+12\,029\,308d^{18}+4\,316\,382d^{16}-8\,027\,300d^{14}-6\,103\,776d^{12}+2\,970\,528d^{10}+3\,045\,985d^8-959\,764d^6-498\,600d^4+139\,080d^2+11\,492$, 等号成立的条件是 $a=d, b=\dfrac{1}{d}, c=0.90689\cdots, c$

是以下多项式的零点：
$$132\ 066\ 064c^{32} - 130\ 181\ 376c^{30}$$
$$+1\ 979\ 783\ 240c^{28} + 5\ 956\ 780\ 144c^{26}$$
$$-35\ 317\ 512\ 999c^{24} - 25\ 133\ 584\ 540c^{22}$$
$$+167\ 907\ 591\ 990c^{20} - 83\ 364\ 196\ 068c^{18}$$
$$-112\ 132\ 713\ 231c^{16} + 71\ 179\ 712\ 840c^{14}$$
$$+72\ 310\ 474\ 344c^{12} - 10\ 073\ 962\ 016c^{10}$$
$$-25\ 506\ 666\ 376c^8 - 8\ 427\ 896\ 928c^6$$
$$-862\ 368\ 320c^4 + 438\ 336c^2 + 1\ 296.$$

3. 当 $a,b,c \in \left[\dfrac{1}{\sqrt{2}}, \sqrt{2}\right]$ 时，我们有
$$\frac{1+k}{b+kc} + \frac{1+k}{c+ka} + \frac{1+k}{a+kb} \geqslant \frac{2}{b+c} + \frac{2}{c+a} + \frac{2}{a+b},$$
当且仅当 $0 \leqslant k \leqslant \dfrac{1}{k_0} \vee k \geqslant k_0$ 时不等式成立，其中 $k_0 = 1.4170\cdots$ 是以下多项式的零点：
$$1\ 479\ 200k^{12} + 10\ 802\ 976k^{11} + 22\ 882\ 607k^{10}$$
$$-11\ 148\ 576k^9 - 89\ 792\ 834k^8 - 42\ 460\ 320k^7$$
$$+113\ 092\ 841k^6 + 42\ 460\ 320k^5 - 89\ 792\ 834k^4$$
$$+11\ 148\ 576k^3 + 22\ 882\ 607k^2 - 10\ 802\ 976k$$
$$+1\ 479\ 200,$$

等号成立的条件是 $a=\sqrt{2}, b=\dfrac{1}{\sqrt{2}}, c=0.97690\cdots, c$ 是以下多项式的零点：
$$400c^{12} + 1\ 952c^{10} + 6\ 152c^8 - 31\ 048c^6$$
$$+43\ 601c^4 - 20\ 620c^2 + 4.$$

也许我们能够对以下不等式给出一个简单的证明.
$$\frac{5}{2y+3z} + \frac{5}{2z+3x} + \frac{5}{2x+3y} \geqslant \frac{2}{y+z} + \frac{2}{z+x} + \frac{2}{x+y},$$
其中 $x,y,z \in [1,2]$.

参见 http://www.mathlinks.ro/Forum/viewtopic.php?t=185286

例3 正实数 a,b,c,d 满足 $a+b+c+d=1$. 证明:
$$bcd+cda+dab+abc \leqslant \frac{1+176abcd}{27} \tag{3}$$

(1993年IMO试题)

证明 设 $a \leqslant b \leqslant c \leqslant d$, 有非负实数 x,y,z 满足
$$b=a+x, \quad c=a+x+y, \quad d=a+x+y+z,$$
所以
$$(a+b+c+d)^4 + 176abcd - 27(a+b+c+d)(bcd$$
$$+cda+dab+abc)$$
$$\equiv F(a,b,c,d) = F(a,a+x,a+x+y,a+x+y+z)$$
$$= 5(3x^2+4y^2+3z^2+4yz+2zx+4xy)a^2$$
$$+2(7x^3+10y^3+8z^3+14x^2y+7x^2z+15y^2z+25y^2x+18z^2x$$
$$+21z^2y+25xyz)a+(3x+2y+z)(8y^3+z^3+12y^2z+9y^2x$$
$$+9z^2x+6z^2y+9xyz)$$
$$\geqslant 0,$$

所以式(3)成立.

参见http://www.mathlinks.ro/Forum/viewtopic.php?t=154

例4 正实数 x,y,z 满足 $x+y+z=1$. 证明:
$$\frac{xy}{\sqrt{xy+yz}} + \frac{yz}{\sqrt{yz+zx}} + \frac{zx}{\sqrt{zx+xy}} \leqslant \frac{\sqrt{2}}{2}, \tag{4}$$

$$\frac{xy}{\sqrt{xy+yz}} + \frac{yz}{\sqrt{yz+zx}} + \frac{zx}{\sqrt{zx+xy}}$$
$$\leqslant \frac{3}{4}\sqrt{3(y+z)(z+x)(x+y)}. \tag{5}$$

证明 对于式(4), 我们容易证明
$$\sum_{\text{cyc}} z\sqrt{\frac{2x}{y+z}} \leqslant \sum_{\text{cyc}} z \frac{x+2(y+z)+3(\sqrt{zx}+\sqrt{xy}-\sqrt{yz})}{4(y+z)}$$
$$\leqslant x+y+z. \tag{6}$$

下面我们来证明式(5). 由柯西不等式知

$$\left(\sum_{\text{cyc}} \frac{zx}{\sqrt{zx+xy}}\right)^2 \leqslant \sum_{\text{cyc}} \frac{zx}{2x+y+z} \sum_{\text{cyc}} \frac{z(2x+y+z)}{y+z}, \quad (7)$$

不妨设 $x=\min\{x,y,z\}$. 因为

$$\frac{27(y+z)(z+x)(x+y)}{16(x+y+z)} - \sum_{\text{cyc}} \frac{zx}{2x+y+z} \sum_{\text{cyc}} \frac{z(2x+y+z)}{y+z}$$

$$\equiv \frac{G(x,y,z)}{16\prod_{\text{cyc}}(y+z)(2x+y+z)\sum_{\text{cyc}}x},$$

$G(x,y,z)=G(x,x+s,x+t)$
$=4608(s^2-st+t^2)x^7+64(134s^3+105s^2t-3st^2+134t^3)x^6$
$+64(97s^4+316s^3t+195s^2t^2+100st^3+97t^4)x^5$
$+16(136s^5+945s^4t+1606s^3t^2+706s^2t^3+315st^4+136t^5)x^4$
$+16(23s^6+310s^5t+1026s^4t^2+940s^3t^3+301s^2t^4+96st^5+23t^6)x^3$
$+4(s+t)(6s^6+179s^5t+954s^4t^2+877s^3t^3+214s^2t^4+43st^5+6t^6)x^2$
$+8st(s+t)^2(5s^4+58s^3t+55s^2t^2+12st^3+t^4)x$
$+s^2t^2(s+t)^3(2s+t)(11s+6t)\geqslant 0,$

所以

$$\sum_{\text{cyc}} \frac{zx}{2x+y+z} \sum_{\text{cyc}} \frac{z(2x+y+z)}{y+z} \leqslant \frac{27(y+z)(z+x)(x+y)}{16(x+y+z)}. \quad (8)$$

由式(7),(8)知式(5)成立.

点评 1. 对于式(6)这里并没有给出完整的证明,只是提供了一种证明模式的线索,可以作为习题供读者练手.事实上式(4)是一个比较著名的奥赛试题,通俗证法这里就不再转载.

2. 对于式(5)我们在这里给出另外一个证明,或许这更能引起读者的共鸣.

不妨设 $x=\min\{x,y,z\}$,因为

$$\frac{9}{4}(y+z)(z+x)(x+y)$$

$$-\sum_{\text{cyc}} z\frac{21x^3+24x^2(y+z)+4x(y^2+z^2)+17xyz+yz(y+z)}{2(6x+y+z)}$$

$$\equiv \frac{F(x,y,z)}{4\prod_{\text{cyc}}(6x+y+z)},$$

$$F(x,y,z)$$
$$=F(x,x+s,x+t)$$
$$=640(s^2-st+t^2)x^4+16(34s^3+65s^2t-7st^2$$
$$+34t^3)x^3+2(53s^4+590s^3t+447s^2t^2+14st^3$$
$$+53t^4)x^2+2(3s^5+89s^4t+436s^3t^2+34s^2t^3$$
$$+2st^4+3t^5)x+s^2t(s+t)(6s+t)(s+13t)$$
$$\geqslant 0,$$

且
$$(21x^3+24x^2(y+z)+4x(y^2+z^2)+17xyz$$
$$+yz(y+z))^2-12x(z+x)(x+y)(x+y$$
$$+z)(6x+y+z)^2$$
$$=9x^6+6(2y-z)(y-2z)x^4+6(y+z)(4y^2-9yz$$
$$+4z^2)x^3+(2y-z)^2(y-2z)^2x^2$$
$$-2yz(2y-z)(y-2z)(y+z)x+y^2z^2(y+z)^2$$
$$=(3x^3+(2y-z)(y-2z)x-yz(y+z))^2$$
$$+24x^3(y-z)^2(y+z)\geqslant 0,$$

所以
$$\sum_{\text{cyc}}z\sqrt{3x(z+x)(x+y)(x+y+z)}$$
$$\leqslant \sum_{\text{cyc}}z\,\frac{21x^3+24x^2(y+z)+4x(y^2+z^2)+17xyz+yz(y+z)}{2(6x+y+z)}$$
$$\leqslant \frac{9}{4}(y+z)(z+x)(x+y).$$

3. 下面给出式(4)的一种证明方法,希望能对读者有所启发.

$$\sum_{\text{cyc}}\frac{xy}{\sqrt{xy+yz}}$$
$$\leqslant \sum_{\text{cyc}}\frac{3x^2+2y^2+3z^2-4yz+20xy}{8\sqrt{2}(x+y+z)}$$

$$= \frac{x+y+z}{\sqrt{2}} = \frac{1}{\sqrt{2}},$$

$$2\sum_{\text{cyc}} z\sqrt{\frac{2x}{y+z}} \leqslant \sum_{\text{cyc}}\left(\frac{z+x}{2} + \frac{4z^2 x}{(y+z)(z+x)}\right)$$

$$= 2\sum_{\text{cyc}} x - \frac{\sum_{\text{cyc}} yz(y-z)^2}{(y+z)(z+x)(x+y)} \leqslant 2\sum_{\text{cyc}} x.$$

此外还有

$$z\sqrt{\frac{x}{y+z}} + x\sqrt{\frac{y}{z+x}} + y\sqrt{\frac{z}{x+y}}$$

$$\leqslant \sqrt{\frac{25(x^2 y + x^2 z + y^2 z + y^2 x + z^2 x + z^2 y) + 66xyz}{16(x+y+z)}},$$

其中 x,y,z 是正数.

参见 http://www.mathlinks.ro/viewtopic.php?t=88439

http://www.mathlinks.ro/viewtopic.php?t=216138

http://www.mathlinks.ro/viewtopic.php?t=124977

http://www.mathlinks.ro/viewtopic.php?t=200837

http://www.mathlinks.ro/viewtopic.php?t=97495

例 5 设非负实数 x,y,z 满足 $x+y+z=3$. 证明:
$$(y^2 - yz + z^2)(z^2 - zx + x^2)(x^2 - xy + y^2) \leqslant 12. \tag{9}$$

证明 方法一 不妨设 $x = \min\{x,y,z\}$, 则

$$4(x+y+z)^6 - 243(y^2 - yz + z^2)(z^2 - zx + x^2)(x^2 - xy + y^2)$$
$$\equiv F(x,y,z) = F(x, x+s, x+t)$$
$$= 2673 x^6 + 5346(s+t) x^5 + 243(17 s^2 + 38 st + 17 t^2) x^4$$

$$+27(s+t)(62s^2+151st+62t^2)x^3+27(11s^4+71s^3t+84s^2t^2$$
$$+71st^3+11t^4)x^2+9(s+t)(8s^4+5s^3t+48s^2t^2+5st^3+8t^4)x$$
$$+(s-2t)^2(2s-t)^2(s^2+11st+t^2)\geqslant 0,$$

所以式(9)成立.

方法二 由式(9)的对称性,不妨设 $x\geqslant y\geqslant z$,所以
$$(z^2-zx+x^2)(y^2-yz+z^2)\leqslant x^2y^2,$$

于是
$$(x^2-xy+y^2)(y^2-yz+z^2)(z^2-zx+x^2)$$
$$\leqslant (x^2-xy+y^2)x^2y^2=((x+y)^2-3xy)x^2y^2$$
$$\leqslant (9-3xy)x^2y^2$$
$$\leqslant \frac{4}{9}\left[\frac{9-3xy+\frac{3xy}{2}+\frac{3xy}{2}}{3}\right]^3=12,$$

当 $x=2, y=1, z=0$ 时等号成立.

参见 http://www.mathlinks.ro/Forum/viewtopic.php?t=159159
http://www.mathlinks.ro/viewtopic.php?t=62544

例6 正实数 x, y, z 满足 $yz+zx+xy=1$. 证明:
$$\frac{1}{yz+x}+\frac{1}{zx+y}+\frac{1}{xy+z}>3. \tag{10}$$

证明 要证式(10),只需证明不等式
$$\sum_{cyc}\frac{yz+zx+xy}{yz+x\sqrt{yz+zx+xy}}>3,$$

即证
$$(x+y+z)\left(\sum_{cyc}y^2z^2-\sum_{cyc}x^2yz\right)\sqrt{yz+zx+xy}$$
$$>2\sum_{cyc}y^3z^3-xyz\sum_{cyc}x^2(y+z)-6x^2y^2z^2.$$

下面我们证明更强的不等式
$$(x+y+z)\left(\sum_{cyc}y^2z^2-\sum_{cyc}x^2yz\right)\sqrt{yz+zx+xy}$$
$$\geqslant 2\sum_{cyc}y^3z^3-xyz\sum_{cyc}x^2(y+z).$$

事实上，

$$\left(\sum_{cyc} x\right)^2 \left(\sum_{cyc} y^2 z^2 - \sum_{cyc} x^2 yz\right)^2 \sum_{cyc} yz - \left(2\sum_{cyc} y^3 z^3 \right.$$
$$\left. - xyz \sum_{cyc} x^2(y+z)\right)^2$$
$$\equiv F(x,y,z) = F\left(\frac{1}{u}, \frac{1}{v}, \frac{1}{w}\right) \equiv \frac{G(u,v,w)}{u^7 v^7 w^7},$$
$$G(u,v,w) = G(u, u+s, u+s+t)$$
$$= 11(s^2+st+t^2)^2 u^5 + (2s+t)(s^2+st+t^2)(21s^2+21st+13t^2)u^4$$
$$+ (62s^6+186s^5 t+285s^4 t^2+260s^3 t^3+137s^2 t^4+38st^5+4t^6)u^3$$
$$+ s(s+t)(2s+t)(22s^4+44s^3 t+53s^2 t^2+31st^3+6t^4)u^2$$
$$+ s^2(s+t)^2(15s^4+30s^3 t+40s^2 t^2+25st^3+7t^4)u$$
$$+ s^2(s+t)^2(2s+t)(s^2+st+t^2)^2$$
$$\geqslant 0,$$

其中 $u \leqslant v \leqslant w$.

综上可知式(10)成立.

参见 http://www.mathlinks.ro/Forum/viewtopic.php?t=14586

例 7 非负实数 x,y,z 满足 $x+y+z=3$. 证明：

当且仅当 $r=0 \vee r \geqslant \dfrac{2}{\sqrt{3}} - 1 = 0.1547$ 时，不等式

$$\frac{x}{ry^2+1} + \frac{y}{rz^2+1} + \frac{z}{rx^2+1} \geqslant \frac{3}{r+1} \tag{11}$$

成立，等号成立条件为 $r = \dfrac{2}{\sqrt{3}} - 1, x=0, y=3-\sqrt{3}, z=\sqrt{3}.$

证明 不妨设 $x = \min\{x,y,z\}$，则
$$F(x,y,z) = F(x, x+s, x+t)$$
$$= 648 r(r+1)(s^2-st+t^2)x^4 + 27(3(7s^3+s^2 t+10st^2+7t^3)r^2$$
$$+ 2(19s^3-9s^2 t+19t^3)r + s^3+3s^2 t-6st^2+t^3)x^3 + 27[3(s^4$$
$$+ 4s^3 t+9s^2 t^2+13st^3+t^4)r^2 + 2(10s^4+4s^3 t-12s^2 t^2+13st^3$$
$$+ 10t^4)r + (s+t)(s^3+3s^2 t-6st^2+t^3)]x^2 + 9(9st^2(3s^2+8st$$
$$+ 2t^2)r^2 + (13s^5+23s^4 t-32s^3 t^2+4s^2 t^3+32st^4+13t^5)r$$

$+(s+t)^2(s^3+3s^2t-6st^2+t^3))x+(s+t)(9s^2r+(s+t)^2)(9t^3r+s^3+3s^2t-6st^2+t^3)\geqslant 0.$

以下几个不等式显然成立:

$3(7s^3+s^2t+10st^2+7t^3)r^2+2(19s^3-9s^2t+19t^3)r+s^3+3s^2t-6st^2+t^3$

$=\dfrac{9r-1}{27}(9(7s^3+s^2t+10st^2+7t^3)r+121s^3-53s^2t+10st^2+121t^3)$

$+\dfrac{4}{27}((s-t)^2(8s+23t)+29s^3+14t^3)\geqslant 0;$

$3(s^4+4s^3t+9s^2t^2+13st^3+t^4)r^2+2(10s^4+4s^3t-12s^2t^2+13st^3+10t^4)r+(s+t)(s^3+3s^2t-6st^2+t^3)$

$=\dfrac{9r-1}{27}(9(s^4+4s^3t+9s^2t^2+13st^3+t^4)r+61s^4+28s^3t-63s^2t^2+91st^3+61t^4)+\dfrac{4}{81}((s-t)^2t(83s+58t)+66s^4+19s^3t+8t^4)$

$\geqslant 0;$

$9st^2(3s^2+8st+2t^2)r^2+(13s^5+23s^4t-32s^3t^2+4s^2t^3+32st^4+13t^5)r+(s+t)^2(s^3+3s^2t-6st^2+t^3)$

$=\dfrac{9r-1}{9}(9st^2(3s^2+8st+2t^2)r+13s^5+23s^4t-29s^3t^2+12s^2t^3+34st^4+13t^5)+\dfrac{(4s-3t)^2}{233280}(11264s^3+127056s^2t+151848st^2+59103t^3)+\dfrac{11}{233280}(35456s^5+3483t^5)$

$\geqslant 0;$

$9t^3r+s^3+3s^2t-6st^2+t^3$

$=3(3r+3-2\sqrt{3})t^3+\dfrac{3\sqrt{3}-4}{22}((2\sqrt{3}-1)s+11t)((\sqrt{3}+1)s-2t)^2$

$\geqslant 0.$

综上可知式(11)成立.

参见 http://www.mathlinks.ro/Forum/viewtopic.php?t=39448

 代数不等式

http://www.mathlinks.ro/viewtopic.php?t=219452

http://forum.cnool.net/topic_show.jsp?id=5036453&thesisid=494&flag=topic1

§2.4 建立新的有效不等式

我们常常提到的放缩法,其实就是试图去建立一个新的不等关系的方法.这个新的不等关系能够更加接近问题的解决,所以说它是有效的不等式.从广义上说,这是一种不等变换,一种向问题解决的方向发展的有效变换.当然,变换完成之后,剩余部分问题的解决就需要我们"各显神通"了.

我们还常常见到一种局部的放缩法,它也是一种不等变换.因为它是我们建立起来的一种新的不等关系,所以在形式上往往是不定的.从主观意愿上讲,为了使这个寻找过程变得容易些,我们总是希望它的形式是相对固定的.有时候这个愿望能够实现,并且屡试不爽,但是更多的时候,它是神秘的,找到它全凭"感觉".这种感觉多了,也就慢慢地积累了一些"经验",这种经验甚至会成为一种"方法".又因为我们希望所建立的新不等关系是有效的,所以从效果上讲,它得完成以下任务:

如果要证明
$$\sum_{\text{cyc}} F(x,y,z) \geqslant C,$$
那么我们先建立新的不等式
$$F(x,y,z) \geqslant G(x,y,z),$$
其中
$$\sum_{\text{cyc}} G(x,y,z) = C,$$
于是
$$\sum_{\text{cyc}} F(x,y,z) \geqslant \sum_{\text{cyc}} G(x,y,z) = C.$$

 代数不等式

例1 对任意正实数 a,b,c,证明:
$$\frac{a}{b+c}+\frac{b}{c+a}+\frac{c}{a+b}\geq\frac{3}{2}.$$

证明 方法一 因为 $(2a-b-c)^2\geq 0$,所以
$$\frac{a}{b+c}\geq\frac{8a-b-c}{4(a+b+c)},$$

所以
$$\sum_{cyc}\frac{a}{b+c}\geq\sum_{cyc}\frac{8a-b-c}{4(a+b+c)}=\frac{3}{2}.$$

方法二 利用算术平均-几何平均不等式知
$$a^{\frac{3}{2}}+b^{\frac{3}{2}}+b^{\frac{3}{2}}\geq 3a^{\frac{1}{2}}b,$$
$$a^{\frac{3}{2}}+c^{\frac{3}{2}}+c^{\frac{3}{2}}\geq 3a^{\frac{1}{2}}c,$$

所以
$$2(a^{\frac{3}{2}}+b^{\frac{3}{2}}+c^{\frac{3}{2}})\geq 3a^{\frac{1}{2}}(b+c),$$

即
$$\frac{a}{b+c}\geq\frac{3a^{\frac{3}{2}}}{2(a^{\frac{3}{2}}+b^{\frac{3}{2}}+c^{\frac{3}{2}})},$$

因此
$$\sum_{cyc}\frac{a}{b+c}\geq\frac{3}{2}\sum_{cyc}\frac{a^{\frac{3}{2}}}{a^{\frac{3}{2}}+b^{\frac{3}{2}}+c^{\frac{3}{2}}}=\frac{3}{2}.$$

例2 已知 a,b,c 为三角形的三边. 证明:
$$\frac{a}{b+c}+\frac{b}{c+a}+\frac{c}{a+b}<2.$$

证明 因为 a,b,c 为三角形的三边,所以 $a(b+c-a)>0$,
$$\frac{a}{b+c}<\frac{2a}{a+b+c},$$

因此

$$\sum_{\text{cyc}} \frac{a}{b+c} < \sum_{\text{cyc}} \frac{a}{\frac{1}{2}(a+b+c)} = 2.$$

例3 设 a,b,c 为正实数. 证明：

$$\frac{a}{\sqrt{a^2+8bc}} + \frac{b}{\sqrt{b^2+8ca}} + \frac{c}{\sqrt{c^2+8ab}} \geqslant 1. \tag{1}$$

证明 利用算术平均-几何平均不等式得

$$y^2+z^2+xy+xy+yz+yz+zx+zx \geqslant 8x^{\frac{1}{2}}y^{\frac{3}{4}}z^{\frac{3}{4}},$$

所以

$$(x+y+z)^2 \geqslant x^2 + 8x^{\frac{1}{2}}y^{\frac{3}{4}}z^{\frac{3}{4}} = x^{\frac{1}{2}}(x^{\frac{3}{2}} + 8y^{\frac{3}{4}}z^{\frac{3}{4}}),$$

$$x+y+z \geqslant \sqrt{x^{\frac{1}{2}}(x^{\frac{3}{2}} + 8y^{\frac{3}{4}}z^{\frac{3}{4}})},$$

于是

$$\sum_{\text{cyc}} \frac{x^{\frac{3}{4}}}{\sqrt{x^{\frac{3}{2}}+8y^{\frac{3}{4}}z^{\frac{3}{4}}}} \geqslant \sum_{\text{cyc}} \frac{x}{x+y+z} = 1. \tag{2}$$

设 $x=a^{\frac{4}{3}}, y=b^{\frac{4}{3}}, z=c^{\frac{4}{3}}$，代入式(2)即得式(1).

例4 正实数 x,y,z 满足 $xyz \geqslant 1$. 证明：

$$\frac{x^5-x^2}{x^5+y^2+z^2} + \frac{y^5-y^2}{y^5+z^2+x^2} + \frac{z^5-z^2}{z^5+x^2+y^2} \geqslant 0. \tag{3}$$

证明 方法一 把式(3)改写为

$$\left(\frac{x^2-x^5}{x^5+y^2+z^2}+1\right) + \left(\frac{y^2-y^5}{y^5+z^2+x^2}+1\right) + \left(\frac{z^2-z^5}{z^5+x^2+y^2}+1\right) \leqslant 3,$$

即

$$\frac{x^2+y^2+z^2}{x^5+y^2+z^2} + \frac{x^2+y^2+z^2}{y^5+z^2+x^2} + \frac{x^2+y^2+z^2}{z^5+x^2+y^2} \leqslant 3. \tag{4}$$

利用柯西不等式及 $xyz \geqslant 1$ 知

$$(x^5+y^2+z^2)(yz+y^2+z^2) \geqslant (x^2+y^2+z^2)^2,$$

即

$$\frac{x^2+y^2+z^2}{x^5+y^2+z^2} \leqslant \frac{yz+y^2+z^2}{x^2+y^2+z^2},$$

所以

$$\frac{x^2+y^2+z^2}{x^5+y^2+z^2}+\frac{x^2+y^2+z^2}{y^5+z^2+x^2}+\frac{x^2+y^2+z^2}{z^5+x^2+y^2}\leqslant 2+\frac{xy+yz+zx}{x^2+y^2+z^2}\leqslant 3,$$

因此式(4)成立,即式(3)成立.

方法二 因为

$$\frac{x^5-x^2}{x^5+y^2+z^2}-\frac{x^5-x^2}{x^3(x^2+y^2+z^2)}=\frac{(x^3-1)^2x^2(y^2+z^2)}{x^3(x^2+y^2+z^2)(x^5+y^2+z^2)},$$

所以

$$\frac{x^5-x^2}{x^5+y^2+z^2}\geqslant\frac{x^5-x^2}{x^3(x^2+y^2+z^2)},$$

$$\sum_{\text{cyc}}\frac{x^5-x^2}{x^5+y^2+z^2}\geqslant\frac{1}{x^2+y^2+z^2}\sum_{\text{cyc}}\left(x^2-\frac{1}{x}\right)\geqslant 0.$$

事实上,由 $xyz\geqslant 1$ 知

$$\sum_{\text{cyc}}\left(x^2-\frac{1}{x}\right)\geqslant\sum_{\text{cyc}}(x^2-yz)\geqslant 0,$$

所以式(3)成立.

例5 正实数 x,y,z 满足 $xyz\geqslant 1$. 证明:

$$\sum_{\text{cyc}}\frac{x^5}{x^5+y^2+z^2}\geqslant 1\geqslant\sum_{\text{cyc}}\frac{x^2}{x^5+y^2+z^2}. \tag{5}$$

证明 因为 $y^4+z^4\geqslant y^3z+yz^3=yz(y^2+z^2)$,所以

$$x(y^4+z^4)\geqslant xyz(y^2+z^2)\geqslant y^2+z^2,$$

即

$$\frac{x^5}{x^5+y^2+z^2}\geqslant\frac{x^5}{x^5+xy^4+xz^4}=\frac{x^4}{x^4+y^4+z^4},$$

所以

$$\sum_{\text{cyc}}\frac{x^5}{x^5+y^2+z^2}\geqslant 1. \tag{6}$$

下面我们来证明:

$$\sum_{\text{cyc}}\frac{x^2}{x^5+y^2+z^2}\leqslant 1. \tag{7}$$

利用柯西不等式及 $xyz\geqslant 1$ 知

$$(x^5+y^2+z^2)(yz+y^2+z^2)\geqslant(x^2+y^2+z^2)^2,$$

即

$$\frac{x^2(yz+y^2+z^2)}{(x^2+y^2+z^2)^2} \geqslant \frac{x^2}{x^5+y^2+z^2},$$

所以

$$\sum_{\text{cyc}} \frac{x^2(yz+y^2+z^2)}{(x^2+y^2+z^2)^2} \geqslant \sum_{\text{cyc}} \frac{x^2}{x^5+y^2+z^2}. \tag{8}$$

由算术平均-几何平均不等式知

$$\sum_{\text{cyc}} x^4 = \sum_{\text{cyc}} \frac{x^4+y^4}{2} \geqslant \sum_{\text{cyc}} x^2 y^2 = \sum_{\text{cyc}} x^2\left(\frac{y^2+z^2}{2}\right) \geqslant \sum_{\text{cyc}} x^2 yz,$$

所以

$$(x^2+y^2+z^2)^2 \geqslant 2\sum_{\text{cyc}} x^2 y^2 + \sum_{\text{cyc}} x^2 yz,$$

$$1 \geqslant \sum_{\text{cyc}} \frac{x^2(yz+y^2+z^2)}{(x^2+y^2+z^2)^2}. \tag{9}$$

由式(8),(9)知式(7)成立,联立式(6)知式(5)成立.

点评 对于式(7),我们还可以这样考虑:

利用算术平均-几何平均不等式知

$$(2x^4+y^4+z^4+4x^2y^2+4x^2z^2)(x^4+y^3z+yz^3)$$
$$-4x^2yz(x^2+y^2+z^2)^2$$
$$=(x^8+x^4y^4+x^6y^2+x^6y^2+y^7z+y^3z^5)+(x^8+$$
$$x^4z^4+x^6z^2+x^6z^2+yz^7+y^5z^3)$$
$$+2(x^6y^2+x^6z^2)-6x^4y^3z-6x^4yz^3-2x^6yz$$
$$\geqslant 6\sqrt[6]{x^8 \cdot x^4y^4 \cdot x^6y^2 \cdot x^6y^2 \cdot y^7z \cdot y^3z^5}$$
$$+6\sqrt[6]{x^8 \cdot x^4z^4 \cdot x^6z^2 \cdot x^6z^2 \cdot yz^7 \cdot y^5z^3}$$
$$+2\sqrt{x^6y^2 \cdot x^6z^2}-6x^4y^3z-6x^4yz^3-2x^6yz$$
$$=0,$$

所以

$$(2x^4+y^4+z^4+4x^2y^2+4x^2z^2)(x^4+y^3z+yz^3)$$
$$\geqslant 4x^2yz(x^2+y^2+z^2)^2,$$

$$\frac{2x^4+y^4+z^4+4x^2y^2+4x^2z^2}{4(x^2+y^2+z^2)^2} \geqslant \frac{x^2yz}{x^4+y^3z+yz^3}.$$

又由于

$$\frac{x^2yz}{x^4+y^3z+yz^3} = \frac{x^2}{\dfrac{x^5}{xyz}+y^2+z^2} \geqslant \frac{x^2}{x^5+y^2+z^2},$$

所以

$$1 = \sum_{cyc} \frac{2x^4+y^4+z^4+4x^2y^2+4x^2z^2}{4(x^2+y^2+z^2)^2}$$

$$\geqslant \sum_{cyc} \frac{x^2}{x^5+y^2+z^2}.$$

例 6 证明:当 $a,b,c,x,y,z>0$ 时,

$$\frac{ax}{a+x} + \frac{by}{b+y} + \frac{cz}{c+z} \leqslant \frac{(a+b+c)(x+y+z)}{a+b+c+x+y+z}. \quad (10)$$

证明 因为 $(a(x+y+z)-x(a+b+c))^2 \geqslant 0$,所以

$$\frac{ax}{a+x} \leqslant \frac{(x+y+z)^2 a+(a+b+c)^2 x}{(x+y+z+a+b+c)^2}.$$

同理,

$$\frac{by}{b+y} \leqslant \frac{(x+y+z)^2 b+(a+b+c)^2 y}{(x+y+z+a+b+c)^2},$$

$$\frac{cz}{c+z} \leqslant \frac{(x+y+z)^2 c+(a+b+c)^2 z}{(x+y+z+a+b+c)^2},$$

所以

$$\frac{ax}{a+x} + \frac{by}{b+y} + \frac{cz}{c+z}$$

$$\leqslant \frac{(x+y+z)^2(a+b+c)+(a+b+c)^2(x+y+z)}{(x+y+z+a+b+c)^2},$$

即式(10)成立.

例 7 设 $a,b,c \geqslant 0$,$\sum\limits_{cyc} a = 1$.求 $\sum\limits_{cyc} \sqrt{a^2+bc}$ 的最大值.

解 当 $b=c=\dfrac{1}{2}, a=0$;或 $c=a=\dfrac{1}{2}, b=0$;或 $a=b=\dfrac{1}{2}, c=0$ 时,

$$\sum_{\text{cyc}} \sqrt{a^2+bc} = \frac{3}{2}\sum_{\text{cyc}} a.$$

现证 $\sum_{\text{cyc}} \sqrt{a^2+bc}$ 的最大值为 $\frac{3}{2}\sum_{\text{cyc}} a = \frac{3}{2}$.

不妨设 $c \geqslant b \geqslant a \geqslant 0$，则

$$\sqrt{c^2+ab} \leqslant \sqrt{c^2+ac} \leqslant c+\frac{a}{2}. \tag{11}$$

另外，我们证明

$$\sqrt{a^2+bc}+\sqrt{b^2+ca} \leqslant \frac{c}{2}+a+\frac{3b}{2}. \tag{12}$$

因为

$$(c-2a-b)^2+8a(b-a) \geqslant 0,$$

所以

$$c^2-(4a+2b)c-(4a^2-b^2-12ab) \geqslant 0,$$
$$2(a^2+b^2+bc+ca) \leqslant \left(\frac{c}{2}+a+\frac{3b}{2}\right)^2.$$

又因为

$$(\sqrt{a^2+bc}+\sqrt{b^2+ca})^2 \leqslant 2(a^2+b^2+bc+ca),$$

所以式(12)成立.

由式(11),(12)知 $\sum_{\text{cyc}} \sqrt{a^2+bc} \leqslant \frac{3}{2}\sum_{\text{cyc}} a = \frac{3}{2}$.

> **点评** 应用柯西不等式及上述结果：
> $$\sum_{\text{cyc}} \sqrt{a^2+bc} \leqslant \frac{3}{2}\sum_{\text{cyc}} a, 可得$$
> $$\sqrt{3\sum_{\text{cyc}}\frac{1}{a^2+bc}} \geqslant \sum_{\text{cyc}}\frac{1}{\sqrt{a^2+bc}} \geqslant \frac{9}{\sum_{\text{cyc}}\sqrt{a^2+bc}} \geqslant \frac{6}{\sum_{\text{cyc}} a},$$
> 其中 $a,b,c \geqslant 0$，当且仅当 a,b,c 中一个为零，其余两个相等时，以上诸式取等号.
>
> 以上结果是杨学枝于 2006 年给出的. 事实上, 切托阿热(Vasile Cirtoaje)在 2005 年也给出过类似的结果.

例 8 当 $x,y,z>0$ 时，证明：

$$\sum_{cyc}\sqrt{x^2+yz}\leqslant\frac{3}{2}(x+y+z) \tag{13}$$

证明 在此我们给出一个应用最大根的证明. 式(13)的左边可以看作如下关于 T 的 8 次方程的一个最大根.

$$F(T)=\prod_{cyc}(T\pm\sqrt{x^2+yz}\pm\sqrt{y^2+zx}\pm\sqrt{z^2+xy})$$

$$=T^8-4\left(\sum_{cyc}x^2+\sum_{cyc}yz\right)T^6+2\left(3\sum_{cyc}x^4+2\sum_{cyc}x^3(y+z)\right.$$

$$+5\sum_{cyc}y^2z^2+8\sum_{cyc}x^2yz\right)T^4-4\left(\sum_{cyc}x^6-\sum_{cyc}x^5(y+z)\right.$$

$$-2\sum_{cyc}x^4(y^2+z^2)+13\sum_{cyc}x^4yz+11\sum_{cyc}y^3z^3$$

$$-5\sum_{cyc}x^3(y^2z+yz^2)+29x^2y^2z^2\right)T^2$$

$$+\left(\sum_{cyc}x^4-2\sum_{cyc}x^3(y+z)-\sum_{cyc}y^2z^2\right)^2$$

$$=t^4-4\left(\sum_{cyc}x^2+\sum_{cyc}yz\right)t^3+2\left(3\sum_{cyc}x^4+2\sum_{cyc}x^3(y+z)\right.$$

$$+5\sum_{cyc}y^2z^2+8\sum_{cyc}x^2yz\right)t^2-4\left(\sum_{cyc}x^6-\sum_{cyc}x^5(y+z)\right.$$

$$-2\sum_{cyc}x^4(y^2+z^2)+13\sum_{cyc}x^4yz+11\sum_{cyc}y^3z^3$$

$$-5\sum_{cyc}x^3(y^2z+yz^2)+29x^2y^2z^2\right)t$$

$$+\left(\sum_{cyc}x^4-2\sum_{cyc}x^3(y+z)-\sum_{cyc}y^2z^2\right)^2$$

$$\equiv f(t),$$

其中 $t=T^2$. 下面我们来证明当 $t\geqslant 2(x+y+z)^2$ 时，$f(t)$ 单调递增. 因为

$$\frac{f'(t)}{4}=t^3-3\left(\sum_{cyc}x^2+\sum_{cyc}yz\right)t^2+\left(3\sum_{cyc}x^4+2\sum_{cyc}x^3(y+z)\right.$$

$$+5\sum_{cyc}y^2z^2+8\sum_{cyc}x^2yz\right)t-\sum_{cyc}x^6+\sum_{cyc}x^5(y+z)$$

$$+2\sum_{cyc}x^4(y^2+z^2)-13\sum_{cyc}x^4yz-11\sum_{cyc}y^3z^3$$

$$+5\sum_{cyc}x^3(y^2z+yz^2)-29x^2y^2z^2$$

$$=(t-2(x+y+z)^2)^3+3\Big(\sum_{cyc}x^2+3\sum_{cyc}yz\Big)(t-2(x+y$$

$$+z)^2)^2\Big(3\sum_{cyc}x^4+14\sum_{cyc}x^3(y+z)+29\sum_{cyc}y^2z^2$$

$$+68\sum_{cyc}x^2yz\Big)(t-2(x+y+z)^2)+\sum_{cyc}x^6+5\sum_{cyc}x^5(y$$

$$+z)+14\sum_{cyc}x^4(y^2+z^2)+19\sum_{cyc}x^4yz+9\sum_{cyc}y^3z^3$$

$$+109\sum_{cyc}x^3(y^2z+yz^2)+169x^2y^2z^2>0,$$

所以当 $t\geq 2(x+y+z)^2$ 时,$f(t)$ 单调递增. 又由于

$$\frac{9}{4}(x+y+z)^2>2(x+y+z)^2,$$

$$256f\Big(\frac{9}{4}(x+y+z)^2\Big)$$

$$=625\sum_{cyc}x^8+3800\sum_{cyc}x^7(y+z)+14876\sum_{cyc}x^6(y^2+z^2)$$

$$-1912\sum_{cyc}x^6yz-5400\sum_{cyc}x^5(y^3+z^3)+48472\sum_{cyc}x^5(y^2z$$

$$+yz^2)-27802\sum_{cyc}y^4z^4+146248\sum_{cyc}x^4(y^3z+yz^3)$$

$$+289188\sum_{cyc}x^4y^2z^2+490960\sum_{cyc}x^2y^3z^3$$

$$=\Big(25\sum_{cyc}x^4+76\sum_{cyc}x^3(y+z)-202\sum_{cyc}y^2z^2-270\sum_{cyc}x^2yz\Big)^2$$

$$+19200\sum_{cyc}x^6(y^2+z^2)+21504\sum_{cyc}x^5(y^3+z^3)$$

$$-81408\sum_{cyc}y^4z^4+xyz\Big(36\sum_{cyc}x^5+133716\sum_{cyc}x^4(y+z)$$

$$+62856\sum_{cyc}x^3(y^2+z^2)\Big)+x^2y^2z^2\Big(226860\sum_{cyc}x^2$$

$$+285936\sum_{cyc}yz\Big)$$

$$\geq 0,$$

所以式(13)成立.

点评 其实这个证明完全可以避免导数的计算,只需要利用一组充要条件,在这一点上杨路教授在中国不等式论坛上有一定的论述.笔者之所以这样保留导数,是希望大家能够更容易理解和重视这种方法.

http://www.mathlinks.ro/Forum/viewtopic.php?t=124116

例 9 设 $x,y,z \geqslant 0$. 证明:

$$\sqrt{1+\frac{48x}{y+z}}+\sqrt{1+\frac{48y}{z+x}}+\sqrt{1+\frac{48z}{x+y}} \geqslant 15. \quad (14)$$

证明 因为

$(23x^2+y^2+z^2+4x(y+z))((48x+y+z)(8(x^2+y^2+z^2)$
$+47(yz+zx+xy))^2-(y+z)(184x^2-32(y^2+z^2)+289x(y$
$+z)+127yz)^2)$
$=6yz(y-z)^2(205(y^3+z^3)+1475yz(y+z)+27357x^2(y+z)$
$+13470xyz)+6xy(x-y)^2(480x^3+55492x^2y+69988x^2z$
$+2692xy^2+34550xyz+8986xz^2+2467y^3+3114y^2z$
$+5843yz^2)+6xz(x-z)^2(480x^3+55492x^2z+69988x^2y$
$+2692xz^2+34550xyz+8986xy^2+2467z^3+3114z^2y$
$+5843zy^2)+6(16x+5y+5z)(184x^2-32(y^2+z^2)+289x(y$
$+z)+127yz)(2x^2-y^2-z^2-xy-zx+2yz)^2$
$\geqslant 0,$

当 $184x^2-32(y^2+z^2)+289x(y+z)+127yz \geqslant 0$ 时,上式显然成立.所以

$$\sum \sqrt{1+\frac{48x}{y+z}} \geqslant \sum \frac{184x^2-32(y^2+z^2)+289x(y+z)+127yz}{8(x^2+y^2+z^2)+47(yz+zx+xy)}$$
$$=15,$$

即式(14)成立.

点评

1. 由式(14)的齐次性,我们可以令 $x+y+z=1$,并设

$$x=1-\frac{48}{a^2+47},\ y=1-\frac{48}{b^2+47},\ z=1-\frac{48}{c^2+47},$$

于是式(14)就可改写为:

当 $a,b,c\geqslant 1$,且 $\dfrac{1}{a^2+47}+\dfrac{1}{b^2+47}+\dfrac{1}{c^2+47}=\dfrac{1}{24}$ 时,

我们有

$$a+b+c\geqslant 15.$$

2. 事实上,对于式(14)我们有更广泛的结果. 当 $x,y,z>0$,且 $0\leqslant k\leqslant 48$ 时,我们有

$$\sqrt{1+\frac{kx}{y+z}}+\sqrt{1+\frac{ky}{z+x}}+\sqrt{1+\frac{kz}{x+y}}\geqslant 3\sqrt{1+\frac{k}{2}}.$$

我们把这个结果作为一个习题留给大家.

例 10 若 $x,y,z\geqslant 0$,且 $x^2+y^2+z^2=1$. 证明:

$$\frac{x}{1-yz}+\frac{y}{1-zx}+\frac{z}{1-xy}\leqslant\frac{3\sqrt{3}}{2}. \tag{15}$$

证明 方法一 由算术平均-几何平均不等式知

$$\sum_{\text{cyc}}\frac{x}{1-yz}\leqslant\sum_{\text{cyc}}\frac{x}{1-\frac{y^2+z^2}{2}}=\sum_{\text{cyc}}\frac{2x}{1+x^2},$$

所以要证式(15)只需证明

$$\sum_{\text{cyc}}\frac{x}{2x^2+y^2+z^2}\leqslant\frac{3}{4}\sqrt{\frac{3}{x^2+y^2+z^2}}. \tag{16}$$

由算术平均-几何平均不等式易知

$$\sum_{\text{cyc}}\frac{2x\sqrt{\frac{x^2+y^2+z^2}{3}}}{2x^2+y^2+z^2}\leqslant\sum_{\text{cyc}}\frac{4x^2+y^2+z^2}{3(2x^2+y^2+z^2)}. \tag{17}$$

由詹生不等式知

$$\sum_{\text{cyc}}\frac{1}{1+x^2}\geqslant\frac{9}{4},$$

所以

$$\sum_{\text{cyc}} \frac{x^2}{1+x^2} \leqslant \frac{3}{4},$$

$$\sum_{\text{cyc}} \frac{4x^2+y^2+z^2}{2x^2+y^2+z^2} \leqslant \frac{9}{2}. \tag{18}$$

由式(16),(17),(18)知式(15)成立.

方法二 因为

$$\sum_{\text{cyc}} \frac{x}{1-yz} \leqslant \sum_{\text{cyc}} \frac{\sqrt{3}(4x+y+z)}{4(x+y+z)} = \frac{3\sqrt{3}}{2},$$

$$3(4x+y+z)^2(x^2+y^2+z^2-yz)^2 - 16x^2(x^2+y^2+z^2)(x+y+z)^2$$

$$= 32x^6 - 8(y+z)x^5 + (67y^2 - 122yz + 67z^2)x^4 + 16(y+z)(y^2 - 3yz + z^2)x^3 + 2(19y^4 - 61y^3z + 56y^2z^2 - 61yz^3 + 19z^4)x^2 + 24(y+z)(y^2 - yz + z^2)^2 x + 3(y+z)^2(y^2 - yz + z^2)^2$$

$$= \frac{(2x-y-z)^2}{16}(2x+y+z)(64x^3 + 16(y+z)x^2 + 30(y+z)^2 x + 3(y+z)^3) + \frac{(y-z)^2}{16}(1024x^4 + 320(y+z)x^3 + 8(83y^2 - 50yz + 83z^2)x^2 + 72(5y^2 - 2yz + 5z^2)(y+z)x + 9(5z^2 - 2yz + 5y^2) \cdot (y+z)^2) \geqslant 0,$$

所以式(15)成立.

例 11 已知 $x,y,z \geqslant 0$,且 $x^2+y^2+z^2=1$. 证明:

$$\frac{x}{1+xy} + \frac{y}{1+yz} + \frac{z}{1+zx} \leqslant \frac{3\sqrt{3}}{4}. \tag{19}$$

证明 因为

$$27(x+y+2z)^2(x^2+y^2+z^2+xy)^2 - 16(x^2+y^2+z^2)(x^2+y^2+z^2+3(yz+zx+xy))^2$$

$$= 92z^6 + 12(x+y)z^5 + 3(17x^2 - 38xy + 17y^2)z^4 + 24(x+y)(x^2 - 3xy + y^2)z^3 - 6(x^2 + 4xy + z^2)(5x^2 - 3xy + 5y^2)z^2 + 12(x+y)(x^2 - 3xy + y^2)^2 z + 11x^6 + 12x^5y + 24x^4y^2 + 78x^3y^3 + 24x^2y^4 + 12xy^5 + 11y^6$$

$$= 12z(x+y)(x^2 - 3xy + y^2 + z^2)^2$$

$$+\frac{(1021x^2-150xy+1021y^2+1012z^2)}{5324}(5x^2+12xy+5y^2-22z^2)^2$$
$$+\frac{9}{5324}(3671x^2+8586xy+3671y^2+4400z^2)(x-y)^4\geqslant 0,$$

所以

$$\sum_{\text{cyc}}\frac{x}{1+xy}\leqslant \sum_{\text{cyc}}\frac{3\sqrt{3}x(x+y+2z)}{4(x^2+y^2+z^2+3(yz+zx+xy))}=\frac{3\sqrt{3}}{4},$$

因此式(19)成立. 容易从证明过程中得出当且仅当 $x=y=z=\frac{\sqrt{3}}{3}$ 时等号成立.

例 12 设非负实数 a,b,c,d 满足 $abcd=1$. 证明:
$$\frac{1}{(3a-1)^2}+\frac{1}{(3b-1)^2}+\frac{1}{(3c-1)^2}+\frac{1}{(3d-1)^2}\geqslant 1. \quad (20)$$

证明 当 $a,b,c,d>\frac{1}{3}$ 时,因为
$$4a^3-(3a-1)^2=(a-1)^2(4a-1)\geqslant 0, \text{其中} a\geqslant \frac{1}{4},$$

所以

$$\sum_{\text{cyc}}\frac{1}{(3a-1)^2}\geqslant \sum_{\text{cyc}}\frac{1}{4a^3}\geqslant 4\sqrt[4]{\prod_{\text{cyc}}\frac{1}{4a^3}}=1. \quad (21)$$

当 $a=\min\{a,b,c,d\}<\frac{1}{3}$ 时,因为 $1-(3a-1)^2=3a(2-3a)\geqslant 0$,

所以

$$\sum_{\text{cyc}}\frac{1}{(3a-1)^2}>\frac{1}{(3a-1)^2}\geqslant 1. \quad (22)$$

由式(21),(22)可知式(20)成立.

1. 由式(21),(22)的证明,我们可以感觉到式(20)的条件比较宽松,还可能存在更强的不等式.

2. 对于式(20)还有如下证明方法:

$$\frac{1}{(3a-1)^2} \geqslant \frac{1}{3a^4+1}, \quad (23)$$

$$\frac{1}{(3a-1)^2} \geqslant \frac{a^{-3}}{a^{-3}+b^{-3}+c^{-3}+d^{-3}}, \quad (24)$$

$$\frac{1}{(3a-1)^2} \geqslant \frac{1}{(a^3+1)^2}. \quad (25)$$

例 13 设非负实数 a,b,c,d 满足 $abcd=1$. 证明:

$$\frac{1}{2a^2+a+1} + \frac{1}{2b^2+b+1} + \frac{1}{2c^2+c+1} + \frac{1}{2d^2+d+1} \geqslant 1. \quad (26)$$

证明 依次改写 a,b,c,d 为 a^4,b^4,c^4,d^4, 那么式(26)就成为

$$\sum_{\text{cyc}} \frac{1}{2a^8+a^5bcd+a^2b^2c^2d^2} \geqslant \frac{1}{a^2b^2c^2d^2}. \quad (27)$$

利用 3.2 节中的米尔黑德定理得

$$\sum_{\text{cyc}} (2b^8+b^5cda+a^2b^2c^2d^2)(2c^8+c^5dab+a^2b^2c^2d^2)(2d^8+d^5abc+a^2b^2c^2d^2)a^2b^2c^2d^2 - \prod_{\text{cyc}}(2a^8+a^5bcd+a^2b^2c^2d^2)$$

$$= 4\sum_{\text{cyc}} a^{10}b^2c^2d^2 + 2\sum_{\text{cyc}} a^9b^5cd + 4\sum_{\text{cyc}} a^8b^8$$

$$- 3\sum_{\text{cyc}} a^6b^6c^2d^2 - 8\sum_{\text{cyc}} ab^5c^5d^5 - 14a^4b^4c^4d^4$$

$$= 3\sum_{\text{cyc}} a^{10}b^2c^2d^2 - 2\sum_{\text{cyc}} a^6b^6c^2d^2$$

$$+ \sum_{\text{cyc}} a^8b^8 - \sum_{\text{cyc}} a^6b^6c^2d^2$$

$$+ 2\sum_{\text{cyc}} a^9b^5cd - 6\sum_{\text{cyc}} ab^5c^5d^5$$

$$+ \frac{4}{3}\sum_{\text{cyc}} a^8b^8 - 2\sum_{\text{cyc}} ab^5c^5d^5$$

$$+ \sum_{\text{cyc}} a^{10}b^2c^2d^2 - 4a^4b^4c^4d^4$$

$$+ \frac{5}{3}\sum_{\text{cyc}} a^8b^8 - 10a^4b^4c^4d^4 \geqslant 0,$$

所以式(27)成立,即式(26)成立.

> **点评** 类似式(26)的操作,我们也可以处理上题中的式(24):
>
> 依次改写 a,b,c,d 为 a^4,b^4,c^4,d^4,那么式(24)就成为
> $$\frac{b^2c^2d^2}{(3a^3-bcd)^2} \geqslant \frac{b^{12}c^{12}d^{12}}{b^{12}c^{12}d^{12}+c^{12}d^{12}a^{12}+d^{12}a^{12}b^{12}+a^{12}b^{12}c^{12}}. \quad (28)$$
>
> 因为
> $$b^{12}c^{12}d^{12}+c^{12}d^{12}a^{12}+d^{12}a^{12}b^{12}+a^{12}b^{12}c^{12}$$
> $$-b^{10}c^{10}d^{10}(3a^3-bcd)^2$$
> $$=a^3(a^9(b^{12}c^{12}+c^{12}d^{12}+d^{12}b^{12})-9a^3b^{10}c^{10}d^{10}$$
> $$+6b^{11}c^{11}d^{11})$$
> $$\geqslant a^3(3a^9b^8c^8d^8-9a^3b^{10}c^{10}d^{10}+6b^{11}c^{11}d^{11})$$
> $$=3a^3b^8c^8d^8(a^9-3a^3b^2c^2d^2+2b^3c^3d^3)$$
> $$=3a^3b^8c^8d^8(a^3+2bcd)(a^3-bcd)^2 \geqslant 0,$$
> 所以式(28)成立.

例 14 对于非负实数 a,b,c,d,证明:
$$\sum_{\text{cyc}} \frac{a}{\sqrt{b^2+c^2+d^2}} \geqslant 2. \quad (29)$$

证明 因为
$$a\sqrt{b^2+c^2+d^2} \leqslant \frac{a^2+b^2+c^2+d^2}{2},$$
所以
$$\sum_{\text{cyc}} \frac{a}{\sqrt{b^2+c^2+d^2}} = \sum_{\text{cyc}} \frac{a^2}{a\sqrt{b^2+c^2+d^2}}$$
$$\geqslant \sum_{\text{cyc}} \frac{2a^2}{a^2+b^2+c^2+d^2} = 2.$$

> **点评** 对于式(29),我们还有一个漂亮的上界:
> $$\sqrt{\frac{a}{a+b+c}}+\sqrt{\frac{b}{b+c+d}}+\sqrt{\frac{c}{c+d+a}}+\sqrt{\frac{d}{d+a+b}}\leqslant\frac{4}{\sqrt{3}}.$$

例 15 当 x,y,z 为正实数时,证明:
$$\frac{yz}{2x^2+y^2+z^2}+\frac{zx}{2y^2+z^2+x^2}+\frac{xy}{2z^2+x^2+y^2}\leqslant\frac{3}{4}. \quad (30)$$

证明 因为
$$\sum_{\text{cyc}}\frac{2z^2-2xy}{x^2+y^2+2z^2}=\sum_{\text{cyc}}\left(\frac{(z-x)(z+y)}{x^2+y^2+2z^2}-\frac{(y-z)(x+z)}{x^2+y^2+2z^2}\right)$$
$$=\sum_{\text{cyc}}\left(\frac{(x-y)(x+z)}{y^2+z^2+2x^2}-\frac{(x-y)(y+z)}{x^2+z^2+2y^2}\right)$$
$$=\sum_{\text{cyc}}\frac{(x-y)^2(x^2+y^2+z^2-xy-xz-yz)}{(x^2+z^2+2y^2)(y^2+z^2+2x^2)}\geqslant 0,$$

所以
$$\sum_{\text{cyc}}\frac{(x-y)^2+2z^2-2xy}{x^2+y^2+2z^2}\geqslant 0,$$

即
$$\sum_{\text{cyc}}\left(\frac{1}{4}-\frac{xy}{x^2+y^2+2z^2}\right)\geqslant 0,$$

所以式(30)成立.

> **点评** 对于式(30),事实上我们有如下不等式链:
> $$\sum_{\text{cyc}}\frac{2yz}{2x^2+y^2+z^2}\leqslant\sum_{\text{cyc}}\frac{x^2+xy+xz-yz}{x^2+xy+xz+yz}$$
> $$\leqslant\sum_{\text{cyc}}\sqrt{\frac{yz}{(x+y)(x+z)}}\leqslant\frac{3}{2}.$$

例 16 非负实数 a,b,c 满足 $a+b+c\neq 0$. 证明：

$$\frac{(b+c-3a)^2}{2a^2+(b+c)^2}+\frac{(c+a-3b)^2}{2b^2+(c+a)^2}+\frac{(a+b-3c)^2}{2c^2+(a+b)^2}\geqslant\frac{1}{2}; \quad (31)$$

$$\frac{(b+c-a)^2}{a^2+(b+c)^2}+\frac{(c+a-b)^2}{b^2+(c+a)^2}+\frac{(a+b-c)^2}{c^2+(a+b)^2}\geqslant\frac{3}{5}; \quad (32)$$

$$\frac{(2a+b+c)^2}{2a^2+(b+c)^2}+\frac{(2b+c+a)^2}{2b^2+(c+a)^2}+\frac{(2c+a+b)^2}{2c^2+(a+b)^2}\leqslant 8. \quad (33)$$

(2003 年美国数学奥林匹克竞赛题)

证明 因为

$$2(a^2+b^2+c^2)(b+c-3a)^2-(2a^2+(b+c)^2)(9a^2-4b^2-4c^2+12bc-6ca-6ab)$$
$$=(b-c)^2(19a^2-6a(b+c)+6(b+c)^2)\geqslant 0,$$

所以

$$\sum_{\text{cyc}}\frac{(b+c-3a)^2}{2a^2+(b+c)^2}\geqslant\sum_{\text{cyc}}\frac{9a^2-4b^2-4c^2+12bc-6ca-6ab}{2(a^2+b^2+c^2)}=\frac{1}{2},$$

因此式(31)成立.

因为

$$25(a^2+b^2+c^2)(b+c-a)^2-(a^2+(b+c)^2)(7a^2+4b^2+4c^2+40bc-20ca-20ab)$$
$$=\frac{(b+c-2a)^2(b+c-3a)^2}{2}+\frac{(b-c)^2}{2}(41a^2-50a(b+c)+41(b+c)^2)\geqslant 0,$$

所以

$$\sum_{\text{cyc}}\frac{(b+c-a)^2}{a^2+(b+c)^2}\geqslant\sum_{\text{cyc}}\frac{7a^2+4b^2+4c^2+40bc-20ca-20ab}{25(a^2+b^2+c^2)}=\frac{3}{5},$$

因此式(32)成立.

因为

$$(2a^2+3b^2+3c^2-4bc+2ca+2ab)(2a^2+(b+c)^2)$$
$$-(2a+b+c)^2(a^2+b^2+c^2)$$
$$=(b-c)^2(3a^2-2a(b+c)+2(b+c)^2)\geqslant 0,$$

所以

$$\sum_{\text{cyc}}\frac{(2a+b+c)^2}{2a^2+(b+c)^2}\leqslant\sum_{\text{cyc}}\frac{2a^2+3b^2+3c^2-4bc+2ca+2ab}{a^2+b^2+c^2}=8,$$

因此式(33)成立.

> **点评** 事实上本题可以推广为
> $$\frac{(qa+b+c)^2}{2a^2+(b+c)^2}+\frac{(qb+c+a)^2}{2b^2+(c+a)^2}+\frac{(qc+a+b)^2}{2c^2+(a+b)^2}$$
> $$\leqslant\frac{(q+2)^2}{2}, \qquad (34)$$
> 当且仅当 $0\leqslant q\leqslant 4$ 时式(34)成立,等号成立的条件是 $b=c=-2a, q=4$.
>
> 当 $q\leqslant-\frac{1}{2}$ 时,式(34)不等号反向,等号成立的条件是 $b=c=-2a, q=-\frac{1}{2}$.
>
> 参见 http://www.mathlinks.ro/Forum/viewtopic.php?t=21967
>
> http://www.mathlinks.ro/Forum/viewtopic.php?t=28678
>
> http://www.mathlinks.ro/Forum/viewtopic.php?t=65711
>
> http://www.mathlinks.ro/Forum/viewtopic.php?t=48989
>
> http://www.mathlinks.ro/Forum/viewtopic.php?t=146
>
> http://www.mathlinks.ro/Forum/viewtopic.php?t=85178

例 17 对于正实数 a, b, c,证明:

$$3(a+\sqrt{ab}+\sqrt[3]{abc})\leqslant\left(8+\frac{2\sqrt{ab}}{a+b}\right)\sqrt[3]{a\cdot\frac{a+b}{2}\cdot\frac{a+b+c}{3}}. \qquad (35)$$

证明 事实上有更强的不等式

$$3(a+\sqrt{ab}+\sqrt[3]{abc})\leqslant\left(7+\frac{4\sqrt{ab}}{a+b}\right)\sqrt[3]{a\cdot\frac{a+b}{2}\cdot\frac{a+b+c}{3}}. \qquad (36)$$

设 $a=x^4, b=y^4, c=z^4$，其中 x,y,z 为正数，于是式(36)就等价于

$$\frac{x^{\frac{8}{3}}+x^{\frac{2}{3}}y^2+y^{\frac{4}{3}}z^{\frac{4}{3}}}{3}\left(\frac{x^4+y^4}{2}\right)^{\frac{2}{3}}$$

$$\leqslant \frac{7x^4+4x^2y^2+7y^4}{18}\sqrt[3]{\frac{x^4+y^4+z^4}{3}}. \tag{37}$$

又

$$\left(\frac{7x^4+4x^2y^2+7y^4}{18}\right)^3-\left(\frac{x^4+y^4}{2}\right)\left(\frac{x^2+xy+y^2}{3}\right)^2$$

$$=\frac{(x-y)^4}{5832}(181x^8+400x^7y+616x^6y^2+464x^5y^3+458x^4y^4$$

$$+464x^3y^5+616x^2y^6+400xy^7+181y^8)$$

$$\geqslant 0, \tag{38}$$

由 5.2 节中的赫尔德不等式知

$$\frac{x^{\frac{8}{3}}+x^{\frac{2}{3}}y^2+y^{\frac{4}{3}}z^{\frac{4}{3}}}{3}\leqslant\left(\frac{x^2+xy+y^2}{3}\right)^{\frac{2}{3}}\left(\frac{x^4+y^4+z^4}{3}\right)^{\frac{1}{3}}, \tag{39}$$

于是由式(38),(39)知式(37)成立.

点评　1. 也可以不依赖式(36)直接证明式(35).

2. 式(38)的配方似乎有点吓人，其实也可以利用综合除法进行尝试.

参见 http://www.mathlinks.ro/Forum/viewtopic.php?t=216090

例 18　设 $a,b,c\geqslant 0$. 证明：

$$(a^2+2)(b^2+2)(c^2+2)\geqslant 3(a+b+c)^2. \tag{40}$$

证明　因为 $(b-c)^2+2(bc-1)^2\geqslant 0$，所以

$$(b^2+2)(c^2+2)\geqslant 3\left(1+\frac{(b+c)^2}{2}\right). \tag{41}$$

由柯西不等式知

$$(a^2+2)\left(1+\frac{(b+c)^2}{2}\right)\geqslant(a+b+c)^2, \tag{42}$$

由式(41),(42)知式(40)成立.

点评 1. 由简单的放缩易得
$$(a^2+2)(b^2+2)(c^2+2) \geq 3(a+b+c)^2$$
$$\geq 9(ab+bc+ca).$$

2. 事实上,有更强的不等式:
$$\prod_{cyc}(a^2+2) \geq 4\sum_{cyc}a^2 + 5\sum_{cyc}bc.$$

证明如下:
$$\prod_{cyc}(a^2+2) \geq 4\sum_{cyc}a^2 + 5\sum_{cyc}bc \Leftrightarrow$$
$$0 \leq 8 - 5\sum_{cyc}bc + 2\sum_{cyc}b^2c^2 + a^2b^2c^2$$
$$\equiv \frac{8}{9}\left(3 - \sum bc\right)^2 + Q(a,b,c),$$

其中
$$Q(a,b,c)$$
$$= a^2b^2c^2 + \frac{2}{9}\left(5\sum_{cyc}b^2c^2 - 8abc\sum_{cyc}a\right) + 13\sum_{cyc}bc$$
$$= \left(abc + \frac{5}{9}\sum_{cyc}\frac{bc}{a} - \frac{8}{9}\sum_{cyc}a\right)^2$$
$$+ \frac{5}{81}\left(\sum_{cyc}\frac{bc}{a} - \sum_{cyc}a\right)\left(8\sum_{cyc}a - 5\sum_{cyc}\frac{bc}{a}\right)$$
$$+ \frac{1}{27}\left[5\sum_{cyc}a^2\left(\frac{b}{c} + \frac{c}{b}\right) - 8\sum_{cyc}a^2 - 2\sum_{cyc}bc\right]$$
$$\geq 0.$$

参见 http://www.mathlinks.ro/viewtopic.php?t=76508

http://www.mathlinks.ro/viewtopic.php?t=216143

http://forum.cnool.net/topic_show.jsp?id=5013978&thesisid=494&flag=topic1

例 19 正实数 x,y,z 满足 $x^2+y^2+z^2=1$. 证明：
$$\frac{1}{x^2}+\frac{1}{y^2}+\frac{1}{z^2}-\frac{2}{xyz}\geqslant 9-6\sqrt{3}, \tag{43}$$
当且仅当 $x=y=z=\frac{\sqrt{3}}{3}$ 时等号成立.

证明 设 $f(x,y,z)=\frac{1}{x^2}+\frac{1}{y^2}+\frac{1}{z^2}-\frac{2}{xyz}$, 不妨设 $x=\max\{x,y,z\}$ $\in\left[\frac{\sqrt{3}}{3},1\right]$, 则
$$f(x,y,z)-f\left(x,\sqrt{\frac{y^2+z^2}{2}},\sqrt{\frac{y^2+z^2}{2}}\right)$$
$$=\frac{(x(y+z)^2-2yz)(y-z)^2}{xy^2z^2(y^2+z^2)}\geqslant 0.$$

事实上, $x(y+z)^2\geqslant\frac{4\sqrt{3}}{3}yz$.

因为
$$f\left(x,\sqrt{\frac{y^2+z^2}{2}},\sqrt{\frac{y^2+z^2}{2}}\right)=f\left(x,\sqrt{\frac{1-x^2}{2}},\sqrt{\frac{1-x^2}{2}}\right)$$
$$=\frac{-3x+1}{x^2(x+1)}\geqslant 9-6\sqrt{3}, \tag{44}$$

所以式(43)成立, 当且仅当 $x=y=z=\frac{\sqrt{3}}{3}$ 时等号成立.

点评

1. 在式(44)中, 事实上有
$$\left[\frac{-3x+1}{x^2(x+1)}\right]'=\frac{2(3x^2-1)}{x^3(x+1)^2}.$$

2. 题中的逐步调整法是一种强有力的证题方法, 又称"磨光法". 杭州外国语学校的石世昌先生在这方面有很深的造诣, 很大程度上石世昌就是"磨光法"的代名词.

参见 http://www.mathlinks.ro/Forum/viewtopic.php?t=201717

http://forum.cnool.net/topic_show.jsp?id=4493296&thesisid=494&flag=topic 1

例 20 自然数 $n \geqslant 2$,且实数 $a_1, a_2, \cdots, a_n$ 满足 $a_1 + a_2 + \cdots + a_n = 1$.证明:
$$\sum_{i=1}^{n} \frac{1}{1+a_i^2} \leqslant \frac{n^3}{n^2+1}, \tag{45}$$

当且仅当 $a_1 = a_2 = \cdots = a_n = \frac{1}{n}$ 时等号成立.

证明 对于非负实数 $x_1, x_2, \cdots, x_n$,

$$\sum_{i=1}^{n} \frac{\left(\sum_{k=1}^{n} a_k\right)^2}{\left(\sum_{k=1}^{n} a_k\right)^2 + a_i^2} \leqslant \sum_{i=1}^{n} \frac{\left(\sum_{k=1}^{n} |a_k|\right)^2}{\left(\sum_{k=1}^{n} |a_k|\right)^2 + a_i^2} \equiv \sum_{i=1}^{n} \frac{\left(\sum_{k=1}^{n} x_k\right)^2}{\left(\sum_{k=1}^{n} x_k\right)^2 + x_i^2}.$$

不失一般性,不妨设 $x_1 + x_2 + \cdots + x_n = 1$.

当 $n \geqslant 3$ 时,

$$\frac{1}{1+x_i^2} + \frac{2n^3}{(n^2+1)^2}\left(x_i - \frac{1}{n}\right) - \frac{n^2}{n^2+1}$$

$$= -\frac{(n^2 - 1 - 2nx_i)(1 - nx_i)^2}{(n^2+1)^2(1+x_i^2)} \leqslant 0 \Rightarrow$$

$$\sum_{i=1}^{n} \frac{1}{1+x_i^2} \leqslant \sum_{i=1}^{n} \left(\frac{n^2}{n^2+1} - \frac{2n^3}{(n^2+1)^2}\left(x_i - \frac{1}{n}\right)\right) = \frac{n^3}{n^2+1};$$

当 $n = 2$ 时,

$$\frac{(x_1+x_2)^2}{(x_1+x_2)^2 + x_1^2} + \frac{(x_1+x_2)^2}{(x_1+x_2)^2 + x_2^2} - \frac{8}{5}$$

$$= \frac{-(x_1-x_2)^2(x_1^2+x_2^2)}{(2x_1^2+2x_1x_2+x_2^2)(x_1^2+2x_1x_2+2x_2^2)} \leqslant 0.$$

因此,

$$\frac{1}{1+x_1^2} + \frac{1}{1+x_2^2} \leqslant \frac{8}{5},$$

其中 $x_1 + x_2 = 1$.

对于满足 $x_1 + x_2 + \cdots + x_n = 1$ 的非负实数 $x_1, x_2, \cdots, x_n$,我们有

$$\sum_{i=1}^{n} \frac{1}{1+x_i^2} \geqslant n - \frac{1}{2}.$$

事实上,

$$\frac{1}{1+x_i^2} - 1 + \frac{x_i}{2} = \frac{x_i(1-x_i)^2}{2(1+x_i^2)} \geqslant 0 \Rightarrow \sum_{i=1}^{n} \frac{1}{1+x_i^2}$$
$$\geqslant \sum_{i=1}^{n} \left(1 - \frac{x_i}{2}\right) = n - \frac{1}{2}.$$

综上可知式(45)成立.

参见 http://www.mathlinks.ro/Forum/viewtopic.php?t=202335

例 21 设非负实数 x, y, z 满足 $x^2 + y^2 + z^2 = 1$. 证明:

$$\frac{x}{\sqrt{1+yz}} + \frac{y}{\sqrt{1+zx}} + \frac{z}{\sqrt{1+xy}} \leqslant \frac{3}{2}. \tag{46}$$

证明

$9(10x+7y+7z)^2(x^2+y^2+z^2+yz) - 16(5x^2+5y^2+5z^2$
$+7yz+7zx+7xy)^2$
$= (2x-y-z)^2(125x^2+160x(y+z)+5y^2+157yz+5z^2)$
$+36(y-z)^2(7x^2+y^2+3yz+z^2) \geqslant 0$

$\Rightarrow \sum_{\text{cyc}} \frac{x}{\sqrt{1+yz}} = \sum_{\text{cyc}} \frac{x}{\sqrt{x^2+y^2+z^2+yz}}$

$\leqslant \frac{3}{4} \sum_{\text{cyc}} \frac{x(10x+7y+7z)}{5x^2+5y^2+5z^2+7yz+7zx+7xy} = \frac{3}{2}.$

点评 事实上,对于满足 $x^2 + y^2 = 1$ 的非负实数 x, y, z, 我们还有

$$\frac{x}{\sqrt{6+7yz}} + \frac{y}{\sqrt{6+7zx}} + \frac{z}{\sqrt{6+7xy}} \leqslant \frac{3}{5},$$

$$\frac{x}{\sqrt{11+16yz}} + \frac{y}{\sqrt{11+16zx}} + \frac{z}{\sqrt{11+16xy}} \leqslant \frac{3}{7},$$

$$\frac{x}{\sqrt{27+40yz}} + \frac{y}{\sqrt{27+40zx}} + \frac{z}{\sqrt{27+40xy}} \leqslant \frac{3}{11},$$

$$\frac{x}{\sqrt{57+85yz}} + \frac{y}{\sqrt{57+85zx}} + \frac{z}{\sqrt{57+85xy}} \leqslant \frac{3}{16}.$$

参见 http://www.mathlinks.ro/Forum/viewtopic.php?t=197878

例22 设正实数 a,b,c 满足 $abc=1$. 证明：
$$\sqrt{1+8a^2}+\sqrt{1+8b^2}+\sqrt{1+8c^2}\leqslant 3(a+b+c). \qquad (47)$$

证明 设 $a=x^3, b=y^3, c=z^3$, 因为
$$\sum_{\text{cyc}}\sqrt{1+8a^2}=\sum_{\text{cyc}}\sqrt{\sqrt[3]{a^2b^2c^2}+8a^2}\equiv\sum_{\text{cyc}}\sqrt{x^2y^2z^2+8x^6}$$
$$\leqslant\sum_{\text{cyc}}\frac{48x^4+45x^3(y+z)+3x(y^3+z^3)-5x^2(y^2+z^2)+10y^2z^2}{16(x+y+z)}$$
$$=3(x^3+y^3+z^3)\equiv 3(a+b+c),$$

所以式(47)成立.

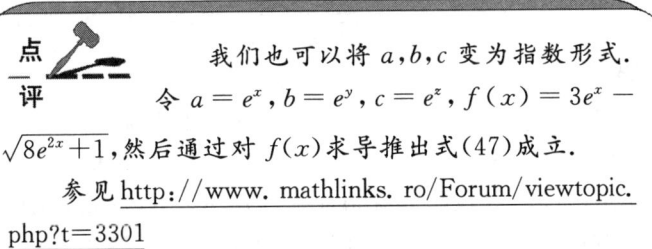

点评 我们也可以将 a,b,c 变为指数形式. 令 $a=e^x, b=e^y, c=e^z$, $f(x)=3e^x-\sqrt{8e^{2x}+1}$, 然后通过对 $f(x)$ 求导推出式(47)成立.

参见 http://www.mathlinks.ro/Forum/viewtopic.php?t=3301

例23 设非负实数 x,y,z 满足 $x+y+z=1$. 证明：
$$\sqrt{1-2yz}+\sqrt{1-2zx}+\sqrt{1-2xy}\geqslant\sqrt{7}. \qquad (48)$$

证明 因为
$$63(x+y+z)^2((x+y+z)^2-2yz)-(7(x^2+y^2+z^2)$$
$$+17x(y+z)+8yz)^2$$
$$=\left(\frac{y+z}{2}-x\right)^2(14x^2+28x(y+z)+5(y+z)^2)$$
$$+3\left(\frac{y-z}{2}\right)^2(14x^2+16x(y+z)+17y^2+46yz+17z^2)\geqslant 0,$$

所以
$$\sum_{\text{cyc}}\sqrt{(x+y+z)^2-2yz}\geqslant\sum_{\text{cyc}}\frac{7(x^2+y^2+z^2)+17x(y+z)+8yz}{3\sqrt{7}(x+y+z)}$$
$$=\sqrt{7}(x+y+z).$$

参见 http://www.mathlinks.ro/Forum/viewtopic.php?t=156002

习 题 二

1. 设 $a,b,c,d>0$，且 $\dfrac{1}{1+a^4}+\dfrac{1}{1+b^4}+\dfrac{1}{1+c^4}+\dfrac{1}{1+d^4}=1$. 试证明：
$$abcd\geqslant 3.$$

2. 设正实数 a,b,c,d 满足 $abcd=1$. 证明：
$$\sum_{cyc}\dfrac{1}{(1+a)^2}\geqslant 1.$$

3. 对于正实数 a,b,c,d，证明：
$$\dfrac{c}{a}(8b+c)+\dfrac{d}{b}(8c+d)+\dfrac{a}{c}(8d+a)+\dfrac{b}{d}(8a+b)\geqslant 9(a+b+c+d),$$
当且仅当 $a=c$ 且 $b=d$ 时，等号成立.

4. 设非负实数 a,b,c,d 满足 $abcd=1$. 证明：
$$\dfrac{1}{2a^2+a+1}+\dfrac{1}{2b^2+b+1}+\dfrac{1}{2c^2+c+1}+\dfrac{1}{2d^2+d+1}\geqslant 1.$$

5. 设 a,b,c 为正实数. 证明：
$$\sqrt{\dfrac{b^2c}{a+b}}+\sqrt{\dfrac{c^2a}{b+c}}+\sqrt{\dfrac{a^2b}{c+a}}\leqslant \dfrac{3\sqrt{3}}{4}\sqrt{\dfrac{(b+c)(c+a)(a+b)}{a+b+c}}.$$

6. 对于非负实数 x,y,z，证明：
$$\dfrac{(y+z-x)^2}{x^2+(y+z)^2}+\dfrac{(z+x-y)^2}{y^2+(z+x)^2}+\dfrac{(y+x-z)^2}{z^2+(y+x)^2}$$
$$\geqslant \dfrac{3(x^2+y^2+z^2)}{(x+y+z)^2+2(yz+zx+xy)}.$$

7. 设非负实数 a,b,c 满足 $a+b+c=3$. 证明：
$$\sqrt[3]{a}+\sqrt[3]{b}+\sqrt[3]{c}\geqslant bc+ca+ab.$$

8. 对正实数 x,y,z，证明：
$$\dfrac{xy}{z(z+x)}+\dfrac{yz}{x(x+y)}+\dfrac{zx}{y(y+z)}\geqslant \dfrac{x}{z+x}+\dfrac{y}{x+y}+\dfrac{z}{y+z}.$$

9. 对非负实数 x,y,z，证明：
$$\sqrt{2(y^2+z^2)}+\sqrt{2(z^2+x^2)}+\sqrt{2(x^2+y^2)}$$

$$\geqslant \sqrt[3]{9((y+z)^3+(z+x)^3+(x+y)^3)}.$$

10. 对正实数 a,b,c,证明：
$$\left(\frac{2a}{b+c}\right)^{\frac{2}{3}}+\left(\frac{2b}{c+a}\right)^{\frac{2}{3}}+\left(\frac{2c}{a+b}\right)^{\frac{2}{3}} \geqslant 3.$$

11. 正实数 a,b,c 满足 $abc=8$. 证明：
$$\frac{a^2}{\sqrt{(1+a^3)(1+b^3)}}+\frac{b^2}{\sqrt{(1+b^3)(1+c^3)}}+\frac{c^2}{\sqrt{(1+c^3)(1+a^3)}}\geqslant \frac{4}{3}.$$

12. 设 $a,b,c\geqslant 1$，且 $\frac{1}{a^2+47}+\frac{1}{b^2+47}+\frac{1}{c^2+47}=\frac{1}{24}$. 证明：$a+b+c\geqslant 15$.

13. 设 $x,y,z>0$，且 $0\leqslant k\leqslant 48$. 证明：
$$\sqrt{1+\frac{kx}{y+z}}+\sqrt{1+\frac{ky}{z+x}}+\sqrt{1+\frac{kz}{x+y}}\geqslant 3\sqrt{1+\frac{k}{2}}.$$

14. 对于非负实数 a,b,c,d,证明：
$$\sqrt{\frac{a}{a+b+c}}+\sqrt{\frac{b}{b+c+d}}+\sqrt{\frac{c}{c+d+a}}+\sqrt{\frac{d}{d+a+b}}\leqslant \frac{4}{\sqrt{3}}.$$

15. 求满足以下不等式的最佳常数 k：
$$\frac{x}{y}+\frac{y}{z}+\frac{z}{x}+k\cdot\frac{yz+zx+xy}{x^2+y^2+z^2}\geqslant 3+k,$$
其中 x,y,z,k 是正实数.

16. 设非负实数 x,y,z 满足 $x^2+y^2+z^2=1$. 证明：
$$\sum_{cyc}\frac{1}{1-yz}\leqslant \frac{9}{2}.$$

17. 设非负实数 x,y,z 满足 $x+y+z=1$. 证明：
$$\frac{1}{1+x^2}+\frac{1}{1+y^2}+\frac{1}{1+z^2}\geqslant \frac{5}{2},$$
当 $x=1,y=z=0$ 时等号成立.

18. 对于正实数 x,y,z,证明：
$$2\sum_{cyc}x\sqrt{\frac{yz+zx+xy}{(x+y)(x+z)}}\geqslant 3\sum_{cyc}x\sqrt{\frac{y+z}{4x+y+z}}.$$

19. 设正实数 a,b,c 满足 $a+b+c=1$. 证明：

(1) $\dfrac{a}{\sqrt{a+bc}}+\dfrac{b}{\sqrt{b+ca}}+\dfrac{c}{\sqrt{c+ab}}\leqslant \dfrac{3}{2}$;

(2) $\dfrac{1}{\sqrt{a+bc}}+\dfrac{1}{\sqrt{b+ca}}+\dfrac{1}{\sqrt{c+ab}}\geqslant \dfrac{9}{2}$.

20. 设正实数 x,y,z 满足 $x+y+z=1$. 证明:
$$\sqrt{1-3yz}+\sqrt{1-3zx}+\sqrt{1-3xy}\geqslant \sqrt{6}.$$

21. 对于非负实数 x,y,z, 证明:
$$\sum_{cyc}\sqrt{2(x^2+y^2)}\geqslant \sqrt[3]{9\sum_{cyc}(x+y)^3}.$$

22. 如果 a,b,c 是任意实数, 满足 $a+b+c=p$, 设 $ab+bc+ca=\dfrac{p^2-q^2}{3}(q\geqslant 0)$, $r=abc$. 证明: $\dfrac{(p+q)^2(p-2q)}{27}\leqslant r\leqslant \dfrac{(p-q)^2(p+2q)}{27}$ 等式成立当且仅当 $(a-b)(b-c)(c-d)=0$.

23. 非负实数 x,y,z 满足 $9(x+y+z)+10\geqslant 8xyz$. 求证: $x+y+z\geqslant 2(\sqrt{xy}+\sqrt{yz}+\sqrt{zx})$.

24. 设 $x,y,z>0$ 且 $x+y+z=3$. 证明:
$$\dfrac{1}{x}+\dfrac{1}{y}+\dfrac{1}{z}-3xyz\geqslant x^2+y^2+z^2-3.$$

25. 设 $x,y,z>0$, 且满足 $xyz=1$. 证明: $\sqrt{\dfrac{1}{1+x}}+\sqrt{\dfrac{1}{1+y}}+\sqrt{\dfrac{1}{1+z}}\leqslant \dfrac{3\sqrt{2}}{2}$.

26. 设 a,b,c 非负. 证明 $\sum\limits_{cyc}\sqrt{a^2-ab+b^2}\cdot\sqrt{b^2-bc+c^2}\geqslant a^2+b^2+c^2$.

第三讲 齐次化与正规化

§3.1 齐 次 化

在这一讲里又要多次用到 $\sum\limits_{\text{cyc}}$ 和 $\sum\limits_{\text{sym}}$ 这两个求和符号,我们再来回顾一下它们的定义.

对于 x,y,z 的三元函数 $P(x,y,z)$,我们有
$$\sum_{\text{cyc}} P(x,y,z)=P(x,y,z)+P(y,z,x)+P(z,x,y),$$
以及
$$\sum_{\text{sym}} P(x,y,z)=P(x,y,z)+P(x,z,y)+P(y,x,z)$$
$$+P(y,z,x)+P(z,x,y)+P(z,y,x).$$

例如:
$$\sum_{\text{cyc}} x^3 y = x^3 y + y^3 z + z^3 x,$$
$$\sum_{\text{sym}} x^3 = 2(x^3 + y^3 + z^3),$$
$$\sum_{\text{sym}} x^2 y = x^2 y + x^2 z + y^2 z + y^2 x + z^2 x + z^2 y,$$
$$\sum_{\text{sym}} xyz = 6xyz.$$

例 1 正实数 a,b 满足 $a+b=1$. 证明:
$$\frac{a^2}{a+1} + \frac{b^2}{b+1} \geqslant \frac{1}{3}. \tag{1}$$

证明 因为

$$(a^3+b^3)-(a^2b+ab^2)=(a-b)^2(a+b)\geqslant 0,$$

所以

$$\frac{1}{3}\leqslant\frac{a^2}{(a+b)(a+(a+b))}+\frac{b^2}{(a+b)(b+(a+b))},$$

所以式(1)成立,当且仅当 $a=b=\frac{1}{2}$ 时等号成立.

例 2 设 $x,y,z>1$ 且 $\frac{1}{x}+\frac{1}{y}+\frac{1}{z}=2$. 证明:

$$\sqrt{x+y+z}\geqslant\sqrt{x-1}+\sqrt{y-1}+\sqrt{z-1}. \quad (2)$$

证明 首先进行代数变换,设 $a=\frac{1}{x},b=\frac{1}{y},c=\frac{1}{z}$,于是

$$\sqrt{\frac{1}{a}+\frac{1}{b}+\frac{1}{c}}\geqslant\sqrt{\frac{1-a}{a}}+\sqrt{\frac{1-b}{b}}+\sqrt{\frac{1-c}{c}}, \quad (3)$$

其中 $a,b,c\in(0,1)$,且 $a+b+c=2$. 代入条件 $a+b+c=2$,得式(3)等价于

$$\sqrt{\frac{1}{2}(a+b+c)\left(\frac{1}{a}+\frac{1}{b}+\frac{1}{c}\right)}$$

$$\geqslant\sqrt{\frac{\frac{a+b+c}{2}-a}{a}}+\sqrt{\frac{\frac{a+b+c}{2}-b}{b}}+\sqrt{\frac{\frac{a+b+c}{2}-c}{c}},$$

即

$$\sqrt{(a+b+c)\left(\frac{1}{a}+\frac{1}{b}+\frac{1}{c}\right)}$$

$$\geqslant\sqrt{\frac{b+c-a}{a}}+\sqrt{\frac{c+a-b}{b}}+\sqrt{\frac{a+b-c}{c}}. \quad (4)$$

事实上,利用柯西不等式易知

$$\sqrt{[(b+c-a)+(c+a-b)+(a+b-c)]\left(\frac{1}{a}+\frac{1}{b}+\frac{1}{c}\right)}$$

$$\geqslant\sqrt{\frac{b+c-a}{a}}+\sqrt{\frac{c+a-b}{b}}+\sqrt{\frac{a+b-c}{c}},$$

即式(4)成立.

算术平均-几何平均不等式有一个加权形式,在许多不等式的证明中经常用到:

设 $w_1, w_2, \cdots, w_n > 0$,且 $w_1 + w_2 + \cdots + w_n = 1$,则对 $x_1, x_2, \cdots, x_n$,有
$$w_1 x_1 + w_2 x_2 + \cdots + w_n x_n \geqslant x_1^{w_1} x_2^{w_2} \cdots x_n^{w_n}.$$

例3 设 $a, b, c \geqslant 0$ 且 $t \in (0, 3]$. 证明:
$$(3-t) + t(abc)^{\frac{2}{t}} + \sum_{\text{cyc}} a^2 \geqslant 2 \sum_{\text{cyc}} ab. \tag{5}$$

证明 首先设 $x = a^{\frac{2}{3}}, y = b^{\frac{2}{3}}, z = c^{\frac{2}{3}}$,于是式(5)就可改写为
$$3 - t + t(xyz)^{\frac{3}{t}} + \sum_{\text{cyc}} x^3 \geqslant 2 \sum_{\text{cyc}} (xy)^{\frac{3}{2}}. \tag{6}$$

要证式(6),只需证明
$$3 - t + t(xyz)^{\frac{3}{t}} \geqslant 3xyz. \tag{7}$$

利用加权算术平均-几何平均不等式得
$$\frac{3-t}{3} \cdot 1 + \frac{t}{3}(xyz)^{\frac{3}{t}} \geqslant 1^{\frac{3-t}{3}} ((xyz)^{\frac{3}{t}})^{\frac{t}{3}},$$

即式(7)成立.综上可知式(5)成立.

取特殊的 t,我们能够得到几个漂亮的不等式:
$$\frac{5}{2} + \frac{1}{2}(abc)^4 + a^2 + b^2 + c^2 \geqslant 2(ab + bc + ca),$$
$$2 + (abc)^2 + a^2 + b^2 + c^2 \geqslant 2(ab + bc + ca),$$
$$1 + 2abc + a^2 + b^2 + c^2 \geqslant 2(ab + bc + ca).$$

第三讲 齐次化与正规化

例 4 设非负实数 x,y,z 满足 $x+y+z=3$,证明:
$$3(x^4+y^4+z^4)+x^2+y^2+z^2+6 \geqslant 6(x^3+y^3+z^3). \tag{8}$$

证明 式(8)等价于
$$3(x^4+y^4+z^4)+(x^2+y^2+z^2)\left(\frac{x+y+z}{3}\right)^2+6\left(\frac{x+y+z}{3}\right)^4$$
$$-6(x^3+y^3+z^3)\frac{x+y+z}{3}$$
$$=\frac{2}{27}\left(16\sum_{\text{cyc}}x^4-20\sum_{\text{cyc}}x^3(y+z)+9\sum_{\text{cyc}}y^2z^2+15\sum_{\text{cyc}}x^2yz\right)$$
$$\geqslant 0.$$

设 $x=\min\{x,y,z\}$,那么
$$16\sum_{\text{cyc}}x^4-20\sum_{\text{cyc}}x^3(y+z)+9\sum_{\text{cyc}}y^2z^2+15\sum_{\text{cyc}}x^2yz$$
$$=\frac{(y+z-2x)^2(y+z-8x)^2}{16}+\frac{3}{16}(y-z)^2(85y^2+62yz+85z^2$$
$$-100x(y+z)+4x^2)$$
$$=\frac{(y+z-2x)^2(y+z-8x)^2}{16}+\frac{3}{16}(y-z)^2(27(y-z)^2+$$
$$58(y+z)^2-100x(y+z)+4x^2)$$
$$\geqslant 0.$$

所以式(8)成立.

例 5 设实数 $x,y,z \in (-1,1)$,证明:
$$\frac{1}{(1-x)(1-y)(1-z)}+\frac{1}{(1+x)(1+y)(1+z)} \geqslant 2. \tag{9}$$

证明 由算术平均-几何平均不等式知
$$\frac{1}{(1-x)(1-y)(1-z)}+\frac{1}{(1+x)(1+y)(1+z)}$$
$$\geqslant 2\sqrt{\frac{1}{(1-x^2)(1-y^2)(1-z^2)}},$$

且
$$(1-x^2)(1-y^2)(1-z^2) \leqslant 1,$$

所以式(9)成立,当且仅当 $x=y=z=0$ 时等号成立.

点评 对于式(9)，我们有
$$M_{-3}[G(1-x,1-y,1-z), G(1+x,1+y,1+z)] \leqslant A[A(1-x,1-y,1-z), A(1+x,1+y,1+z)] = 1.$$

同样的方法，我们还有更强的不等式

$$\frac{1}{3(1-x)^3+3(1-y)^3+3(1-z)^3+23(1-x)(1-y)(1-z)} + \frac{1}{3(1+x)^3+3(1+y)^3+3(1+z)^3+23(1+x)(1+y)(1+z)} \geqslant \frac{1}{16},$$

$$\frac{\frac{1}{1-x}+\frac{1}{1-y}+\frac{1}{1-z}}{(1-x)^2+(1-y)^2+(1-z)^2} + \frac{\frac{1}{1+x}+\frac{1}{1+y}+\frac{1}{1+z}}{(1+x)^2+(1+y)^2+(1+z)^2} \geqslant 2.$$

参见 http://www.mathlinks.ro/Forum/viewtopic.php?t=172

§3.2 舒尔不等式和米尔黑德定理

例1 (舒尔(Schur)不等式) x, y, z 为非负实数,当 $r > 0$ 时,证明:
$$\sum_{cyc} x^r(x-y)(x-z) \geqslant 0. \tag{1}$$

证明 由(1)的对称性,不妨设 $x \geqslant y \geqslant z$,于是
$$(x-y)(x^r(x-z) - y^r(y-z)) + z^r(x-z)(y-z) \geqslant 0,$$
所以式(1)成立.

 特别地,当 $r = 1$ 时有几个比较有用的等价形式:
$$\sum_{cyc} x(x-y)(x-z) \geqslant 0 \Leftrightarrow 3xyz + \sum_{cyc} x^3$$
$$\geqslant \sum_{sym} x^2 y \Leftrightarrow \sum_{sym} xyz + \sum_{sym} x^3 \geqslant 2\sum_{sym} x^2 y.$$

类似地,我们还有:
当 $a, b, c, d \geqslant 0$ 且 $r > 0$ 时,
$$\sum_{cyc} a^r(a-b)(a-c)(a-d) \geqslant 0. \tag{2}$$

例2 设 x, y, z 为非负实数,证明:
$$3xyz + x^3 + y^3 + z^3 \geqslant 2((xy)^{\frac{3}{2}} + (yz)^{\frac{3}{2}} + (zx)^{\frac{3}{2}}).$$

证明 利用舒尔不等式和算术平均-几何平均不等式得
$$3xyz + \sum_{cyc} x^3 \geqslant \sum_{cyc} x^2 y + xy^2 \geqslant \sum_{cyc} 2(xy)^{\frac{3}{2}}.$$

例3 对任意实数 a, b, c,试证:

$$(a^2+2)(b^2+2)(c^2+2) \geqslant 9(ab+bc+ca). \tag{3}$$

证明 对式(3)展开得

$$8+(abc)^2+2\sum_{cyc}a^2b^2+4\sum_{cyc}a^2 \geqslant 9\sum_{cyc}ab. \tag{4}$$

因为 $(ab-1)^2+(bc-1)^2+(ca-1)^2 \geqslant 0$,所以

$$6+2\sum_{cyc}a^2b^2 \geqslant 4\sum_{cyc}ab. \tag{5}$$

由舒尔不等式知

$$2+(abc)^2+\sum_{cyc}a^2 \geqslant 2\sum_{cyc}ab.$$

再利用 $3(a^2+b^2+c^2) \geqslant 3(ab+bc+ca)$,得

$$2+(abc)^2+4\sum_{cyc}a^2 \geqslant 5\sum_{cyc}ab. \tag{6}$$

由式(5),(6)知式(4)成立.

例 4 设正实数 a,b,c 满足 $abc=1$. 证明:

$$\left(a-1+\frac{1}{b}\right)\left(b-1+\frac{1}{c}\right)\left(c-1+\frac{1}{a}\right) \leqslant 1. \tag{7}$$

证明 利用条件把式(7)改写为

$$\left(a-(abc)^{\frac{1}{3}}+\frac{(abc)^{\frac{2}{3}}}{b}\right)\left(b-(abc)^{\frac{1}{3}}+\frac{(abc)^{\frac{2}{3}}}{c}\right)\left(c-(abc)^{\frac{1}{3}}+\frac{(abc)^{\frac{2}{3}}}{a}\right) \leqslant abc,$$

再设 $a=x^3, b=y^3, c=z^3$,其中 $x,y,z>0$,于是式(7)成为

$$\left(x^3-xyz+\frac{(xyz)^2}{y^3}\right)\left(y^3-xyz+\frac{(xyz)^2}{z^3}\right)\left(z^3-xyz+\frac{(xyz)^2}{x^3}\right) \leqslant x^3y^3z^3. \tag{8}$$

由舒尔不等式知

$$3(x^2y)(y^2x)(z^2x)+\sum_{cyc}(x^2y)^3 \geqslant \sum_{sym}(x^2y)^2(y^2z),$$

即

$$3x^3y^3z^3+\sum_{cyc}x^6y^3 \geqslant \sum_{cyc}x^4y^4z+\sum_{cyc}x^5y^2z^2,$$

$$(x^2y - y^2z + z^2x)(y^2z - z^2x + x^2y)(z^2x - x^2y + y^2z)$$
$$\leqslant x^3y^3z^3. \tag{9}$$

由式(9)知式(8)成立,于是式(7)成立.

例5 设正实数 a,b,c 满足 $abc=1$. 试证明:
$$\frac{1}{a+b+1} + \frac{1}{b+c+1} + \frac{1}{c+a+1} \leqslant 1. \tag{10}$$

证明 式(10)可改写为
$$\frac{1}{a+b+(abc)^{\frac{1}{3}}} + \frac{1}{b+c+(abc)^{\frac{1}{3}}} + \frac{1}{c+a+(abc)^{\frac{1}{3}}} \leqslant \frac{1}{(abc)^{\frac{1}{3}}}.$$

设 $a=x^3, b=y^3, c=z^3$,则上式可改写为
$$\frac{1}{x^3+y^3+xyz} + \frac{1}{y^3+z^3+xyz} + \frac{1}{z^3+x^3+xyz} \leqslant \frac{1}{xyz}. \tag{11}$$

因为
$$\sum_{\text{sym}} x^6 y^3 = \sum_{\text{cyc}} (x^6 y^3 + y^6 x^3)$$
$$\geqslant \sum_{\text{cyc}} (x^5 y^4 + y^5 x^4)$$
$$= \sum_{\text{cyc}} x^5 (y^4 + z^4)$$
$$\geqslant \sum_{\text{cyc}} x^5 (y^2 z^2 + y^2 z^2)$$
$$= \sum_{\text{sym}} x^5 y^2 z^2,$$

所以
$$\sum_{\text{sym}} x^6 y^3 \geqslant \sum_{\text{sym}} x^5 y^2 z^2 \tag{12}$$

因此
$$xyz \sum_{\text{cyc}} (x^3+y^3+xyz)(y^3+z^3+xyz)$$
$$\leqslant (x^3+y^3+xyz)(y^3+z^3+xyz)(z^3+x^3+xyz).$$

于是式(11)成立,即式(10)成立.

例6 (米尔黑德(Muirhead)定理)设实数 $a_1, a_2, a_3, b_1, b_2, b_3$ 满足 $a_1 \geqslant a_2 \geqslant a_3 \geqslant 0, b_1 \geqslant b_2 \geqslant b_3 \geqslant 0, a_1 \geqslant b_1$,

$a_1+a_2 \geqslant b_1+b_2, a_1+a_2+a_3=b_1+b_2+b_3$.

证明:对于正实数 x,y,z,

$$\sum_{\text{sym}} x^{a_1} y^{a_2} z^{a_3} \geqslant \sum_{\text{sym}} x^{b_1} y^{b_2} z^{b_3}. \tag{13}$$

证明 当 $b_1 \geqslant a_2$ 时,

$$\sum_{\text{sym}} x^{a_1} y^{a_2} z^{a_3} = \sum_{\text{cyc}} z^{a_3}(x^{a_1} y^{a_2} + x^{a_2} y^{a_1})$$

$$\geqslant \sum_{\text{cyc}} z^{a_3}(x^{a_1+a_2-b_1} y^{b_1} + x^{b_1} y^{a_1+a_2-b_1})$$

$$= \sum_{\text{cyc}} x^{b_1}(y^{a_1+a_2-b_1} z^{a_3} + y^{a_3} z^{a_1+a_2-b_1})$$

$$\geqslant \sum_{\text{cyc}} x^{b_1}(y^{b_2} z^{b_3} + y^{b_3} z^{b_2})$$

$$= \sum_{\text{sym}} x^{b_1} y^{b_2} z^{b_3}.$$

当 $b_1 \leqslant a_2$ 时,

$$\sum_{\text{sym}} x^{a_1} y^{a_2} z^{a_3} = \sum_{\text{cyc}} x^{a_1}(y^{a_2} z^{a_3} + y^{a_3} z^{a_2})$$

$$\geqslant \sum_{\text{cyc}} x^{a_1}(y^{b_1} z^{a_2+a_3-b_1} + y^{a_2+a_3-b_1} z^{b_1})$$

$$= \sum_{\text{cyc}} y^{b_1}(x^{a_1} z^{a_2+a_3-b_1} + x^{a_2+a_3-b_1} z^{a_1})$$

$$\geqslant \sum_{\text{cyc}} y^{b_1}(x^{b_2} z^{b_3} + x^{b_3} z^{b_2})$$

$$= \sum_{\text{sym}} x^{b_1} y^{b_2} z^{b_3}.$$

综合上述两种情况,可知式(13)成立.

当且仅当 $x=y=z$ 时取等号.

例 7 证明:对所有正实数 a,b,c,

$$\frac{a}{b+c}+\frac{b}{c+a}+\frac{c}{a+b} \geqslant \frac{3}{2}. \tag{14}$$

证明 由米尔黑德定理知 $\sum_{\text{sym}} a^3 \geqslant \sum_{\text{sym}} a^2 b$,即

$$2\sum_{\text{cyc}} a(a+b)(a+c) \geqslant 3(a+b)(b+c)(c+a),$$

所以式(14)成立.

第三讲 齐次化与正规化

例 8 设正实数 a,b,c 满足 $abc=1$. 试证明:
$$\frac{1}{a^3(b+c)}+\frac{1}{b^3(c+a)}+\frac{1}{c^3(a+b)}\geqslant \frac{3}{2}. \tag{15}$$

证明 式(15)等价于
$$\frac{1}{a^3(b+c)}+\frac{1}{b^3(c+a)}+\frac{1}{c^3(a+b)}\geqslant \frac{3}{2(abc)^{\frac{4}{3}}}.$$

设 $a=x^3, b=y^3, c=z^3$, 代入上式得
$$\sum_{\text{cyc}}\frac{1}{x^9(y^3+z^3)}\geqslant \frac{3}{2x^4y^4z^4}. \tag{16}$$

由米尔黑德定理知,
$$\left(\sum_{\text{sym}}x^{12}y^{12}-\sum_{\text{sym}}x^{11}y^8z^5\right)+2\left(\sum_{\text{sym}}x^{12}y^9z^3-\sum_{\text{sym}}x^{11}y^8z^5\right)$$
$$+\left(\sum_{\text{sym}}x^9y^9z^6-\sum_{\text{sym}}x^8y^8z^8\right)\geqslant 0,$$

即
$$\sum_{\text{sym}}x^{12}y^{12}+2\sum_{\text{sym}}x^{12}y^9z^3+\sum_{\text{sym}}x^9y^9z^6\geqslant 3\sum_{\text{sym}}x^{11}y^8z^5+6x^8y^8z^8,$$

所以式(16)成立. 综上可知式(15)成立.

例 9 证明: 对于正实数 x,y,z,
$$(xy+yz+zx)\left(\frac{1}{(x+y)^2}+\frac{1}{(y+z)^2}+\frac{1}{(z+x)^2}\right)\geqslant \frac{9}{4}. \tag{17}$$

证明 由舒尔不等式以及米尔黑德定理知,
$$\left(\sum_{\text{sym}}x^5y-\sum_{\text{sym}}x^4y^2\right)+3\left(\sum_{\text{sym}}x^5y-\sum_{\text{sym}}x^3y^3\right)$$
$$+2xyz\left(3xyz+\sum_{\text{cyc}}x^3-\sum_{\text{sym}}x^2y\right)\geqslant 0,$$

因此式(17)成立.

例 10 设非负实数 x,y,z 满足 $x+y+z=1$. 证明:
$$0\leqslant xy+yz+zx-2xyz\leqslant \frac{7}{27}. \tag{18}$$

证明 式(18)等价于
$$0\leqslant (xy+yz+zx)(x+y+z)-2xyz\leqslant \frac{7}{27}(x+y+z)^3. \tag{19}$$

因为 $0 \leqslant xyz + \sum\limits_{\text{sym}} x^2 y$，所以
$$0 \leqslant (xy+yz+zx)(x+y+z) - 2xyz. \quad (20)$$
利用舒尔不等式以及米尔黑德定理知
$$7 \sum\limits_{\text{cyc}} x^3 + 15xyz - 6 \sum\limits_{\text{sym}} x^2 y \geqslant 0. \quad (21)$$
事实上，
$$7 \sum\limits_{\text{cyc}} x^3 + 15xyz - 6 \sum\limits_{\text{sym}} x^2 y$$
$$= \left(2\sum\limits_{\text{cyc}} x^3 - \sum\limits_{\text{sym}} x^2 y\right) + 5\left(3xyz + \sum\limits_{\text{cyc}} x^3 - \sum\limits_{\text{sym}} x^2 y\right).$$
由式(20),(21)知式(19)成立，即式(18)成立．

例 11 设非负实数 a,b,c,d 满足 $abcd=1$．证明：
$$\frac{1}{2a^2+a+1} + \frac{1}{2b^2+b+1} + \frac{1}{2c^2+c+1} + \frac{1}{2d^2+d+1} \geqslant 1. \quad (22)$$

证明 依次改写 a,b,c,d 为 a^4, b^4, c^4, d^4，那么式(22)就改写为
$$\sum\limits_{\text{cyc}} \frac{1}{2a^8 + a^5 bcd + a^2 b^2 c^2 d^2} \geqslant \frac{1}{a^2 b^2 c^2 d^2}. \quad (23)$$
利用米尔黑德定理得
$$\sum\limits_{\text{cyc}} (2b^8 + b^5 cda + a^2 b^2 c^2 d^2)(2c^8 + c^5 dab + a^2 b^2 c^2 d^2)(2d^8$$
$$+ d^5 abc + a^2 b^2 c^2 d^2) a^2 b^2 c^2 d^2 - \prod\limits_{\text{cyc}} (2a^8 + a^5 bcd + a^2 b^2 c^2 d^2)$$
$$= 4 \sum\limits_{\text{cyc}} a^{10} b^2 c^2 d^2 + 2 \sum\limits_{\text{cyc}} a^9 b^5 cd + 4 \sum\limits_{\text{cyc}} a^8 b^8$$
$$- 3 \sum\limits_{\text{cyc}} a^6 b^6 c^2 d^2 - 8 \sum\limits_{\text{cyc}} ab^5 c^5 d^5 - 14 a^4 b^4 c^4 d^4$$
$$= 3 \sum\limits_{\text{cyc}} a^{10} b^2 c^2 d^2 - 2 \sum\limits_{\text{cyc}} a^6 b^6 c^2 d^2 + \sum\limits_{\text{cyc}} a^8 b^8 - \sum\limits_{\text{cyc}} a^6 b^6 c^2 d^2$$
$$+ 2 \sum\limits_{\text{cyc}} a^9 b^5 cd - 6 \sum\limits_{\text{cyc}} ab^5 c^5 d^5 + \frac{4}{3} \sum\limits_{\text{cyc}} a^8 b^8 - 2 \sum\limits_{\text{cyc}} ab^5 c^5 d^5$$
$$+ \sum\limits_{\text{cyc}} a^{10} b^2 c^2 d^2 - 4 a^4 b^4 c^4 d^4 + \frac{5}{3} \sum\limits_{\text{cyc}} a^8 b^8 - 10 a^4 b^4 c^4 d^4$$
$$\geqslant 0,$$
所以式(23)成立，即式(22)成立．

类似式(22)的操作,我们也可以来证明

$$\frac{1}{(3a-1)^2} \geqslant \frac{a^{-3}}{a^{-3}+b^{-3}+c^{-3}+d^{-3}}. \quad (24)$$

依次改写 a,b,c,d 为 a^4,b^4,c^4,d^4,那么式(24)就改写为

$$\frac{b^2c^2d^2}{(3a^3-bcd)^2}$$
$$\geqslant \frac{b^{12}c^{12}d^{12}}{b^{12}c^{12}d^{12}+c^{12}d^{12}a^{12}+d^{12}a^{12}b^{12}+a^{12}b^{12}c^{12}}. \quad (25)$$

因为

$$b^{12}c^{12}d^{12}+c^{12}d^{12}a^{12}+d^{12}a^{12}b^{12}+a^{12}b^{12}c^{12}$$
$$-b^{10}c^{10}d^{10}(3a^3-bcd)^2$$
$$=a^3(a^9(b^{12}c^{12}+c^{12}d^{12}+d^{12}b^{12})-9a^3b^{10}c^{10}d^{10}$$
$$+6b^{11}c^{11}d^{11})$$
$$\geqslant a^3(3a^9b^8c^8d^8-9a^3b^{10}c^{10}d^{10}+6b^{11}c^{11}d^{11})$$
$$=3a^3b^8c^8d^8(a^9-3a^3b^2c^2d^2+2b^3c^3d^3)$$
$$=3a^3b^8c^8d^8(a^3+2bcd)(a^3-bcd)^2$$
$$\geqslant 0,$$

所以式(25)成立,即式(24)成立.

例 12 非负实数 x,y,z 满足 $xy+yz+zx=1$. 证明:

$$\frac{1}{x+y}+\frac{1}{y+z}+\frac{1}{z+x} \geqslant \frac{5}{2}. \quad (26)$$

证明 要证式(26),只需证明

$$(xy+yz+zx)\left(\frac{1}{x+y}+\frac{1}{y+z}+\frac{1}{z+x}\right)^2 \geqslant \left(\frac{5}{2}\right)^2,$$

即

$$4\sum_{\text{sym}}x^5y+\sum_{\text{sym}}x^4yz+14\sum_{\text{sym}}x^3y^2z+38x^2y^2z^2$$

$$\geqslant \sum_{\text{sym}} x^4 y^2 + 3 \sum_{\text{sym}} x^3 y^3,$$

$$\left(\sum_{\text{sym}} x^5 y - \sum_{\text{sym}} x^4 y^2 \right) + 3 \left(\sum_{\text{sym}} x^5 y - \sum_{\text{sym}} x^3 y^3 \right)$$

$$+ xyz \left(\sum_{\text{sym}} x^3 + 14 \sum_{\text{sym}} x^2 y + 38 xyz \right) \geqslant 0.$$

利用米尔黑德定理易知上式成立,于是式(26)成立. 当且仅当$(x, y, z) = (1,1,0), (1,0,1), (0,1,1)$时等号成立.

例13 证明:当非负实数x, y, z中任意两个之和不为零时,

$$\sum_{\text{cyc}} \frac{x^3 + xyz}{y+z} \geqslant x^2 + y^2 + z^2. \tag{27}$$

证明 对式(27)整理得

$$\sum_{\text{cyc}} \frac{x(x-y)(x-z)}{y+z} \geqslant 0. \tag{28}$$

不妨设$x \geqslant y \geqslant z$,那么

$$\sum_{\text{cyc}} \frac{x(x-y)(x-z)}{y+z}$$

$$= \frac{x(x-y)(x-z)}{y+z} + \frac{y(y-z)(y-x)}{z+x} + \frac{z(z-x)(z-y)}{x+y}$$

$$= (x-y) \left[\frac{x(x-z)}{y+z} - \frac{y(y-z)}{z+x} \right] + \frac{z(z-x)(z-y)}{x+y}$$

$$\geqslant 0,$$

所以式(28)成立,即式(27)成立.

点评 对于式(28)的证明告诉我们舒尔不等式的证明过程也是值得注意的. 以后我们把类似的不等式叫作舒尔型不等式.

例14 证明:当非负实数x, y, z中任意两个之和不为零时,

$$\sum_{\text{cyc}} \frac{2x^2 + yz}{y+z} \geqslant \frac{9(x^2 + y^2 + z^2)}{2(x+y+z)}. \tag{29}$$

证明 由舒尔不等式及米尔黑德定理知,

$$2(x+y+z)\sum_{cyc}(2x^2+yz)(x+y)(x+z)-9(x^2+y^2+z^2)\prod_{cyc}(y+z)$$

$$=4\sum_{cyc}x^5-\sum_{cyc}x^4(y+z)-3\sum_{cyc}x^3(y^2+z^2)+4\sum_{cyc}xy^2z^2$$

$$=2\sum_{cyc}x\sum_{cyc}x^2(x-y)(x-z)+2\sum_{cyc}x^3(x-y)(x-z)$$

$$+\sum_{cyc}x^4(y+z)-\sum_{cyc}x^3(y^2+z^2)$$

$$\geqslant 0,$$

所以式(29)成立.

例 15 设 $x,y,z>0$,且 $yz+zx+xy=1$ 时.证明:

$$\sum_{cyc}\frac{1+y^2z^2}{(y+z)^2}\geqslant\frac{5}{2}. \tag{30}$$

证明 由舒尔不等式及米尔黑德定理知,

$$2\sum_{cyc}(z+x)^2(x+y)^2((yz+zx+xy)^2+y^2z^2)-5(y+z)^2(z+x)^2(x+y)^2(yz+zx+xy)$$

$$=2\sum_{cyc}x^6(y^2+z^2)+4\sum_{cyc}x^6yz-\sum_{cyc}x^5(y^3+z^3)$$

$$+\sum_{cyc}x^5(y^2z+yz^2)-2\sum_{cyc}y^4z^4-5\sum_{cyc}x^4(y^3z+yz^3)$$

$$-2\sum_{cyc}x^4y^2z^2+6\sum_{cyc}x^2y^3z^3$$

$$=2\sum_{cyc}x^6(y^2+z^2)-\sum_{cyc}x^5(y^3+z^3)-2\sum_{cyc}y^4z^4$$

$$+xyz(x+y+z)\left(4\sum_{cyc}x^4-3\sum_{cyc}x^3(y+z)\right.$$

$$\left.-2\sum_{cyc}y^2z^2+4\sum_{cyc}x^2yz\right)$$

$$=\sum_{cyc}x^6(y^2+z^2)-\sum_{cyc}x^5(y^3+z^3)+\sum_{cyc}x^6(y^2+z^2)$$

$$-2\sum_{cyc}y^4z^4+xyz(x+y+z)\left(4\sum_{cyc}x^2(x-y)(x-z)\right.$$

$$\left.+\sum_{cyc}x^3(y+z)-2\sum_{cyc}y^2z^2\right)\geqslant 0,$$

所以式(30)成立.

例 16 证明:对于正实数 a,b,c,
$$\frac{a^3}{b^2-bc+c^2}+\frac{b^3}{c^2-ca+a^2}+\frac{c^3}{a^2-ab+b^2}\geqslant a+b+c. \quad (31)$$

证明 由柯西不等式知
$$\sum_{cyc}\frac{a^3}{b^2-bc+c^2}=\sum_{cyc}\frac{a^4}{ab^2-abc+ac^2}\geqslant\frac{(a^2+b^2+c^2)^2}{\sum_{cyc}(a^2b+a^2c-abc)},$$

再由舒尔不等式及
$$(a^2+b^2+c^2)^2\geqslant(a+b+c)\sum_{cyc}(a^2b+a^2c-abc)$$
$$\Leftrightarrow\sum_{cyc}(x^4-x^3y-x^3z+x^2yz)\geqslant 0,$$

知式(31)成立.

> **点评** 不失一般性,设 $a=\min\{a,b,c\}$,由算术平均-几何平均不等式知
> $$\sum_{cyc}\frac{a^3}{b^2-bc+c^2}+\frac{4}{(b+c)^2}\sum_{cyc}a(b^2-bc+c^2)\geqslant\frac{4}{b+c}\sum_{cyc}a^2,$$
> 于是我们只需证
> $$\frac{4}{b+c}\sum_{cyc}a^2\geqslant\sum_{cyc}a+\frac{4}{(b+c)^2}\sum_{cyc}a(b^2-bc+c^2).$$
> 事实上,
> $$4(b+c)\sum_{cyc}a^2-(b+c)^2\sum_{cyc}a-4\sum_{cyc}a(b^2-bc+c^2)$$
> $$=(b-c)^2(3b+3c-5a)\geqslant 0.$$
> 参见 http://www.mathlinks.ro/viewtopic.php?t=216133

例 17 证明:对于非负实数 a,b,c,d,
$$\frac{a+b+c+d}{4}\geqslant\sqrt{\frac{ab+bc+cd+da+ac+bd}{6}}\geqslant\sqrt[3]{\frac{bcd+cda+dab+abc}{4}}.$$

证明 由米尔黑德定理容易证明上述不等式成立,在此不再展开. 请读者自行尝试解答.

> **点评**
>
> 记 $f(k) = \dfrac{k}{4}(ab+bc+cd+da) + \dfrac{1-k}{2}(ac+bd)$,那么
>
> $$f(k) \leqslant \left(\dfrac{a+b+c+d}{4}\right)^2,$$
>
> 当且仅当 $\dfrac{1}{2} \leqslant k \leqslant 1$ 时成立;
>
> $$f(k) \geqslant \left(\dfrac{bcd+cda+dab+abc}{4}\right)^{\frac{2}{3}},$$
>
> 当且仅当 $\dfrac{1}{3} \leqslant k \leqslant \dfrac{5}{6}$ 时成立.
>
> 特别地,对于非负实数 a,b,c,d,有
>
> $$(ab+bc+cd+da+4ac+4bd)^3$$
> $$\geqslant 108(bcd+cda+dab+abc)^2, \qquad (32)$$
>
> 当 $a:b:c:d = 2t:1-t:2t:t(9t-1)$ 时等号成立.
>
> 对于式(32),姚若飞有一个精彩的证明.
>
> 作变换 $a+c=m, ac=n, b+d=p, bd=q$ 得到(28)的等价问题:
>
> 求证 $f=f(m,n,p,q)=mp+4n+4q$ 的最小值是 12,其中 $mq+np=4, m^2 \geqslant 4n, p^2 \geqslant 4q, m,n,p,q \geqslant 0$,然后通过单变量求最小值证明命题.
>
> 参见 http://www.mathlinks.ro/Forum/viewtopic.php?t=171
>
> http://forum.cnool.net/topic_show.jsp?id=4410692&thesisid=494&flag=topic1

例 18 证明:对于正实数 x,y,z,有
$$\sum_{\text{cyc}} \frac{x^2}{(2x+y)(2x+z)} \leqslant \frac{1}{3}. \tag{33}$$

证明 利用米尔黑德定理知

$$3\prod_{\text{cyc}}(2x+y)(2x+z)\left(\frac{1}{3}-\sum_{\text{cyc}}\frac{x^2}{(2x+y)(2x+z)}\right)$$
$$=2\left(\sum_{\text{cyc}}x^4(y^2+z^2)-2\sum_{\text{cyc}}y^3z^3\right)$$
$$+xyz\left(5\sum_{\text{cyc}}x^3+4\sum_{\text{cyc}}x^2(y+z)-39xyz\right)$$
$$\geqslant 0.$$

> **点评** 不等式(33)属于季格兰(Sloyan Tigran).
>
> 季格兰在 2006 年参加了第 47 届 IMO,是美国队员中考分最高的一位. 他的这个代数不等式有很好的几何背景,是米尔黑德定理应用的绝佳例子.
>
> 参见 http://www.mathlinks.ro/Forum/viewtopic.php?t=66660

§3.3 正 规 化

例1 证明:对于正实数 a,b,c,有
$$\frac{a}{\sqrt{a^2+8bc}}+\frac{b}{\sqrt{b^2+8ca}}+\frac{c}{\sqrt{c^2+8ab}} \geqslant 1. \quad (1)$$

证明 由式(1)的对称性,我们首先作一个常见的代换.

设 $x=\dfrac{a}{a+b+c}, y=\dfrac{b}{a+b+c}, z=\dfrac{c}{a+b+c}$,于是式(1)就改写为
$$xf(x^2+8yz)+yf(y^2+8zx)+zf(z^2+8xy) \geqslant 1,$$
其中 $f(t)=\dfrac{1}{\sqrt{t}}$. 由 f 的凸性以及 $x+y+z=1$ 知
$$xf(x^2+8yz)+yf(y^2+8zx)+zf(z^2+8xy)$$
$$\geqslant f(x(x^2+8yz)+y(y^2+8zx)+z(z^2+8xy)).$$
因为 $f(t)=\dfrac{1}{\sqrt{t}}$ 单调递减,并且 $f(1)=1$,所以只需证明
$$1 \geqslant x(x^2+8yz)+y(y^2+8zx)+z(z^2+8xy).$$
事实上,
$$(x+y+z)^3-x(x^2+8yz)-y(y^2+8zx)-z(z^2+8xy)$$
$$=3[x(y-z)^2+y(z-x)^2+z(x-y)^2] \geqslant 0.$$
综上可知式(1)成立.

对于式(1)我们还可以作以下代换:
设 $x=\dfrac{bc}{a^2}, y=\dfrac{ca}{b^2}, z=\dfrac{ab}{c^2}.$ 于是式(1)就变成了一个条件不等式:当正实数 x,y,z 满足 $xyz=1$ 时,我们有
$$\frac{1}{\sqrt{1+8x}}+\frac{1}{\sqrt{1+8y}}+\frac{1}{\sqrt{1+8z}} \geqslant 1.$$

例 2 证明:对于正实数 a,b,c,有
$$\sqrt{(a^2b+b^2c+c^2a)(ab^2+bc^2+ca^2)} \geqslant abc+\sqrt[3]{(a^3+abc)(b^3+abc)(c^3+abc)}. \tag{2}$$

证明 对式(2)的两边同时除以 abc,并设 $x=\dfrac{a}{b}$,$y=\dfrac{b}{c}$,$z=\dfrac{c}{a}$,得
$$\sqrt{(x+y+z)(xy+yz+zx)} \geqslant 1+\sqrt[3]{\left(\dfrac{x}{z}+1\right)\left(\dfrac{y}{x}+1\right)\left(\dfrac{z}{y}+1\right)}, \tag{3}$$

其中 $xyz=1$. 由 $xyz=1$ 得
$$\left(\dfrac{x}{z}+1\right)\left(\dfrac{y}{x}+1\right)\left(\dfrac{z}{y}+1\right) = \left(\dfrac{x+z}{z}\right)\left(\dfrac{y+x}{x}\right)\left(\dfrac{z+y}{y}\right)$$
$$= (z+x)(x+y)(y+z),$$
$$(x+y+z)(xy+yz+zx) = (x+y)(y+z)(z+x)+xyz$$
$$= (x+y)(y+z)(z+x)+1.$$

设 $p=\sqrt[3]{(x+y)(y+z)(z+x)}$,于是式(3)就改写为
$$\sqrt{p^3+1} \geqslant 1+p. \tag{4}$$

由算术平均-几何平均不等式,易知 $p\geqslant 2$,且 $(p^3+1)-(1+p)^2 = p(p+1)(p-2) \geqslant 0$,故式(4)成立.

例 3 证明:对于正实数 a,b,c,有
$$\dfrac{a}{b+c}+\dfrac{b}{c+a}+\dfrac{c}{a+b} \geqslant \dfrac{3}{2}. \tag{5}$$

证明 由式(5)的对称性,不妨设 $a+b+c=1$,其中 $0<a,b,c<1$. 于是
$$\sum_{\text{cyc}} \dfrac{a}{b+c} = \sum_{\text{cyc}} f(a) \geqslant \dfrac{3}{2}, \tag{6}$$

其中 $f(x)=\dfrac{x}{1-x}$. 由 $f(x)$ 在 $x\in(0,1)$ 上的凸性知
$$\dfrac{1}{3}\sum_{\text{cyc}} f(a) \geqslant f\left(\dfrac{a+b+c}{3}\right) = f\left(\dfrac{1}{3}\right) = \dfrac{1}{2},$$

即式(6)成立.

第三讲 齐次化与正规化

对于实数 $a_1, a_2, \cdots, a_n, b_1, b_2, \cdots, b_n$,我们有
$$(a_1^2 + a_2^2 + \cdots + a_n^2)(b_1^2 + b_2^2 + \cdots + b_n^2)$$
$$\geqslant (a_1 b_1 + a_2 b_2 + \cdots + a_n b_n)^2. \quad (7)$$

这就是著名的柯西不等式,它的证明前面已经提到过,这里不再赘述. 对柯西不等式的千变万化的应用是我们现在讨论的焦点.

对于式(7)我们有几个常用的表达形式.

对于正实数 $a_1, a_2, \cdots, a_n, b_1, b_2, \cdots, b_n$,我们有

$$\sqrt{(a_1 + a_2 + \cdots + a_n)(b_1 + b_2 + \cdots + b_n)}$$
$$\geqslant \sqrt{a_1 b_1} + \sqrt{a_2 b_2} + \cdots + \sqrt{a_n b_n},$$

$$\frac{a_1^2}{b_1} + \frac{a_2^2}{b_2} + \cdots + \frac{a_n^2}{b_n} \geqslant \frac{(a_1 + a_2 + \cdots + a_n)^2}{b_1 + b_2 + \cdots + b_n},$$

$$\frac{a_1}{b_1^2} + \frac{a_2}{b_2^2} + \cdots + \frac{a_n}{b_n^2} \geqslant \frac{1}{a_1 + a_2 + \cdots + a_n} \left(\frac{a_1}{b_1} + \frac{a_2}{b_2} + \cdots + \frac{a_n}{b_n} \right)^2,$$

$$\frac{a_1}{b_1} + \frac{a_2}{b_2} + \cdots + \frac{a_n}{b_n} \geqslant \frac{(a_1 + a_2 + \cdots + a_n)^2}{a_1 b_1 + a_2 b_2 + \cdots + a_n b_n}.$$

例4 设 $x, y, z > 1$,且满足 $\dfrac{1}{x} + \dfrac{1}{y} + \dfrac{1}{z} = 2$. 证明:
$$\sqrt{x+y+z} \geqslant \sqrt{x-1} + \sqrt{y-1} + \sqrt{z-1}.$$

证明 易知等式 $\dfrac{x-1}{x} + \dfrac{y-1}{y} + \dfrac{z-1}{z} = 1$,利用柯西不等式知

$$\sqrt{x+y+z} = \sqrt{(x+y+z)\left(\frac{x-1}{x} + \frac{y-1}{y} + \frac{z-1}{z} \right)}$$
$$\geqslant \sqrt{x-1} + \sqrt{y-1} + \sqrt{z-1}.$$

例5 证明:对于正实数 a, b, c,有

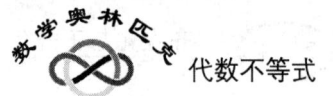

$$\frac{a}{b+c}+\frac{b}{c+a}+\frac{c}{a+b}\geqslant\frac{3}{2}. \tag{8}$$

证明 利用柯西不等式,我们有

$$((b+c)+(c+a)+(a+b))\left(\frac{1}{b+c}+\frac{1}{c+a}+\frac{1}{a+b}\right)\geqslant 3^2,$$

所以

$$\frac{a+b+c}{b+c}+\frac{a+b+c}{c+a}+\frac{a+b+c}{a+b}\geqslant\frac{9}{2},$$

所以式(8)成立.

例 6 证明:对于正实数 a,b,c,有

$$\sqrt{a^4+a^2b^2+b^4}+\sqrt{b^4+b^2c^2+c^4}+\sqrt{c^4+c^2a^2+a^4}$$
$$\geqslant a\sqrt{2a^2+bc}+b\sqrt{2b^2+ca}+c\sqrt{2c^2+ab}.$$

证明 利用柯西不等式及算术平均-几何平均不等式,可得

$$\sum_{\text{cyc}}\sqrt{a^4+a^2b^2+b^4}=\sum_{\text{cyc}}\sqrt{\left(a^4+\frac{a^2b^2}{2}\right)+\left(b^4+\frac{a^2b^2}{2}\right)}$$

$$\geqslant\frac{1}{\sqrt{2}}\sum_{\text{cyc}}\left(\sqrt{a^4+\frac{a^2b^2}{2}}+\sqrt{b^4+\frac{a^2b^2}{2}}\right)$$

$$=\frac{1}{\sqrt{2}}\sum_{\text{cyc}}\left(\sqrt{a^4+\frac{a^2b^2}{2}}+\sqrt{a^4+\frac{a^2c^2}{2}}\right)$$

$$\geqslant\sqrt{2}\sum_{\text{cyc}}\sqrt[4]{\left(a^4+\frac{a^2b^2}{2}\right)\left(a^4+\frac{a^2c^2}{2}\right)}$$

$$\geqslant\sqrt{2}\sum_{\text{cyc}}\sqrt{a^4+\frac{a^2bc}{2}}$$

$$=\sum_{\text{cyc}}\sqrt{2a^4+a^2bc}.$$

例 7 证明:对于正实数 a,b,c,有

$$\sqrt{(a^2b+b^2c+c^2a)(ab^2+bc^2+ca^2)}$$
$$\geqslant abc+\sqrt[3]{(a^3+abc)(b^3+abc)(c^3+abc)}.$$

证明 利用柯西不等式及算术平均-几何平均不等式,可得

$$\sqrt{(a^2b+b^2c+c^2a)(ab^2+bc^2+ca^2)}$$
$$=\frac{1}{2}\sqrt{[b(a^2+bc)+c(b^2+ca)+a(c^2+ab)][c(a^2+bc)+a(b^2+ca)+b(c^2+ab)]}$$
$$\geqslant \frac{1}{2}\left(\sqrt{bc}(a^2+bc)+\sqrt{ca}(b^2+ca)+\sqrt{ab}(c^2+ab)\right)$$
$$\geqslant \frac{3}{2}\sqrt[3]{\sqrt{bc}(a^2+bc)\cdot\sqrt{ca}(b^2+ca)\cdot\sqrt{ab}(c^2+ab)}$$
$$=\frac{1}{2}\sqrt[3]{(a^3+abc)(b^3+abc)(c^3+abc)}$$
$$+\sqrt[3]{(a^3+abc)(b^3+abc)(c^3+abc)}$$
$$\geqslant \frac{1}{2}\sqrt[3]{2\sqrt{a^3\cdot abc}\cdot 2\sqrt{b^3\cdot abc}\cdot 2\sqrt{c^3\cdot abc}}$$
$$+\sqrt[3]{(a^3+abc)(b^3+abc)(c^3+abc)}$$
$$=abc+\sqrt[3]{(a^3+abc)(b^3+abc)(c^3+abc)}.$$

例 8 设正实数 a,b,c 满足 $\dfrac{1}{a+b+1}+\dfrac{1}{b+c+1}+\dfrac{1}{c+a+1}\geqslant 1$. 证明：

$$a+b+c\geqslant ab+bc+ca. \tag{9}$$

证明 由柯西不等式知
$$(a+b+1)(a+b+c^2)\geqslant (a+b+c)^2,$$
即
$$\frac{1}{a+b+1}\leqslant \frac{c^2+a+b}{(a+b+c)^2},$$
所以
$$\frac{1}{a+b+1}+\frac{1}{b+c+1}+\frac{1}{c+a+1}\leqslant \frac{a^2+b^2+c^2+2(a+b+c)}{(a+b+c)^2}. \tag{10}$$

由 $\dfrac{1}{a+b+1}+\dfrac{1}{b+c+1}+\dfrac{1}{c+a+1}\geqslant 1$ 及式(10)知
$$a^2+b^2+c^2+2(a+b+c)\geqslant (a+b+c)^2,$$
即式(9)成立，当且仅当 $a=b=c=1$ 时等号成立.

例 9 设 $a_{ij}(i,j=1,2,\cdots,n)$ 是正实数. 证明:

$$(a_{11}^n+a_{12}^n+\cdots+a_{1n}^n)\cdot(a_{21}^n+a_{22}^n+\cdots+a_{2n}^n)\cdot\cdots\cdot(a_{n1}^n+a_{n2}^n+\cdots+a_{nn}^n)$$
$$\geqslant(a_{11}a_{21}\cdots a_{n1}+a_{12}a_{22}\cdots a_{n2}+\cdots+a_{1n}a_{2n}\cdots a_{nn})^n. \qquad (11)$$

证明 根据式(11)的齐次性,我们可以设

$$(a_{i1}^n+a_{i2}^n+\cdots+a_{in}^n)^{\frac{1}{n}}=1 \text{ 或者 } a_{i1}^n+a_{i2}^n+\cdots+a_{in}^n=1(i=1,2,\cdots,n),$$

于是我们只需要证明

$$a_{11}a_{21}\cdots a_{n1}+a_{12}a_{22}\cdots a_{n2}+\cdots+a_{1n}a_{2n}\cdots a_{nn}\leqslant 1. \qquad (12)$$

容易知道,

$$\sum_{i=1}^n a_{1i}a_{2i}\cdots a_{ni}\leqslant\sum_{i=1}^n\frac{a_{1i}^n+a_{2i}^n+\cdots+a_{ni}^n}{n}$$
$$=\sum_{i=1}^n\frac{a_{i1}^n+a_{i2}^n+\cdots+a_{in}^n}{n}=n\cdot\frac{1}{n}=1. \qquad (13)$$

例 10 设非负实数 x,y 满足 $x^2+y^3\geqslant x^3+y^4$. 证明:
$$x^3+y^3\leqslant 2. \qquad (14)$$

证明 利用柯西不等式及算术平均-几何平均不等式,可得

$$x^3+y^3\leqslant\sqrt{(x^3+y^4)(x^3+y^2)}\leqslant\sqrt{(x^2+y^3)(x^3+y^2)}$$
$$\leqslant\frac{x^2+y^3+x^3+y^2}{2},$$

所以
$$x^3+y^3\leqslant x^2+y^2. \qquad (15)$$

同理,由

$$x^2+y^2\leqslant\sqrt{(x^3+y^3)(x+y)}\leqslant\sqrt{(x^2+y^2)(x+y)}$$
$$\leqslant\frac{x^2+y^2+x+y}{2},$$

可得
$$x^2+y^2\leqslant x+y\leqslant\sqrt{2(x^2+y^2)}, \qquad (16)$$

所以 $x^2+y^2\leqslant 2$. 由式(15),(16)知式(14)成立.

点评

1. 由算术平均-几何平均不等式知
$$3x^2 \leqslant 2x^3+1, 4y^3 \leqslant 3y^4+1,$$
所以
$$x^3+y^3+3(x^2+y^3) \leqslant 2+3(x^3+y^4),$$
即式(14)成立.

2. 对于非负实数 x,y,
   若 $x+y^2 \geqslant x^2+y^3$, 则 $x^3+y^3 \leqslant 2$;
   若 $x^2+y^3 \geqslant x^3+y^4$, 则 $x^5+y^5 \leqslant 2$.

参见 http://www.mathlinks.ro/Forum/viewtopic.php?t=1012

http://www.mathlinks.ro/viewtopic.php?t=105686

http://www.mathoe.com/dispbbs.asp?boardID=55&ID=9555

http://forum.cnool.net/topic_show.jsp?id=4120653&thesisid=494&flag=topicl

例 11 设非负实数 x,y,z 满足 $xyz=1$. 证明:
$$\sqrt{4+9x^2}+\sqrt{4+9y^2}+\sqrt{4+9z^2} \leqslant \sqrt{13}(x+y+z).$$

证明 利用柯西不等式知
$$\sum_{cyc}\sqrt{4+9x^2} = \sum_{cyc}\sqrt{4\sqrt[3]{x^2y^2z^2}+9x^2} \equiv \sum_{cyc}\sqrt{4u^2v^2w^2+9u^6}$$
$$= \sum_{cyc} u\sqrt{4v^2w^2+9u^4} \leqslant \sqrt{\sum_{cyc} u^2}\sqrt{\sum_{cyc}(4v^2w^2+9u^4)}$$
$$\leqslant \sqrt{13}\sum_{cyc} u^3 \equiv \sqrt{13}\sum_{cyc} x.$$

事实上,
$$13\left(\sum_{cyc} u^3\right)^2 - \sum_{cyc} u^2 \sum_{cyc}(4v^2w^2+9u^4)$$
$$= 4\sum_{cyc} u^6 - 13\sum_{cyc} u^4(v^2+w^2) + 26\sum_{cyc} v^3w^3 - 12u^2v^2w^2$$

$$= 2\sum_{cyc}(v^6+w^6-v^4w^2-v^2w^4) - 11\sum_{cyc}(v^4w^2+v^2w^4-2v^3w^3)$$
$$+4\Big(\sum_{cyc}v^3w^3-3u^2v^2w^2\Big)$$
$$= 2\sum_{cyc}(v-w)^2(v+w)^2(v^2+w^2) - 11\sum_{cyc}v^2w^2(v-w)^2$$
$$+2\sum_{cyc}vw\sum_{cyc}u^2(v-w)^2$$
$$= \sum_{cyc}(v-w)^2\big[2v^4+4v^3w-7v^2w^2+4vw^3+2w^4$$
$$+2u^2(vw+wu+uv)\big]\geqslant 0,$$

所以式(17)成立.

> **点评** 1. 把条件 $xyz=1$ 改为 $2xyz+yz+zx+xy=5$,式(17)依旧成立.
>
> 2. 设非负实数 x,y,z 满足 $yz+zx+xy=3$,则当且仅当 $0\leqslant k\leqslant\dfrac{11}{16}$ 时有
>
> $$\sqrt{1+kx^2}+\sqrt{1+ky^2}+\sqrt{1+kz^2}\leqslant(x+y+z)\sqrt{1+k},$$
>
> 当 $x=0,y=z=\sqrt{3},k=\dfrac{11}{16}$ 时等号成立.
>
> 3. 式(17)等价于
>
> $$\sum_{cyc}\Big(\sqrt{4+9x^2}-\sqrt{13}x+\Big(\sqrt{13}-\dfrac{9}{\sqrt{13}}\Big)\ln(x)\Big)\leqslant 0.$$
>
> 令 $f(x)=\sqrt{4+9x^2}-\sqrt{13}x+\Big(\sqrt{13}-\dfrac{9}{\sqrt{13}}\Big)\cdot\ln x,$
>
> 因为 $f''(x)<0$ 且 $f'(1)=0$,可得式(17)成立.
>
> 参见 http://www.mathlinks.ro/Forum/viewtopic.php?t=165390
>
> http://www.mathlinks.ro/Forum/viewtopic.php?t=165627
>
> http://www.mathlinks.ro/Forum/viewtopic.php?t=3301
>
> http://www.mathlinks.ro/Forum/viewtopic.php?t=157600

第三讲 齐次化与正规化

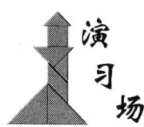

习 题 三

1. 对 $x_1, x_2, \cdots, x_n \geqslant 0$,证明:
$$(n-1)(x_1^n + x_2^n + \cdots x_n^n) + nx_1 x_2 \cdots x_n$$
$$\geqslant (x_1 + x_2 + \cdots + x_n)(x_1^{n-1} + x_2^{n-1} + \cdots x_n^{n-1}).$$

2. 对于正实数 x, y, z,证明:
$$\frac{xy}{z(z+x)} + \frac{yz}{x(x+y)} + \frac{zx}{y(y+z)} \geqslant \frac{x}{z+x} + \frac{y}{x+y} + \frac{z}{y+z}.$$

3. 设 $a, b, c \geqslant 1$,证明:
$$1 + \sqrt{\frac{bc+ca+ab}{3}} \geqslant \sqrt[3]{(1+a)(1+b)(1+c)}.$$

4. 设实数 x, y, z 满足 $yz + zx + xy = 1$. 证明:
$$\frac{1}{1+(2x-y)^2} + \frac{1}{1+(2y-z)^2} + \frac{1}{1+(2z-x)^2} < \frac{7}{3}.$$

5. 设 $0 < a_1 \leqslant \cdots \leqslant a_n$ 且 $0 < b_1 \leqslant \cdots \leqslant b_n$. 证明:
$$\frac{1}{4}\left(\sum_{k=1}^{n} a_k\right)^2 \left(\sum_{k=1}^{n} b_k\right)^2 > \left(\sum_{k=1}^{n} a_k^2\right)\left(\sum_{k=1}^{n} b_k^2\right) - \left(\sum_{k=1}^{n} a_k b_k\right)^2.$$

6. 设实数 $a_1, a_2, \cdots, a_n, b_1, b_2, \cdots, b_n$,且 $x \in [0, 1]$. 证明:
$$\left(\sum_{i=1}^{n} a_i^2 + 2x \sum_{i<j} a_i a_j\right)\left(\sum_{i=1}^{n} b_i^2 + 2x \sum_{i<j} b_i b_j\right) \geqslant \left(\sum_{i=1}^{n} a_i b_i + x \sum_{i \leqslant j} a_i b_j\right)^2.$$

7. 对于正实数 $a_1, a_2, \cdots, a_n, b_1, b_2, \cdots, b_n$,证明:
$$\sqrt{(a_1 + a_2 + \cdots + a_n)(b_1 + b_2 + \cdots + b_n)} \geqslant \sqrt{a_1 b_1} + \sqrt{a_2 b_2} + \cdots + \sqrt{a_n b_n}.$$

8. 对于正实数 $a_1, a_2, \cdots, a_n, b_1, b_2, \cdots, b_n$,证明:
$$\frac{a_1^2}{b_1} + \frac{a_2^2}{b_2} + \cdots + \frac{a_n^2}{b_n} \geqslant \frac{(a_1 + a_2 + \cdots + a_n)^2}{b_1 + b_2 + \cdots + b_n}.$$

9. 对于正实数 $a_1, a_2, \cdots, a_n, b_1, b_2, \cdots, b_n$,证明:
$$\frac{a_1}{b_1^2} + \frac{a_2}{b_2^2} + \cdots + \frac{a_n}{b_n^2} \geqslant \frac{1}{a_1 + a_2 + \cdots + a_n}\left(\frac{a_1}{b_1} + \frac{a_2}{b_2} + \cdots + \frac{a_n}{b_n}\right)^2.$$

10. 对于正实数 $a_1, a_2, \cdots, a_n, b_1, b_2, \cdots, b_n$,证明:

$$\frac{a_1}{b_1}+\frac{a_2}{b_2}+\cdots+\frac{a_n}{b_n}\geqslant\frac{(a_1+a_2+\cdots+a_n)^2}{a_1b_1+a_2b_2+\cdots+a_nb_n}.$$

11. 设 $a_1,a_2,\cdots,a_9,b_1,b_2,\cdots,b_9\in[1,2]$,且
$$a_1^2+a_2^2+\cdots+a_9^2=b_1^2+b_2^2+\cdots+b_9^2.$$
证明:
$$\sum_{m=1}^{9}\frac{a_m^3}{b_m}\leqslant\frac{5}{3}\sum_{m=1}^{9}a_m^2.$$

12. 设 $x+y+z=1,x,y,z>0$. 证明:
$$\frac{x}{\sqrt{1-x}}+\frac{y}{\sqrt{1-y}}+\frac{z}{\sqrt{1-z}}\geqslant\sqrt{\frac{3}{2}}.$$

13. 设 $a,b,c>0$. 证明:
$$\frac{a}{\sqrt{a^2+8bc}}+\frac{b}{\sqrt{b^2+8ca}}+\frac{c}{\sqrt{c^2+8ab}}\geqslant 1.$$

第四讲 数列中的不等式

数列不等式因其形式多样而成为当今数学竞赛的热点.

例1 $b_1=1$,对大于1的正整数 n,令 $b_n=b_{n-1}\cdot n^{f(n)}$,$f(n)=2^{1-n}$.
求证:对所有的正整数 n,$b_n<3$.

证明 当 $n=1$ 时,$b_1=1<3$.

当 $n=2$ 时,$b_2=b_1\cdot 2^{2^{1-2}}=2^{\frac{1}{2}}<3$,

当 $n=3$ 时,$b_3=b_2\cdot 3^{2^{1-3}}=2^{\frac{1}{2}}\cdot 3^{2^{1-3}}=2^{\frac{1}{2}}\cdot 3^{\frac{1}{4}}<3$,

当 $n=4$ 时,$b_4=b_3\cdot 4^{2^{1-4}}=2^{\frac{1}{2}}\cdot 3^{\frac{1}{4}}\cdot 4^{\frac{1}{8}}=2^{\frac{3}{4}}\cdot 3^{\frac{1}{4}}<3$,

所以,结论在 $n=1,2,3,4$ 时成立.

当 $n=5$ 时,$b_5=b_4\cdot 5^{2^{1-5}}=2^{\frac{3}{4}}\cdot 3^{\frac{1}{4}}\cdot 5^{\frac{1}{16}}<3\cdot 5^{-\frac{1}{8}}$,

假设对 $n=k\geqslant 5$ 时 $b_k<3\cdot k^{-\frac{1}{2^{k-2}}}$,

则 $b_{k+1}=b_k\cdot (k+1)^{\frac{1}{2^k}}<3\cdot k^{-\frac{1}{2^{k-2}}}\cdot (k+1)^{\frac{1}{2^k}}$.

下面需要证明 $k^{-\frac{1}{2^{k-2}}}(k+1)^{\frac{1}{2^k}}<(k+1)^{-\frac{1}{2^{k-1}}}$,

即 $(k+1)^{\frac{1}{2^k}+\frac{1}{2^{k-1}}}<k^{\frac{1}{2^{k-2}}}$,

从而等价于证明 $(k+1)^3<k^4$ $(k\geqslant 5)$,

此式不难证明.

点评 加强命题是数学归纳法最灵活的地方,在后面的题目中,这一方法的应用也很常见.

例 2 正数数列 $\{x_n\}$, $\{y_n\}$ 满足条件:对一切正整数 n,有
$$x_{n+2} = x_n + x_{n+1}^2, y_{n+2} = y_n^2 + y_{n+1},$$
且 x_1、x_2、y_1、y_2 都大于 1. 证明:存在正整数 n,使得 $x_n > y_n$.

证明 显然,从第二项开始数列递增:
$$x_{n+2} > x_{n+1}^2 > x_{n+1}, y_{n+2} > y_{n+1},$$
且每个数列从第三项开始各项都大于 2. 类似地,当 $n>3$ 时,有 $x_n>3$, $y_n>3$.

注意当 $n>1$ 时,$x_{n+2} > x_{n+1}^2 > x_n^4$.

另一方面,当 $n>3$ 时,
$$y_{n+2} = y_n^2 + y_{n+1} = y_n^2 + y_n + y_{n-1}^2 < 3y_n^2 < y_n^3.$$

这样当 $n>3$ 时,有
$$\frac{\lg x_{n+2}}{\lg y_{n+2}} > \frac{4\lg x_n}{3\lg y_n},$$

这推出
$$\frac{\lg x_{2k}}{\lg y_{2k}} > \left(\frac{4}{3}\right)^{k-1} \frac{\lg x_2}{\lg y_2}.$$

当 k 充分大时,最后不等式右边大于 1. 故 $x_{2k} > y_{2k}$.

例 3 $a_1, a_2, \cdots, a_{2002}$ 为非负整数,满足
$$a_i + a_j \leqslant a_{i+j} \leqslant a_i + a_j + 1, 1 \leqslant i, j \leqslant 2002, i+j \leqslant 2002.$$
证明:存在实数 x, $a_n = [nx], n=1,2,\cdots,2002$.

证明 记 $I_n = \left(\dfrac{a_n}{n}, \dfrac{a_n+1}{n}\right), n=1, 2, \cdots, 2002$. 若存在实数 $x \in \bigcap\limits_{n=1}^{2002} I_n$,则命题获证.

为此设 $L = \max\limits_{1 \leqslant n \leqslant 2002} \dfrac{a_n}{n}, U = \min\limits_{1 \leqslant n \leqslant 2002} \dfrac{a_n+1}{n}$. 欲证 $L<U$,即证明:对任意 $n, m \in \{1, 2, \cdots, 2002\}$,均有
$$\frac{a_n}{n} < \frac{a_m+1}{m}, \text{即 } ma_n < n(a_m+1). \tag{1}$$

我们通过对 $n+m$ 归纳来证明式(1).

当 $n=m=1$ 时,式(1)显然成立;设 $n+m \leqslant k$ 时,式(1)成立,则对

第四讲 数列中的不等式

$n+m=k+1$ 的情形,如果 $m=n$,则式(1)显然成立;如果 $m>n$,则由归纳假设有 $(m-n)a_n<n(a_{m-n}+1)$,由条件可知 $n(a_{m-n}+a_n)\leqslant na_m$,于是 $ma_n<n(a_m+1)$,式(1)成立;如果 $m<n$,由归纳假设得 $ma_{n-m}<(n-m)(a_m+1)$,而由条件得 $ma_n\leqslant m(a_m+a_{n-m}+1)$,两式相加得 $ma_n<n(a_m+1)$,亦有式(1)成立.

综上可知,对 $n,m\in\{1,2,\cdots,2002\}$,均有式(1)成立.

例 4 $a_0=\dfrac{1}{2}, a_{k+1}=a_k+\dfrac{1}{n}a_k^2 (k=0,1,2,\cdots), n$ 为一给定正整数. 求证:$1-\dfrac{1}{n+2}<a_n<1$.

证明 依题意,$0<a_k<a_{k+1} (k=0,1,2,\cdots)$,所以 $a_{k+1}<a_k+\dfrac{1}{n}a_k a_{k+1}$. 两边同时除以 $a_k a_{k+1}$,有 $\dfrac{1}{a_k}-\dfrac{1}{a_{k+1}}<\dfrac{1}{n}$,即 $\dfrac{1}{a_{k+1}}-\dfrac{1}{a_k}>-\dfrac{1}{n}$.

分别取 $k=0,1,\cdots,n-1$,并相加得:

$$\left(\dfrac{1}{a_n}-\dfrac{1}{a_{n-1}}\right)+\left(\dfrac{1}{a_{n-1}}-\dfrac{1}{a_{n-2}}\right)+\cdots+\left(\dfrac{1}{a_1}-\dfrac{1}{a_0}\right)>n\left(-\dfrac{1}{n}\right)=-1,$$

即 $\dfrac{1}{a_n}-\dfrac{1}{a_0}>-1$. 所以 $\dfrac{1}{a_n}>1$,即 $a_n<1$,且当 $1\leqslant k\leqslant n$ 时,$a_k<1$.

另一方面,$a_{k+1}<a_k+\dfrac{1}{n}a_k=\dfrac{1+n}{n}a_k$,所以 $a_k>\dfrac{n}{n+1}a_{k+1}$,故有

$$a_{k+1}>a_k+\dfrac{1}{n}\cdot a_k\cdot\dfrac{n}{n+1}\cdot a_{k+1}=a_k+\dfrac{1}{n+1}a_k a_{k+1}.$$

两边除以 $a_k a_{k+1}$,有 $\dfrac{1}{a_k}>\dfrac{1}{a_{k+1}}+\dfrac{1}{n+1}$,即 $\dfrac{1}{a_{k+1}}-\dfrac{1}{a_k}<-\dfrac{1}{n+1}$.

令 $k=0,1,\cdots,n-1$,相加得

$$\left(\dfrac{1}{a_n}-\dfrac{1}{a_{n-1}}\right)+\left(\dfrac{1}{a_{n-1}}-\dfrac{1}{a_{n-2}}\right)+\cdots+\left(\dfrac{1}{a_1}-\dfrac{1}{a_0}\right)<-\dfrac{n}{n+1},$$

即

$$\dfrac{1}{a_n}<2-\dfrac{n}{n+1}=\dfrac{n+2}{n+1},$$

所以

$$a_n>\dfrac{n+1}{n+2}=1-\dfrac{1}{n+2}.$$

例5 设两个正数列 $\{a_n\},\{b_n\}$ 满足:

(1) $a_0=1\geqslant a_1, a_n(b_{n-1}+b_{n+1})=a_{n-1}b_{n-1}+a_{n+1}b_{n+1}, n\geqslant 1$;

(2) $\sum\limits_{i=0}^{n}b_i\leqslant n^{\frac{3}{2}}, n\geqslant 1$.

求 $\{a_n\}$ 的通项.

解 由条件(1),有 $a_n-a_{n+1}=\dfrac{b_{n-1}}{b_{n+1}}(a_{n-1}-a_n)$,

故
$$a_n-a_{n+1}=\dfrac{b_0 b_1}{b_n b_{n+1}}(a_0-a_1). \qquad(2)$$

若 $a_1=a_0=1$,则 $a_n=1$. 下面讨论 $a_1<a_0=1$. 由式(2)可得

$$a_0>a_0-a_n=b_0 b_1(a_0-a_1)\sum_{k=0}^{n-1}\dfrac{1}{b_k b_{k+1}},$$

推出
$$\sum_{k=0}^{n}\dfrac{1}{b_k b_{k+1}}<\dfrac{a_0}{b_0 b_1(a_0-a_1)}. \qquad(3)$$

令 $x_n=\sqrt{b_n b_{n+1}}$,则

$$x_1+x_2+\cdots+x_n\leqslant \dfrac{b_1+b_2}{2}+\dfrac{b_2+b_3}{2}+\cdots+\dfrac{b_n+b_{n+1}}{2}$$

$$<b_1+b_2+\cdots+b_{n+1}\leqslant (n+1)^{\frac{3}{2}}\leqslant 4n^{\frac{3}{2}}.$$

对任意正整数 k,

$$\dfrac{k}{\dfrac{1}{x_{k+1}^2}+\dfrac{1}{x_{k+2}^2}+\cdots+\dfrac{1}{x_{2k}^2}}\leqslant \sqrt[k]{x_{k+1}^2 x_{k+2}^2 \cdots x_{2k}^2}\leqslant \left(\dfrac{x_{k+1}+x_{k+2}+\cdots+x_{2k}}{k}\right)^2$$

$$<\dfrac{(4(2k)^{\frac{3}{2}})^2}{k^2},$$

于是 $\dfrac{1}{x_{k+1}^2}+\dfrac{1}{x_{k+2}^2}+\cdots+\dfrac{1}{x_{2k}^2}\geqslant \dfrac{1}{2^7}$,故 $\sum\limits_{k=0}^{2^n}\dfrac{1}{b_k b_{k+1}}\geqslant \dfrac{n}{2^7}$,与式(3)矛盾. 因此 $a_n=1(n\geqslant 0)$.

例6 设 $b_1, b_2, \cdots, b_n$ 为 n 个正实数,且方程组

$$x_{k-1}-2x_k+x_{k+1}+b_k x_k=0, k=1,2,\cdots,n$$

有一组不全为零的实数解 $x_1, x_2, \cdots, x_n$. 这里 $x_0=x_{n+1}=0$.

求证：$b_1+b_2+\cdots+b_n \geqslant \dfrac{4}{n+1}$.

证明 由条件，记 $a_i = -b_i x_i$，则方程组可改写为
$$-2x_1 + x_2 = a_1,$$
$$x_1 - 2x_2 + x_3 = a_2,$$
$$x_2 - 2x_3 + x_4 = a_3,$$
$$\cdots$$
$$x_{n-1} - 2x_n = a_n,$$

从而，
$$a_1 + 2a_2 + \cdots + ka_k = -(k+1)x_k + kx_{k+1},$$
$$a_n + 2a_{n-1} + \cdots + (n-k)a_{k+1} = (n-k)x_k - (n-k+1)x_{k+1}.$$

上述式子两边消去 x_{k+1}，得
$$-(n+1)x_k = (n+1-k)(a_1 + 2a_2 + \cdots + ka_k)$$
$$+ k((n-k)a_{k+1} + \cdots + 2a_{n-1} + a_n).$$

注意右式中 a_k 系数最大，

而 $(n+1-k)k \leqslant \left(\dfrac{n+1}{2}\right)^2$，

所以有 $(n+1)|x_k| \leqslant \left(\dfrac{n+1}{2}\right)^2 (|a_1| + |a_2| + \cdots + |a_n|)$，即 $|x_k| \leqslant \dfrac{n+1}{4} \cdot (b_1|x_1| + b_2|x_2| + \cdots + b_n|x_n|)$. 我们取 k，使得 $|x_k| = \max\limits_{1 \leqslant i \leqslant n} |x_i| > 0$，就

有 $b_1 + b_2 + \cdots + b_n \geqslant \dfrac{4}{n+1}$.

例7 设有界数列 $\{a_n\}_{n \geqslant 1}$ 满足
$$a_n < \sum_{k=n}^{2n+2006} \dfrac{a_k}{k+1} + \dfrac{1}{2n+2007}, n=1,2,3,\cdots.$$

证明：
$$a_n < \dfrac{1}{n}, n=1,2,3,\cdots.$$

证明 设 $b_n = a_n - \dfrac{1}{n}$，则
$$b_n < \sum_{k=n}^{2n+2006} \dfrac{b_k}{k+1}, n \geqslant 1. \tag{4}$$

下证 $b_n < 0$. 因为 a_n 有界,故存在常数 M,使得 $b_n < M$. 当 n 充分大(比如大于 10^6)时,我们有

$$b_n < \sum_{k=n}^{2n+2006} \frac{b_k}{k+1}$$

$$< M \sum_{k=n}^{2n+2006} \frac{1}{k+1}$$

$$= M \sum_{k=n}^{\left[\frac{3n}{2}\right]-1} \frac{1}{k+1} + M \sum_{k=\left[\frac{3n}{2}\right]}^{2n+2006} \frac{1}{k+1}$$

$$< M \cdot \frac{1}{2} + M \cdot \frac{\frac{n}{2}+2006}{\frac{3n}{2}} < \frac{6}{7} M.$$

由此可以得到,对任意的正整数 m 有

$$b_n < \left(\frac{6}{7}\right)^m M.$$

于是有

$$b_n \leqslant 0, n \text{ 充分大}.$$

将其代入(4),得

$$b_n < 0, n \text{ 充分大}.$$

再次利用(4),可以得:如果当 $n \geqslant N+1$ 时 $b_n < 0$,则 $b_N < 0$. 这就推出

$$b_n < 0, n = 1, 2, 3, \cdots,$$

即

$$a_n < \frac{1}{n}, n = 1, 2, 3, \cdots.$$

例 8 给定实数 a 和正整数 n. 求证:

(1) 存在唯一的实数数列 $x_0, x_1, \cdots, x_n, x_{n+1}$,满足

$$\begin{cases} x_0 = x_{n+1} = 0, \\ \frac{1}{2}(x_{i+1} + x_{i-1}) = x_i + x_i^3 - a^3, i = 1, 2, \cdots, n; \end{cases}$$

(2) (1)中的数列 $x_0, x_1, \cdots, x_n, x_{n+1}$ 满足:

$|x_i| \leqslant |a|, i=0,1,\cdots,n+1.$

证明 (1) 存在性:由 $x_{i+1}=2x_i+2x_i^3-2a^3-x_{i-1}, i=1,2,\cdots,n,$ 及 $x_0=0$,知每一 x_i 是 x_1 的 3^{i-1} 次实系数多项式,从而 x_{n+1} 为 x_1 的 3^n 次实系数多项式. 由于 3^n 为奇数,故存在实数 x_1,使得 $x_{n+1}=0$. 由此 x_1 及 $x_0=0$,可计算出 x_i,如此得到的数列 $x_0,x_1,\cdots,x_{n+1}$ 满足所给条件.

唯一性:设 $w_0,w_1,\cdots,w_{n+1}$ 及 $v_0,v_1,\cdots,v_{n+1}$ 为满足条件的两个数列,则
$$\frac{1}{2}(w_{i+1}+w_{i-1})=w_i+w_i^3-a^3,$$
$$\frac{1}{2}(v_{i+1}+v_{i-1})=v_i+v_i^3-a^3.$$

因此,
$$\frac{1}{2}(w_{i+1}-v_{i+1}+w_{i-1}-v_{i-1})=(w_i-v_i)(1+w_i^2+w_iv_i+v_i^2).$$

设 $|w_{i_0}-v_{i_0}|$ 最大,则
$$|w_{i_0}-v_{i_0}| \leqslant |w_{i_0}-v_{i_0}|(1+w_{i_0}^2+w_{i_0}v_{i_0}+v_{i_0}^2)$$
$$\leqslant \frac{1}{2}|w_{i_0+1}-v_{i_0+1}|+\frac{1}{2}|w_{i_0-1}-v_{i_0-1}|$$
$$\leqslant |w_{i_0}-v_{i_0}|,$$

从而 $\quad |w_{i_0}-v_{i_0}|=0$ 或 $1+w_{i_0}^2+w_{i_0}v_{i_0}+v_{i_0}^2=1,$
即 $\quad |w_{i_0}-v_{i_0}|=0$ 或 $w_{i_0}^2+v_{i_0}^2+(w_{i_0}+v_{i_0})^2=0.$

所以 $|w_{i_0}-v_{i_0}|=0$ 总成立. 从而由 $|w_{i_0}-v_{i_0}|$ 的最大性,知所有 $|w_i-v_i|=0$,即 $w_i=v_i, i=1,2,\cdots,n$. 唯一性得证.

(2) 设 $|x_{i_0}|$ 最大,则
$$|x_{i_0}|+|x_{i_0}|^3 = |x_{i_0}|(1+x_{i_0}^2) = \left|\frac{1}{2}(x_{i_0+1}+x_{i_0-1})+a^3\right|$$
$$\leqslant \frac{1}{2}|x_{i_0+1}|+\frac{1}{2}|x_{i_0-1}|+|a|^3$$
$$\leqslant |x_{i_0}|+|a|^3,$$

因此 $|x_{i_0}| \leqslant |a|$. 所以 $|x_i| \leqslant |a|, i=0,1,\cdots,n+1.$

例9 设 n 是一个正整数,$a_1,a_2,\cdots,a_n,b_1,b_2,\cdots,b_n,c_2,c_3,\cdots,c_{2n}$ 是 $4n-1$ 个正实数,使得 $c_{i+j}^2 \geqslant a_i b_j$,$1 \leqslant i,j \leqslant n$. 令 $m = \max\limits_{2 \leqslant i \leqslant 2n} c_i$,证明:

$$\left(\frac{m+c_2+c_3+\cdots+c_{2n}}{2n}\right)^2$$
$$\geqslant \left(\frac{a_1+a_2+\cdots+a_n}{n}\right)\left(\frac{b_1+b_2+\cdots+b_n}{n}\right).$$

证明 令 $X = \max\limits_{1 \leqslant i \leqslant n} a_i$,$Y = \max\limits_{1 \leqslant i \leqslant n} b_i$,分别用 $a_i' = \dfrac{a_i}{X}$,$b_i' = \dfrac{b_i}{Y}$,$c_i' = \dfrac{c_i}{\sqrt{XY}}$ 代替 a_i,b_i,c_i,因此我们可以假设 $X = Y = 1$.

下面我们证明

$$m + c_2 + c_3 + \cdots + c_{2n} \geqslant a_1 + a_2 + \cdots + a_n + b_1 + b_2 + \cdots + b_n, \quad (5)$$

故 $\dfrac{m+c_2+c_3+\cdots+c_{2n}}{2n} \geqslant \dfrac{1}{2}\left(\dfrac{a_1+a_2+\cdots+a_n}{n} + \dfrac{b_1+b_2+\cdots+b_n}{n}\right).$

由算术平均-几何平均不等式即得所需结论.

我们将证明对任意 $r > 0$,式(5)中左边大于 r 的项不少于右边.

若 $r \geqslant 1$,则式(5)右边没有大于 1 的项.

若 $r < 1$,令

$$A = \{1 \leqslant i \leqslant n \mid a_i > r\}, a = |A|,$$
$$B = \{1 \leqslant i \leqslant n \mid b_i > r\}, b = |B|.$$

因为 $X = Y = 1$,所以 a 和 b 至少是 1. 又 $a_i > r, b_i > r$. 故 $c_{i+j} \geqslant \sqrt{a_i b_j} > r$. 所以

$$C = \{2 \leqslant i \leqslant 2n \mid c_i > r\} \supsetneq A + B = \{\alpha + \beta \mid \alpha \in A, \beta \in B\}.$$

因为若 $A = \{i_1, i_2, \cdots, i_a\}$,$B = \{j_1, j_2, \cdots, j_b\}$,$i_1 < i_2 < \cdots < i_a$,$j_1 < j_2 < \cdots < j_b$,则下面 $a+b-1$ 个数互不相同且属于 $A+B$:

$$i_1+j_1, i_1+j_2, \cdots, i_1+j_b, i_2+j_b, \cdots, i_a+j_b,$$

所以 $|C| \geqslant a+b-1$. 当然 $|C| \geqslant 1$. 所以对某个 $k, c_k > r$,从而 $m \geqslant c_k > r$.

所以在式(5)中左边至少有 $a+b$ 项大于 r,而右边只有 $a+b$ 项大于 r. 命题得证.

例10 已知数列 $\{a_n\}$ 满足条件 $a_1 = \dfrac{21}{16}$,

第四讲 数列中的不等式

$$2a_n - 3a_{n-1} = \frac{3}{2^{n-1}}, n \geq 2. \tag{6}$$

设 m 为正整数,$m \geq 2$. 证明:当 $n \leq m$ 时,有

$$\left(a_n + \frac{3}{2^{n+3}}\right)^{\frac{1}{m}} \left(m - \left(\frac{2}{3}\right)^{\frac{n(m-1)}{m}}\right) < \frac{m^2-1}{m-n+1}. \tag{7}$$

证明 由式(6)得 $2^n a_n = 3 \cdot 2^{n-1} a_{n-1} + \frac{3}{4}$,记 $b_n = 2^n a_n, n=1,2,\cdots$

$$b_n = 3b_{n-1} + \frac{3}{4}, b_n + \frac{3}{8} = 3\left(b_{n-1} + \frac{3}{8}\right).$$

因为 $b_1 = 2a_1 = \frac{21}{8}$,所以 $b_n + \frac{3}{8} = 3^{n-1}\left(b_1 + \frac{3}{8}\right) = 3^n$,故得 $a_n = \left(\frac{3}{2}\right)^n - \frac{3}{2^{n+3}}$. 因此,为证式(7),只需证明 $\left(\frac{3}{2}\right)^{\frac{n}{m}}\left(m - \left(\frac{3}{2}\right)^{\frac{n(m-1)}{m}}\right) < \frac{m^2-1}{m-n+1}$,

即证

$$\left(1 - \frac{n}{m+1}\right)\left(\frac{3}{2}\right)^{\frac{n}{m}}\left(m - \left(\frac{3}{2}\right)^{\frac{n(m-1)}{m}}\right) < m - 1. \tag{8}$$

首先估计 $1 - \frac{n}{m+1}$ 的上界. 由算术平均-几何平均不等式,可得

$$\left(1 - \frac{n}{m+1}\right)^m = \left(1 - \frac{n}{m+1}\right)^m \underbrace{\cdot 1 \cdot 1 \cdot \cdots \cdot 1}_{mn-m\uparrow 1}$$

$$< \left[\frac{m\left(1 - \frac{n}{m+1}\right) + mn - m}{mn}\right]^{mn}$$

$$= \left(\frac{m}{m+1}\right)^{mn}.$$

由于 $m \geq 2$,根据二项式定理,可得

$$\left(1 + \frac{1}{m}\right)^m \geq 1 + C_m^1 \cdot \frac{1}{m} + C_m^2 \cdot \frac{1}{m^2} = \frac{5}{2} - \frac{1}{2m} \geq \frac{9}{4},$$

所以 $\left(1 - \frac{n}{m+1}\right)^m < \left(\frac{4}{9}\right)^n$,即 $1 - \frac{n}{m+1} < \left(\frac{2}{3}\right)^{\frac{2n}{m}}$. 因此,欲证式(8),只需证

$$\left(\frac{2}{3}\right)^{\frac{n}{m}}\left(m - \left(\frac{2}{3}\right)^{\frac{n(m-1)}{m}}\right) < m - 1. \tag{9}$$

记 $\left(\dfrac{2}{3}\right)^{\frac{n}{m}}=t$,则 $0<t<1$,式(9)化为 $t(m-t^{m-1})<m-1$,
即 $(t-1)[m-(t^{m-1}+t^{m-2}+\cdots+1)]<0$,
此不等式显然成立,从而原不等式成立.

例 11 设 $a_0,a_1,a_2,\cdots$ 为任意无穷正实数数列. 求证:不等式 $1+a_n>\sqrt[n]{2}a_{n-1}$ 对无穷多个正整数 n 成立.

证明 假设 $1+a_n>\sqrt[n]{2}a_{n-1}$ 仅对有限个正整数成立. 设这些正整数中最大的一个为 M,则对任意的正整数 $n>M$,上述不等式均不成立,即有 $1+a_n\leqslant\sqrt[n]{2}a_{n-1}(n>M)$,也就是 $a_n\leqslant\sqrt[n]{2}a_{n-1}-1(n>M)$.
由伯努利不等式,即对任意整数 $n\geqslant 0$ 和任意实数 $x\geqslant -1$,有
$$(1+x)^n\geqslant 1+nx, \tag{10}$$
可得 $(1+nx)^{\frac{1}{n}}\leqslant 1+x$,于是
$$\sqrt[n]{2}=(1+1)^{\frac{1}{n}}\leqslant 1+\dfrac{1}{n}=\dfrac{n+1}{n}(n\geqslant 2),$$
可得 $a_n\leqslant\dfrac{n+1}{n}a_{n-1}-1(n>M)$.

下用数学归纳法证明
$$a_{M+n}\leqslant(M+n+1)\left(\dfrac{a_M}{M+1}-\dfrac{1}{M+2}-\cdots-\dfrac{1}{M+n+1}\right), \tag{11}$$
其中 n 是非负整数.

当 $n=0$ 时,左 = 右 = a_M,成立.

假设当 $n=k(k\in\mathbf{N}^*)$ 时也成立,即有 $a_{M+k}\leqslant(M+k+1)\left(\dfrac{a_M}{M+1}-\dfrac{1}{M+2}-\cdots-\dfrac{1}{M+k+1}\right)$. 于是得 $a_{M+k+1}\leqslant\dfrac{M+k+2}{M+k+1}a_{M+k}-1\leqslant\dfrac{M+k+2}{M+k+1}\cdot(M+k+1)\left(\dfrac{a_M}{M+1}-\dfrac{1}{M+2}-\cdots-\dfrac{1}{M+k+1}\right)-1=(M+k+2)\left(\dfrac{a_M}{M+1}-\dfrac{1}{M+2}-\cdots-\dfrac{1}{M+k+1}\right)-1=(M+k+2)\left(\dfrac{a_M}{M+1}-\dfrac{1}{M+2}-\cdots-\dfrac{1}{M+k+2}\right)$. 故由归纳假设知,在 $n=k+1$ 时,原不等式成立.

由于 $\lim\limits_{n\to\infty}\left(1+\dfrac{1}{2}+\cdots+\dfrac{1}{n}\right)=+\infty$,所以 $\lim\limits_{n\to\infty}\left(\left(1+\dfrac{1}{2}+\cdots+\dfrac{1}{n}\right)-\left(1+\dfrac{1}{2}+\cdots+\dfrac{1}{M+1}\right)\right)=+\infty$,即 $\lim\limits_{n\to\infty}\left(\dfrac{1}{M+2}+\dfrac{1}{M+3}+\cdots+\dfrac{1}{n}\right)=+\infty$.故存在正整数 N_0,满足 $\dfrac{1}{M+2}+\dfrac{1}{M+3}+\cdots+\dfrac{1}{N_0}>\dfrac{a_M}{M+1}$.在式 (11) 中取 $n=N_0-M-1$,得 $a_{N_0-1}<0$,矛盾.故原命题得证.

例 12 求最大的常数 $M>0$,使得对任意正整数 n,存在正实数数列 $a_1,a_2,\cdots,a_n$ 及 $b_1,b_2,\cdots,b_n$,满足:

(1) $\sum\limits_{k=1}^{n}b_k=1, 2b_k\geqslant b_{k-1}+b_{k+1}, k=2,3,\cdots,n-1$;

(2) $a_k^2\leqslant 1+\sum\limits_{i=1}^{k}a_ib_i, k=1,2,\cdots,n$,且 $a_n=M$.

证明 先证一个引理:$\max\limits_{1\leqslant k\leqslant n}a_k<2, \max\limits_{1\leqslant k\leqslant n}b_k<\dfrac{2}{n-1}$.

令 $L=\max\limits_{1\leqslant k\leqslant n}a_k$,则由(2)及 $\sum\limits_{k=1}^{n}b_k=1$ 得 $L^2\leqslant 1+L$,故 $L<2$.

记 $b_m=\max\limits_{1\leqslant k\leqslant n}b_k$,则由 $2b_k\geqslant b_{k-1}+b_{k+1}(k=2,3,\cdots,n-1)$,不难推出

$$b_k\geqslant\begin{cases}\dfrac{(k-1)b_m+(m-k)b_1}{m-1}, & 1\leqslant k\leqslant m,\\[2mm]\dfrac{(k-m)b_n+(n-k)b_m}{n-m}, & m\leqslant k\leqslant n.\end{cases}$$

因 $b_1>0$,故由上式得到

$$b_k>\begin{cases}\dfrac{k-1}{m-1}b_m, & 1\leqslant k\leqslant m,\\[2mm]\dfrac{n-k}{n-m}b_m, & m\leqslant k\leqslant n,\end{cases}$$

所以

$$1=\sum_{k=1}^{n}b_k=\sum_{k=1}^{m}b_k+\sum_{k=m+1}^{n}b_k>\dfrac{m}{2}b_m+\dfrac{n-m-1}{2}b_m=\dfrac{n-1}{2}b_m,$$

此即
$$b_m < \frac{2}{n-1},$$
引理得证.

令 $f_0=1, f_k=1+\sum_{i=1}^{k} a_i b_i, k=1,2,\cdots,n$, 则
$$f_k - f_{k-1} = a_k b_k.$$

由条件(2)知 $a_k^2 \leqslant f_k$, 即 $a_k \leqslant \sqrt{f_k}(k=1,\cdots,n)$. 又引理表明 $a_k<2(k=1,2,\cdots,n)$, 故由上式得
$$f_k - f_{k-1} < b_k \sqrt{f_k}, \text{ 及 } f_k - f_{k-1} < 2b_k.$$

现在我们有
$$\sqrt{f_k} - \sqrt{f_{k-1}} < b_k \cdot \frac{\sqrt{f_k}}{\sqrt{f_k}+\sqrt{f_{k-1}}}$$
$$= b_k\left(\frac{1}{2}+\frac{f_k-f_{k-1}}{2(\sqrt{f_k}+\sqrt{f_{k-1}})^2}\right) < b_k\left(\frac{1}{2}+\frac{2b_k}{2(\sqrt{f_k}+\sqrt{f_{k-1}})^2}\right)$$
$$< b_k\left(\frac{1}{2}+\frac{b_k}{4}\right) < b_k\left(\frac{1}{2}+\frac{1}{2(n-1)}\right).$$

对 k 从 1 到 n 求和, 得出
$$M = a_n \leqslant \sqrt{f_n} < \sqrt{f_0} + \sum_{k=1}^{n} b_k \cdot \left(\frac{1}{2}+\frac{1}{2(n-1)}\right)$$
$$= \frac{3}{2} + \frac{1}{2(n-1)},$$

由 n 的任意性, 得 $M_{\max} \leqslant \frac{3}{2}$.

$M=\frac{3}{2}$ 是能够取到的. 例如:
$$a_k = 1+\frac{k}{2n}, b_k=\frac{1}{n}, k=1,2,\cdots,n,$$
则 $a_k^2 = \left(1+\frac{k}{2n}\right)^2 \leqslant 1+\sum_{i=1}^{k}\frac{1}{n}\left(1+\frac{i}{2n}\right)$ 成立.

综上所述, M 的最大值为 $\frac{3}{2}$.

例 13 设 $0 < x_1 \leqslant \dfrac{x_2}{2} \leqslant \cdots \leqslant \dfrac{x_n}{n}, 0 < y_n \leqslant y_{n-1} \leqslant \cdots \leqslant y_1$. 证明:

$$\Big(\sum_{k=1}^n x_k y_k\Big)^2 \leqslant \Big(\sum_{k=1}^n y_k\Big)\Big(\sum_{k=1}^n \Big(x_k^2 - \frac{1}{4}x_k x_{k-1}\Big) y_k\Big), \quad (12)$$

其中 $x_0 = 0$.

证明 对 n 使用数学归纳法.

当 $n=1$ 时,式(12)为恒等式.

假设式(12)对 $n-1$ 成立,即

$$\Big(\sum_{k=1}^{n-1} x_k y_k\Big)^2 \leqslant \Big(\sum_{k=1}^{n-1} y_k\Big)\Big(\sum_{k=1}^{n-1} \Big(x_k^2 - \frac{1}{4}x_k x_{k-1}\Big) y_k\Big),$$

因此要证式(12),只需证明

$$\Big(\sum_{k=1}^n x_k y_k\Big)^2 - \Big(\sum_{k=1}^{n-1} x_k y_k\Big)^2$$
$$\leqslant \Big(\sum_{k=1}^n y_k\Big)\Big(\sum_{k=1}^n \Big(x_k^2 - \frac{1}{4}x_k x_{k-1}\Big) y_k\Big)$$
$$- \Big(\sum_{k=1}^{n-1} y_k\Big)\Big(\sum_{k=1}^{n-1} \Big(x_k^2 - \frac{1}{4}x_k x_{k-1}\Big) y_k\Big)$$
$$\Leftrightarrow \frac{1}{4}x_n x_{n-1} y_n + 2 x_n \Big(\sum_{k=1}^{n-1} x_k y_k\Big)$$
$$\leqslant \Big(x_n^2 - \frac{1}{4} x_n x_{n-1}\Big)\Big(\sum_{k=1}^{n-1} y_k\Big) + \sum_{k=1}^{n-1}\Big(x_k^2 - \frac{1}{4} x_k x_{k-1}\Big) y_k$$
$$\Leftrightarrow \frac{1}{4} x_n x_{n-1} y_n \leqslant \sum_{k=1}^{n-1} y_k \Big((x_n - x_k)^2 - \frac{1}{4} x_k x_{k-1} - \frac{1}{4} x_n x_{n-1}\Big). \quad (13)$$

记 $z_k = (x_n - x_k)^2 - \dfrac{1}{4} x_k x_{k-1} - \dfrac{1}{4} x_n x_{n-1}, 1 \leqslant k \leqslant n-1$.

由于 $0 < x_1 < x_2 < \cdots < x_n$,所以 $z_1 > z_2 > \cdots > z_{n-1}$. 由切比雪夫不等式,

$$\sum_{k=1}^{n-1} y_k z_k \geqslant \frac{1}{n-1}\Big(\sum_{k=1}^{n-1} y_k\Big)\Big(\sum_{k=1}^{n-1} z_k\Big),$$

因此要证式(13),只要证明

$$\frac{1}{4} x_n x_{n-1} y_n \leqslant \frac{1}{n-1}\Big(\sum_{k=1}^{n-1} y_k\Big)\Big(\sum_{k=1}^{n-1} z_k\Big).$$

又 $\dfrac{1}{n-1}\Big(\sum\limits_{k=1}^{n-1} y_k\Big) \geqslant y_n$,故只需证明 $\dfrac{1}{4} x_n x_{n-1} \leqslant \sum\limits_{k=1}^{n-1} z_k$,即

$$\frac{n}{4}x_n x_{n-1} + \frac{1}{4}\sum_{k=1}^{n-1} x_k x_{k-1} + 2\sum_{k=1}^{n-1} x_n x_k$$
$$\leqslant (n-1)x_n^2 + \sum_{k=1}^{n-1} x_k^2. \tag{14}$$

下面证明式(14).

事实上,对 $1 \leqslant k \leqslant n-1$,
$$2x_n x_k \leqslant \frac{n}{k}x_k^2 + \frac{k}{n}x_n^2 = x_k^2 + \frac{n-k}{k}x_k^2 + \frac{k}{n}x_n^2$$
$$\leqslant x_k^2 + \left(\frac{(n-k)k}{n^2} + \frac{k}{n}\right)x_n^2,$$

所以
$$2\sum_{k=1}^{n-1} x_n x_k \leqslant \sum_{k=1}^{n-1} x_k^2 + x_n^2 \sum_{k=1}^{n-1}\left(\frac{(n-k)k}{n^2} + \frac{k}{n}\right),$$

又 $\dfrac{n}{4}x_n x_{n-1} \leqslant \dfrac{n-1}{4}x_n^2$,而 $\dfrac{1}{4}\sum_{k=1}^{n-1} x_k x_{k-1} \leqslant x_n^2 \sum_{k=1}^{n-1}\dfrac{k(k-1)}{4n^2}$,所以

$$\frac{n}{4}x_n x_{n-1} + \frac{1}{4}\sum_{k=1}^{n-1} x_k x_{k-1} + 2\sum_{k=1}^{n-1} x_n x_k$$
$$\leqslant \sum_{k=1}^{n-1} x_k^2 + x_n^2\left[\frac{n-1}{4} + \sum_{k=1}^{n-1}\left(\frac{(n-k)k}{n^2}+\frac{k}{n}\right) + \sum_{k=1}^{n-1}\frac{k(k-1)}{4n^2}\right]$$
$$= \sum_{k=1}^{n-1} x_k^2 + (n-1)x_n^2,$$

从而式(14)成立. 原命题得证.

此题对不等式技巧及归纳法和求和等计算的熟练要求都较高.

习 题 四

1. 设 $0 < a < 1, a_1 = 1+a, a_n = a + \dfrac{1}{a_{n-1}} (n \geq 2)$. 求证:对一切正整数 $n, a_n > 1$.

2. 若数列 $\{a_n\}$ 满足对任意正整数 $n, a_n^2 \leq a_n - a_{n+1}$. 证明:$a_n < \dfrac{1}{n}$ $(n \geq 1)$.

3. 已知 $a_0 = \dfrac{1}{2}$,$a_n = a_{n-1} + \dfrac{a_{n-1}^2}{n^2} (n \geq 2)$. 证明:$\dfrac{n+1}{n+2} < a_n < 2$ $(n \geq 1)$.

4. 已知 $a_0 = 1, a_1 = 2, a_{n+1} = a_n + \dfrac{a_{n-1}}{1+a_{n-1}^2}, n \geq 1$. 求证:$52 < a_{1371} < 65$.

5. 已知 $a_1 = 1, b_1 = 2, a_{n+1} = \dfrac{1+a_n+a_nb_n}{b_n}, b_{n+1} = \dfrac{1+b_n+a_nb_n}{a_n}$. 证明:$a_{2008} < 5$.

6. 已知 $a_1 = 1, a_n = 1 - \dfrac{1}{4a_{n-1}}, b_n = \dfrac{2}{2a_n - 1}$.

(1) 求证:对 $n \geq 1$,有 $\dfrac{1}{2} < a_n \leq 1$;

(2) 求 $\lim\limits_{n \to +\infty} \dfrac{a_n}{b_n}$.

7. 已知 $x_1 = 2, x_{n+1} = \dfrac{x_n^4 + 1}{5x_n}$. 证明:对 $n \geq 1, \dfrac{1}{5} \leq x_n \leq 2$.

8. 已知 $a_1 = 1, a_{n+1} = \dfrac{a_n}{n} + \dfrac{n}{a_n}$. 证明 $n \geq 4$ 时,$\sqrt{n} < a_n < \sqrt{n+1}$.

9. 设 $\{a_n\}$ 为正整数数列,定义为

$$a_{n+1} = \begin{cases} \dfrac{a_n}{5}, & 5 \mid a_n, \\ [\sqrt{5a_n}], & 5 \nmid a_n. \end{cases}$$

求证:自某项起 a_n 递增.

10. 已知 $a_1=\dfrac{1}{2}, a_{k+1}=-a_k+\dfrac{1}{2-a_k}, k\geq 1.$

证明:$\left[\dfrac{n}{2\sum_{i=1}^{n} a_i}-1\right]^n \leq \left(\dfrac{1}{n}\sum_{i=1}^{n} a_i\right)^n \prod_{i=1}^{n}\left(\dfrac{1}{a_i}-1\right).$

11. 已知 $a_1=2, a_{n+1}=\dfrac{a_n}{2}+\dfrac{1}{a_n}.$ 证明:$1<a_n<\dfrac{3}{2}+\dfrac{1}{n}.$

12. 若 $1=a_0\leq a_1\leq \cdots\leq a_n\leq \cdots, b_n=\sum_{k=1}^{n}\left(1-\dfrac{a_{k-1}}{a_k}\right)\dfrac{1}{\sqrt{a_k}}, n\geq 1.$ 证明:$0\leq b_n\leq 2.$

13. 已知 $a_1=\dfrac{1}{2}, a_{n+1}=\dfrac{a_n^2}{a_n^2-a_n+1}.$ 证明:$\sum_{k=1}^{n} a_k<1.$

14. 已知 $a_1=\dfrac{1}{2008}, a_n^2-2a_n+2a_{n-1}=0.$ 证明:

(1) $0<a_n\leq \dfrac{1}{2}(n=1,2,\cdots,m-1)$;

(2) $\sum_{i=1}^{m}\dfrac{1}{2-a_i}<2008.$

15. $\{a_n\}$ 满足 $a_{n+1}=\dfrac{1}{2}a_n^2-a_n+2(n\geq 1).$ 证明:

(1) 若 $a_1=4$,则 $a_{n+1}\geq \left(\dfrac{3}{2}\right)^n \cdot a_n$;

(2) 若 $a_1=1$,则当 $n\geq 5$ 时,$\sum_{k=1}^{n}\dfrac{1}{a_k}<n-1.$

16. 设 $a>2, x_1=a, x_{n+1}=\dfrac{x_n^2}{2(x_n-1)}.$ 求证:

(1) $x_n>2, x_{n+1}<x_n$;

(2) 若 $a\leq 3$,则 $x_n<2+\dfrac{1}{2^{n-1}}.$

17. $y=\dfrac{x^2-x+n}{x^2+x+1}$($n$ 为正整数)的最小值为 a_n,最大值为 b_n,且 $c_n=\dfrac{n}{4}(1+3a_nb_n).$ 求证:

$$\frac{3}{2}-\frac{1}{n+1}<\sum_{k=1}^{n}\frac{1}{c_k}<2-\frac{1}{n}(n\geqslant 2).$$

18. 是否存在数 $\alpha(0<\alpha<1)$,使得有一无穷正数列 $\{a_n\}$,满足 $1+a_{n+1}\leqslant\left(1+\frac{\alpha}{n}\right)a_n$?

19. 已知 $a_1=1, a_{n+1}=a_n+2n, b_1=1, b_{n+1}=b_n+\frac{b_n^2}{n}$. 证明:

$$\frac{1}{2}\leqslant\sum_{k=1}^{n}\frac{1}{\sqrt{a_{k+1}b_k+ka_{k+1}-b_k-k}}<1.$$

20. 已知 $a_0=\frac{\sqrt{2}}{2}, a_{n+1}=\frac{\sqrt{2}}{2}\sqrt{1-\sqrt{1-a_n^2}}, n\geqslant 0$. $b_0=1, b_{n+1}=\frac{\sqrt{1+b_n^2}-1}{b_n}, n\geqslant 0$. 求证:对每个 $n\geqslant 0, 2^{n+2}a_n<\pi<2^{n+2}b_n$.

21. 已知 $a_1=1, a_{n+1}=\sqrt{a_n^2+\frac{1}{a_n}}, n\geqslant 1$. 证明:存在正数 α,使对任意 $n\geqslant 1, \frac{1}{2}\leqslant\frac{a_n}{n^\alpha}\leqslant 2$. (其实可进一步研究 $\lim\limits_{n\to+\infty}\frac{a_n}{n^\alpha}$).

22. 若 $x_1, x_2, \cdots$ 为正数,$x_n^n=\sum_{j=0}^{n-1}x_n^j$. 证明:

$$2-\frac{1}{2^{n-1}}\leqslant x_n<2-\frac{1}{2^n}.$$

23. 已知 $S_n=a_1+a_2+\cdots+a_n, a_n+2S_nS_{n-1}=0(n\geqslant 2), a_1=\frac{1}{2}, b_n=2(1-n)a_n(n\geqslant 2)$. 求证:$\sum_{i=2}^{n}b_i^2<1$.

24. 设 a_n 是 $x^3+\frac{x}{n}=1$ 的实根. 求证:

(1) $a_{n+1}>a_n$;

(2) $\sum_{i=1}^{n}\frac{1}{(i+1)^2 a_i}<a_n$.

25. 已知 $r_1=2, r_n=r_{n-1}^2-r_{n-1}+1$. 若正整数 $a_1, a_2, \cdots, a_n$ 满足 $\sum_{i=1}^{n}\frac{1}{a_i}<1$,求证:$\sum_{i=1}^{n}\frac{1}{a_i}\leqslant\sum_{i=1}^{n}\frac{1}{r_i}$.

26. 实数 $x_1 \leqslant x_2 \leqslant \cdots \leqslant x_n, y_1 \geqslant y_2 \geqslant \cdots \geqslant y_n$ 满足 $\sum_{i=1}^{n} ix_i = \sum_{i=1}^{n} iy_i$. 证明：对任意实数 α，有 $\sum_{i=1}^{n} x_i[i\alpha] \geqslant \sum_{i=1}^{n} y_i[i\alpha]$.

27. 已知 $f(x) = \dfrac{1}{\sqrt{x^2-4}} (x > 2)$，$f^{-1}(x)$ 是其反函数.

(1) 若数列 $\{a_n\}$ 满足 $a_1 = 1, a_{n+1} = \dfrac{1}{f^{-1}(a_n)}$，求 $\{a_n\}$；

(2) 设 $S_n = a_1^2 + a_2^2 + \cdots + a_n^2, b_n = S_{2n+1} - S_n$，问：是否存在一个最大的正整数 p，使对一切 n，有 $b_n < \dfrac{1}{p}$ 成立？

28. 正实数列 $\{x_n\}$ 满足 $x_{n+1} = \sum_{k=1}^{n} x_k$. 证明：

$$\sqrt{x_{n+1} \sum_{i=1}^{n}(x_{n+1}-x_i)} \geqslant \sum_{i=1}^{n} \sqrt{x_i(x_{n+1}-x_i)}.$$

29. 若 $a_1, a_2, \cdots, a_n; b_1, b_2, \cdots, b_n$ 满足

(1) $\sum_{i=1}^{n} a_i = \sum_{i=1}^{n} b_i$；

(2) $0 < a_1 \leqslant a_2, a_i + a_{i+1} = a_{i+2} (i = 1, 2, \cdots, n-2)$；

(3) $0 < b_1 \leqslant b_2, b_i + b_{i+1} = b_{i+2} (i = 1, 2, \cdots, n-2)$.

证明：$a_{n-1} + a_n \leqslant b_{n-1} + b_n$.

30. 非负数列 $\{a_i\}$ 满足对任意正整数 m, n，有 $a_{m+n} \leqslant a_m + a_n$. 证明：对任意 $n \geqslant m$，有 $a_n \leqslant ma_1 + \left(\dfrac{n}{m}-1\right)a_m$.

31. 求所有实数 a_0，使满足 $a_{n+1} = 2^n - 3a_n$ 的数列 $\{a_n\}$ 是递增的.

32. 设 $\{a_n\}$ 为一无穷正数数列. 若对任意 $i, a_i \leqslant m$，且对任意正整数 $i, j (i \neq j), |a_i - a_j| \geqslant \dfrac{1}{i+j}$. 求证：$m \geqslant 1$.

33. 设 $\sum_{k=1}^{2000} |x_k - x_{k+1}| = 2001, y_k = \dfrac{1}{k} \sum_{i=1}^{n} x_i, k = 1, 2, \cdots, 2001$. 求 $\max \sum_{k=1}^{2000} |y_k - y_{k+1}|$.

34. 构造一无穷有界数列 $x_0, x_1, \cdots, x_n, \cdots$，使对每一对非负整数

$i \neq j, |x_i - x_j| \geqslant \dfrac{1}{|i-j|}$.

35. 设函数 $f: \mathbf{N}^* \to \mathbf{R}$ 满足对任意 $m, n \in \mathbf{N}^*$,有 $|f(m) + f(n) - f(m+n)| \leqslant mn$. 求证:对任意 $n \in \mathbf{N}^*$,都有 $\left| f(n) - \sum\limits_{k=1}^{n} \dfrac{f(k)}{k} \right| \leqslant \dfrac{n(n-1)}{4}$.

第五讲 凸函数及一些复杂不等式

§5.1 凸 函 数

詹生(Jensen)凸函数

在某一区间中满足

$$\varphi\left(\frac{x+y}{2}\right) \leqslant \frac{\varphi(x)+\varphi(y)}{2} \tag{1}$$

的函数称为在该区间内是**凸**的. 若 $-\varphi$ 为凸的,则 φ 即为**凹**的. 我们也可以在一个开区间内来定义凸性和凹性. 最好容许函数在区间的端点可以取无限值. 因为显而易见,若区间为有限,则这样的值对凸函数必为正,对凹函数必为负.

凸函数论的基础是由詹生奠定的. 在几何上,式(1)即表示曲线 $y=\varphi(x)$ 的任一条弦的中点必在该曲线的上方或在该曲线上;这里的曲线是指任一图形,不一定为连续的. 不等式

$$\varphi(\lambda x+(1-\lambda)) \leqslant \lambda\varphi(x)+(1-\lambda)\varphi(y) \tag{2}$$

(对于所有的 $\lambda \in [0,1]$)说明整条弦皆在曲线的上方或在曲线上. 从几何直观可以看出,当曲线为连续时,从最弱的条件(1)也可以推出较强的条件(2). 而且将看到,通过我们的分析,还可得出更多的东西. 我们还可以取式(2)来作为对凸性的定义,但我们还是依照詹生从最弱的定义出发. 最自然的定义或许是式(2),只是若将假设尽可能减少,在逻辑上更令人感兴趣.

虽然在詹生之前,赫尔德(Hölder)、斯托尔兹(Stolz)和阿达马

(Hadamard)等人已讨论过有关凸函数的结果,但是詹生是第一个注意到其重要性的人.我们在这里引用他的一句被公认为正确的话:"我觉得凸函数的概念和正函数、增函数一样也是非常基本的.如果这一点我没有弄错的话,这个概念应当在实变函数的基本理论中占有自己的位置."

例1 (连续凸函数)

证明:若 φ 为连续,则对于任意非负实数 $q_1, q_2, \cdots, q_n, q_1 + q_2 + \cdots + q_n = 1$,

$$\varphi\left(\sum q_i x_i\right) \leqslant \sum q_i \varphi(x_i) \tag{3}$$

与式(1)等价.

证明 若 $\varphi(x)$ 满足式(1),则有

$$4\varphi\left(\frac{x_1+x_2+x_3+x_4}{4}\right) \leqslant 2\varphi\left(\frac{x_1+x_2}{2}\right) + 2\varphi\left(\frac{x_3+x_4}{2}\right)$$
$$\leqslant \varphi(x_1) + \varphi(x_2) + \varphi(x_3) + \varphi(x_4)$$

等等.于是我们就证明了对一列特别的 n,即 $n=2^m$,有

$$\varphi\left(\frac{x_1+x_2+\cdots+x_n}{n}\right) \leqslant \frac{\varphi(x_1)+\varphi(x_2)+\cdots+\varphi(x_n)}{n}. \tag{4}$$

要证明式(4)普遍成立,只须证明若它对 n 成立,则它对 $n-1$ 也成立.(在这里我们使用了反向归纳法.关于更直接地按照柯西的证法所作出的证明,可参考詹生的相关文章.)于是假定式(4)对 n 个数已成立,现在考虑 $n-1$ 个数 $x_1, x_2, \cdots, x_{n-1}$.取 x_n 为此 $n-1$ 个数的(具有相等权的)算术平均值,并运用式(4),即得

$$\varphi(A) = \varphi\left(\frac{(n-1)A+A}{n}\right) = \varphi\left(\frac{x_1+x_2+\cdots+x_{n-1}+A}{n}\right)$$
$$\leqslant \frac{\varphi(x_1)+\varphi(x_2)+\cdots+\varphi(x_{n-1})+\varphi(A)}{n},$$

因而有

$$\varphi(A) \leqslant \frac{\varphi(x_1)+\varphi(x_2)+\cdots+\varphi(x_{n-1})}{n-1}.$$

其次，对非负有理数 $r_1, r_2, \cdots, r_n, r_1 + r_2 + \cdots + r_n = 1$，存在一个自然数 m 和非负整数 $p_1, p_2, \cdots, p_n$，使 $m = p_1 + p_2 + \cdots + p_n$，并且 $r_i = \dfrac{p_i}{m}$ ($i = 1, 2, \cdots, n$). 现在，根据式(4)，我们有

$$\varphi\left(\frac{p_1 x_1 + p_2 x_2 + \cdots + p_n x_n}{m}\right) \leqslant \frac{p_1 \varphi(x_1) + p_2 \varphi(x_2) + \cdots + p_n \varphi(x_n)}{m},$$

于是 $\varphi(\sum r_i x_i) \leqslant \sum r_i \varphi(x_i)$.

最后，我们将有理数的近似值 r_i 代入各 p_i，然后取极限即可得式(3).

李雅普诺夫(Liapounoff)不等式

若 $s = \dfrac{1}{2}(r + t)$，则由柯西不等式，可得

$$\left(\sum_i x_i^s\right)^2 \leqslant \left(\sum_i x_i^r\right)\left(\sum_i x_i^t\right),$$

或

$$\ln\left(\sum_i x_i^s\right) \leqslant \frac{1}{2}\left(\ln\left(\sum_i x_i^r\right) + \ln\left(\sum_i x_i^t\right)\right).$$

换言之，$\ln(\sum_i x_i^r)$ 是 r 的一个凸函数. 借助詹生不等式，我们可得：当 $0 < r < s < t$ 时，有

$$\ln\left(\sum_i x_i^s\right) \leqslant \frac{t-s}{t-r} \ln\left(\sum_i x_i^r\right) + \frac{s-r}{t-r} \ln\left(\sum_i x_i^t\right),$$

由此即得李雅普诺夫不等式：

$$M_s^s \leqslant (M_r^r)^{\frac{t-s}{t-r}} (M_t^t)^{\frac{s-r}{t-r}}.$$

各基本不等式中的等号

现假定 $\varphi(x)$ 为连续，且为凸函数，再来考虑式(1)，式(2)，式(3)中的等号何时出现.

假定 $x_1 < x_3 < x_2, x_3 = q_1 x_1 + q_2 x_2$，且 $P_1, P_2, \cdots$ 是曲线 $y = \varphi(x)$

上与 $x_1, x_2, \cdots$ 相应的点. 若 $\varphi(x)$ 在 (x_1, x_2) 内不是线性的,则在 (x_1, x_2) 中必存在一点 x_4,使得 P_4 处在直线 $P_1 P_2$ 之下. 今设 x_4 在 (x_1, x_3) 内,于是 x_3 就在 (x_4, x_2) 内,P_3 在直线 $P_4 P_2$ 上或在它的下面,因而位于直线 $P_1 P_2$ 之下. 于是,式(2)中的不等号成立. 由此可知,式(2)中的等号只当 $\varphi(x)$ 在 (x_1, x_2) 内为线性时才能出现.

这一结论很容易推广到一般性不等式(3)上去. 比如说,假设当 $n=3$ 时等号出现,又设 $x_1 < x_2 < x_3$,则在不等式

$$\begin{aligned}
& \varphi(q_1 x_1 + q_2 x_2 + q_3 x_3) \\
=& \varphi\left(q_1 x_1 + (q_2 + q_3) \frac{q_2 x_2 + q_3 x_3}{q_2 + q_3}\right) \\
\leqslant & q_1 \varphi(x_1) + (q_2 + q_3) \varphi\left(\frac{q_2 x_2 + q_3 x_3}{q_2 + q_3}\right) \\
\leqslant & q_1 \varphi(x_1) + (q_2 + q_3) \frac{q_2 \varphi(x_2) + q_3 \varphi(x_3)}{q_2 + q_3} \\
=& q_1 \varphi(x_1) + q_2 \varphi(x_2) + q_3 \varphi(x_3)
\end{aligned}$$

中所有的不等号都化为等号时,$\varphi(x)$ 在区间

$$\left(x_1, \frac{q_2 x_2 + q_3 x_3}{x_2 + x_3}\right), (x_2, x_3)$$

内必为线性,故在 (x_1, x_3) 内也为线性.

由此我们证明了:若 $\varphi(x)$ 为连续且凸,则

$$\varphi\left(\sum_i q_i x_i\right) < \sum_i q_i \varphi(x_i), \tag{5}$$

除非满足:(i)所有 x_i 皆相等,或(ii)$\varphi(x)$ 在包含所有 x_i 的某个区间内为线性.

若对于每一对不相等的 x, y,都有

$$\varphi\left(\frac{x+y}{2}\right) < \frac{1}{2}(\varphi(x) + \varphi(y)),$$

则称 $\varphi(x)$ 为**严格凸的**. 因为严格凸函数在任何区域内不可能为线性,故任何这类函数若为连续,必满足式(5),除非所有的 x_i 皆相等.

例 2 (二次可微的凸函数)我们现在来讨论詹生凸函数的一个特

别重要的子类,即具有二次导数的凸函数类.

设 $\varphi(x)$ 在开区间 (H,K) 中具有二次导数 $\varphi''(x)$. 证明 $\varphi(x)$ 在该区间内为一凸函数的充要条件是 $\varphi''(x) \geqslant 0$.

证明 (i) 先证必要性. 在式(1)中,令 $x=t+h, y=t-h$, 并假定 $h>0$, 因而 $x>y$, 则对于所有使得 $t+h, t-h, t$ 属于所说的区间内的 t 和 h, 都有

$$\varphi(t+h)+\varphi(t-h)-2\varphi(t) \geqslant 0. \tag{6}$$

今设 $\varphi''(t)<0$, 则有正数 δ 和 u, 使得当 $0<u\leqslant h$ 时, 有

$$\varphi'(t+u)+\varphi'(t-u)<-\delta u.$$

将此不等式两边从 $u=0$ 到 $u=h$ 取积分, 则得

$$\varphi(t+h)+\varphi(t-h)<-\frac{1}{2}\delta h^2,$$

与式(6)相矛盾.

(ii) 再证充分性. 我们现证明 φ 满足式(3). 事实上, 若 $X=\sum q_i x_i$, 则对 X 与 x_v 间的某一 ξ_v, 有

$$\varphi(x_v)=\varphi(X)+(x_v-X)\varphi'(X)+\frac{1}{2}(x_v-X)^2\varphi''(\xi_v),$$

因而有

$$\sum q_i \varphi(x_i) \geqslant \varphi(X)=\varphi\left(\sum_i q_i x_i\right).$$

若 $\varphi''(x)>0$, 则等号只当 x_i 都等于 X 时成立. 于是我们就证明了赫尔德定理:若 $\varphi''(x)>0$, 则 $\varphi(x)$ 满足式(5), 除非所有的 x_i 都相等.

(二次可微凸函数性质的应用)

设 $\varphi(x)=\ln\left(\dfrac{x}{1-x}\right)$, 其中 $0<x<\dfrac{1}{2}$. 则

$$\varphi'(x)=\frac{1}{x-x^2}, \varphi''(x)=\frac{2x-1}{(x^2-x)^2}<0.$$

运用赫尔德定理,可得:若 $0<x_i\leqslant\dfrac{1}{2}, p_i>0$, 则

第五讲 凸函数及一些复杂不等式

$$\ln \frac{\dfrac{p_1 x_1 + p_2 x_2 + \cdots + p_n x_n}{p_1 + p_2 + \cdots + p_n}}{1 - \dfrac{p_1 x_1 + p_2 x_2 + \cdots + p_n x_n}{p_1 + p_2 + \cdots + p_n}}$$

$$\geqslant \frac{p_1 \ln \dfrac{x_1}{1-x_1} + p_2 \ln \dfrac{x_2}{1-x_2} + \cdots + p_n \ln \dfrac{x_n}{1-x_n}}{p_1 + p_2 + \cdots + p_n},$$

或

$$\left(\frac{p_1 x_1 + p_2 x_2 + \cdots + p_n x_n}{p_1(1-x_1) + p_2(1-x_2) + \cdots + p_n(1-x_n)} \right)^{p_1 + p_2 + \cdots + p_n}$$

$$\geqslant \left(\frac{x_1}{1-x_1} \right)^{p_1} \cdot \left(\frac{x_2}{1-x_2} \right)^{p_2} \cdot \cdots \cdot \left(\frac{x_n}{1-x_n} \right)^{p_n}.$$

这是樊㘗不等式的加权推广. 鉴于由等权式(4)来推导加权式(3)这一方法,上述推广属于"渗水推广".

§5.2 赫尔德不等式

由关于连续凸函数的知识介绍,我们知道:对

$$\frac{1}{p}+\frac{1}{q}=1, p>1, 有\ a^{\frac{1}{p}}b^{\frac{1}{q}} \leqslant \frac{a}{p}+\frac{b}{q}. \tag{1}$$

若对 $i=1,2,\cdots,n$ 逐次设

$$a=\frac{x_i^p}{X}, X=\sum_{i=1}^n x_i^p; b=\frac{y_i^q}{Y}, Y=\sum_{i=1}^n y_i^q,$$

并求和,则得

$$\frac{\sum_{i=1}^n x_i y_i}{X^{\frac{1}{p}} Y^{\frac{1}{q}}} \leqslant \frac{1}{p}\cdot\frac{\sum_{i=1}^n x_i^p}{X}+\frac{1}{q}\cdot\frac{\sum_{i=1}^n y_i^q}{Y}=1,$$

当且仅当 x_i^p 和 y_i^q 成比例时等号成立. 于是,我们建立了经典的赫尔德(Hölder)不等式:

若 $x_i, y_i > 0, p>1, \frac{1}{p}+\frac{1}{q}=1$,则

$$\sum_{i=1}^n x_i y_i \leqslant \left(\sum_{i=1}^n x_i^p\right)^{\frac{1}{p}} \left(\sum_{i=1}^n y_i^q\right)^{\frac{1}{q}}, \tag{2}$$

当且仅当 x_i^p 和 y_i^q 成比例时等号成立.

柯西不等式为 $p=q=2$ 时的特殊情形.

若 $p<0$ 或 $q<0$,则式(1)至式(2)中的不等号反向. 事实上,不妨设 $q<0$,则 $0<p=\frac{q}{q-1}<1$,由式(1)得

$$a^{\frac{1}{p}} b^{\frac{1}{q}} - \frac{b}{q} = \frac{1}{p}(p a^{\frac{1}{p}} b^{\frac{1}{q}} + (1-p)b) \geqslant \frac{1}{p}(a^{\frac{1}{p}} b^{\frac{1}{q}})^p b^{1-p} = \frac{a}{p},$$

所以

$$a^{\frac{1}{p}} b^{\frac{1}{q}} \geqslant \frac{a}{p}+\frac{b}{q},$$

从而
$$\sum_{i=1}^{n} x_i y_i \geq \left(\sum_{i=1}^{n} x_i^p\right)^{\frac{1}{p}} \left(\sum_{i=1}^{n} y_i^q\right)^{\frac{1}{q}}. \tag{3}$$

我们可以把式(1)和式(3)合并成一个不等式:
$$\left(\sum_{i=1}^{n} x_i y_i\right)^{pq} \leq \left(\sum_{i=1}^{n} x_i^p\right)^q \left(\sum_{i=1}^{n} y_i^q\right)^p.$$

鉴于赫尔德不等式极为重要,我们在这里将明白地给出它的转换命题及推论.

推论 (拉东(Radon),1913),若 x_i 和 y_i 为正,且 $p>1$ 或 $p<0$,则
$$\sum_{i=1}^{n} \frac{x_i^p}{y_i^{p-1}} > \frac{\left(\sum_{i=1}^{n} x_i\right)^p}{\left(\sum_{i=1}^{n} y_i\right)^{p-1}},$$

除非 x_i 和 y_i 成比例. 若 $0<p<1$,则不等号反向.

波波维丘(Popoviciu)的推论,若 $x_i, y_i \geq 0, 0 \leq p \leq 2$,并满足
$$x_1^p - x_2^p - \cdots - x_n^p > 0 \text{ 或 } y_1^p - y_2^p - \cdots - y_n^p > 0,$$

则有
$$(x_1^p - x_2^p - \cdots - x_n^p)(y_1^p - y_2^p - \cdots - y_n^p)$$
$$\leq (x_1 y_1 - x_2 y_2 - \cdots - x_n y_n)^p.$$

特别地,当 $p=2$ 时,上式为著名的阿克塞尔(Aczél)不等式.

训练营

例1 设 $x_{ij}(i=1,2,\cdots,m, j=1,2,\cdots n)$ 为正实数,且正实数 $\omega_1, \omega_2, \cdots, \omega_n$ 满足 $\omega_1 + \omega_2 + \cdots + \omega_n = 1$,证明
$$\prod_{j=1}^{n} \left(\sum_{i=1}^{m} x_{ij}\right)^{\omega_j} \geq \sum_{i=1}^{m} \left(\prod_{j=1}^{n} x_{ij}^{\omega_j}\right). \tag{1}$$

证明 由式(1)的齐次性,我们可以设 $x_{1j} + x_{2j} + \cdots + x_{mj} = 1$,其中 $j \in \{1,2,\cdots,n\}$. 那么我们只需要证明
$$\prod_{j=1}^{n} 1^{\omega_j} \geq \sum_{i=1}^{m} \prod_{j=1}^{n} x_{ij}^{\omega_j},$$

即
$$1 \geqslant \sum_{i=1}^{m} \prod_{j=1}^{n} x_{ij}^{\omega_j}. \tag{2}$$

由加权算术平均-几何平均不等式得
$$\sum_{j=1}^{n} \omega_j x_{ij} \geqslant \prod_{j=1}^{n} x_{ij}^{\omega_j} \ (i \in \{1,2,\cdots,m\}),$$

所以
$$\sum_{i=1}^{m} \sum_{j=1}^{n} \omega_j x_{ij} \geqslant \sum_{i=1}^{m} \prod_{j=1}^{n} x_{ij}^{\omega_j}.$$

事实上我们有
$$\sum_{i=1}^{m} \sum_{j=1}^{n} \omega_j x_{ij} = \sum_{j=1}^{n} \sum_{i=1}^{m} \omega_j x_{ij} = \sum_{j=1}^{n} \omega_j \left(\sum_{i=1}^{m} x_{ij}\right) = \sum_{j=1}^{n} \omega_j = 1.$$

所以式(2)成立,即式(1)成立.

例 2 证明:对正数 x,y,z,我们有
$$\sum_{\text{cyc}} (y+z)\sqrt{\frac{yz}{(z+x)(x+y)}} \geqslant \sum_{\text{cyc}} x. \tag{3}$$

证明 由赫尔德不等式知
$$\left(\sum_{\text{cyc}} (y+z)\sqrt{\frac{yz}{(z+x)(x+y)}}\right)^2 \left(\sum_{\text{cyc}} y^2 z^2 (y+z)(z+x)(z+y)\right)$$
$$\geqslant \left(\sum_{\text{cyc}} yz(y+z)\right)^3,$$

所以要证式(4)只需证明
$$\left[\sum_{\text{cyc}} yz(y+z)\right]^3 \geqslant \prod_{\text{cyc}} (y+z) \left(\sum_{\text{cyc}} x\right)^2 \left(\sum_{\text{cyc}} y^2 z^2\right). \tag{4}$$

事实上,
$$\left[\sum_{\text{cyc}} yz(y+z)\right]^3 - \prod_{\text{cyc}} (y+z) \left(\sum_{\text{cyc}} x\right)^2 \left(\sum_{\text{cyc}} y^2 z^2\right)$$
$$= xyz \Big[2\sum_{\text{cyc}} x^5(y+z) - 4\sum_{\text{cyc}} y^3 z^3 + \sum_{\text{cyc}} x^3(y^2 z + yz^2)$$
$$- 6x^2 y^2 z^2 \Big] \geqslant 0,$$

所以式(4)成立,从而式(3)成立.

点评

1. 事实上,式(4)有一个几何形式的不等式:

$$a\sqrt{\frac{(p-b)(p-c)}{bc}}+b\sqrt{\frac{(p-c)(p-a)}{ca}}+c\sqrt{\frac{(p-a)(p-b)}{ab}}\geqslant p,$$

其中 a,b,c 为三角形边长,$p=\dfrac{a+b+c}{2}$.

2. 由 $(x+y)(x+z)(y+z)^2-yz(2x+y+z)^2=x(x+y+z)(y-z)^2$ 知

$$\frac{(2x+y+z)^2}{(x+y)(x+z)}\leqslant\frac{(y+z)^2}{yz},$$

即

$$\sqrt{\frac{yz}{(x+y)(x+z)}}\leqslant\frac{y+z}{2x+y+z},$$

所以

$$\sum_{\text{cyc}}\sqrt{\frac{yz(y+z)^2}{(x+y)(x+z)}}=\sum_{\text{cyc}}\frac{yz(y+z)}{(x+y)(x+z)}\Big/\sqrt{\frac{yz}{(x+y)(x+z)}}$$

$$\leqslant\sum_{\text{cyc}}\frac{yz(2x+y+z)}{(x+y)(x+z)}=\sum_{\text{cyc}}x,$$

即式(4)成立.

参见 http://www.mathlinks.ro/viewtopic.php?t=216136

http://www.aoshoo.com/bbs1/dispbbs.asp?boardid=48&id=13032

§5.3 幂平均单调性定理

道罗齐-洛松齐(Daróczy-Losonczi)不等式

1970年,道罗齐和洛松齐考虑了幂平均的拓广:

$$M_{a,b}(x) = \left(\frac{\sum\limits_{i=1}^{n} x_i^a}{\sum\limits_{i=1}^{n} x_i^b} \right)^{\frac{1}{a-b}}, a \neq b,$$

$$M_{a,a}(x) = \exp\left(\frac{\sum\limits_{i=1}^{n} x_i^a \ln x_i}{\sum\limits_{i=1}^{n} x_i^a} \right),$$

其中 $x_1, x_2, \cdots, x_n$ 是 n 个正数。他们比较了下面这种平均:设 a, b, c, d 是实数,$\min(a,b) \leqslant \min(c,d)$,$\max(a,b) \leqslant \max(c,d)$,则

$$M_{a,b}(x) \leqslant M_{c,d}(x). \tag{1}$$

不妨设 $a < b, c < d$,则由 $\sum\limits_{i} x_i^s$ 的对数凸性得

$$\left(\sum_{i} x_i^a \right)^{\frac{d-b}{d-a}} \left(\sum_{i} x_i^d \right)^{\frac{b-a}{d-a}} \geqslant \sum_{i} x_i^b,$$

$$\left(\sum_{i} x_i^a \right)^{\frac{d-c}{d-a}} \left(\sum_{i} x_i^d \right)^{\frac{c-a}{d-a}} \geqslant \sum_{i} x_i^c,$$

所以

$$\left(\left(\sum_{i} x_i^a \right)^{\frac{d-b}{d-a}} \left(\sum_{i} x_i^d \right)^{\frac{b-a}{d-a}} \right)^{\frac{1}{b-a}} \left(\left(\sum_{i} x_i^a \right)^{\frac{d-c}{d-a}} \left(\sum_{i} x_i^d \right)^{\frac{c-a}{d-a}} \right)^{\frac{1}{d-c}}$$

$$\geqslant \left(\sum_{i} x_i^b \right)^{\frac{1}{b-a}} \left(\sum_{i} x_i^c \right)^{\frac{1}{d-c}},$$

或

$$\left(\sum_i x_i^a\right)^{\frac{1}{b-a}} \left(\sum_i x_i^d\right)^{\frac{1}{d-c}} \geqslant \left(\sum_i x_i^b\right)^{\frac{1}{b-a}} \left(\sum_i x_i^c\right)^{\frac{1}{d-c}},$$

这就证明了式(1).

由于 $M_r(x) = M_{r,0}(x) = M_{0,r}(x)$,所以据式(1)知,当 $s<t$ 时即有幂平均单调性定理,又称西蒙(Simon)不等式:

$$M_s(x) \leqslant M_t(x). \tag{2}$$

由于 $G(x) = M_0(x)$,$A(x) = M_1(x)$,所以算术平均-几何平均不等式是式(2)的特例.

例1 作为道罗齐-洛松齐不等式的推论,我们给出了幂平均单调性定理:

对不全相等的正数 x_i,$M_t(x)$ 是关于 t 的严格递增函数.

鉴于这是个集形式简明与应用广泛于一体的优美定理,在此有必要介绍一个独立的证明,它是由诺里斯(N. Norris)在1935年提供的.

证明 考虑由下式定义的函数 f 和 F:

$$f(t) = \left(\frac{x_1^t + x_2^t + \cdots + x_n^t}{n}\right)^{\frac{1}{t}},$$

和

$$F(t) = t^2 \frac{f'(t)}{f(t)} = t^2 \frac{\mathrm{d}}{\mathrm{d}t}\left(\frac{1}{t} \ln \frac{x_1^t + x_2^t + \cdots + x_n^t}{n}\right)$$

$$= t \frac{x_1^t \ln x_1 + x_2^t \ln x_2 + \cdots + x_n^t \ln x_n}{x_1^t + x_2^t + \cdots + x_n^t} - \ln \frac{x_1^t + x_2^t + \cdots + x_n^t}{n}.$$

因为 $f(t) > 0$,所以 f' 和 F 同号,我们只需证明 $F(t) > 0$. 因为

$$\frac{F'(t)}{t} = \frac{(x_1^t + x_2^t + \cdots + x_n^t)(x_1^t \ln^2 x_1 + x_2^t \ln^2 x_2 + \cdots + x_n^t \ln^2 x_n) - (x_1^t \ln x_1 + x_2^t \ln x_2 + \cdots + x_n^t \ln x_n)^2}{(x_1^t + x_2^t + \cdots + x_n^t)^2},$$

由柯西不等式可得 $F'(t)$ 与 t 同号. 因此 F 对 $t > 0$ 是递增函数,对 $t < 0$ 是递减函数,并在 $t = 0$ 时有极小值. 于是函数 F 对所有 $t \neq 0$ 的值都是正的. 而对 $t = 0$,有

$$f'(0) = (x_1 x_2 \cdots x_n)^{\frac{1}{n}} \frac{n(\ln^2 x_1 + \ln^2 x_2 + \cdots + \ln^2 x_n) - (\ln x_1 + \ln x_2 + \cdots + \ln x_n)^2}{2n^2},$$

所以 $f'(t)$ 对所有 t 的值都是正的.

奥本海姆(Oppenheim)对单调性定理的推广和新证

对不全相等的三个正数 a,b,c,若 $a^\theta, b^\theta, c^\theta$ 可构成一个三角形,记其面积为 $S(a^\theta, b^\theta, c^\theta)$,则函数

$$f(\theta) = \left(\frac{4S(a^\theta, b^\theta, c^\theta)}{\sqrt{3}}\right)^{\frac{1}{\theta}}$$

关于 θ 严格单调减少.

1974 年,奥本海姆对 a,b,c 是三角形的三边长、$\theta \in (0,1)$ 提出了 $f(\theta)$ 的单调性. 实际上,他证明了:

$$(abc)^{\frac{2}{3}} \geqslant \left(\frac{4S(a^\theta, b^\theta, c^\theta)}{\sqrt{3}}\right)^{\frac{1}{\theta}} \geqslant \frac{4S(a,b,c)}{\sqrt{3}}$$

中的第二个不等式,它显然等价于 $f(\theta)$ 在 $(0,1)$ 中的单调性.

例 2 效仿诺里斯的技巧,对在 $(-\infty, +\infty)$ 中有意义的 $f(\theta)$,给出 $f(\theta)$ 单调性的新证明.

证明 定义函数

$$F(\theta) = \theta^2 \frac{f'(\theta)}{f(\theta)}$$

$$= \theta^2 \frac{\mathrm{d}}{\mathrm{d}\theta}\left(\frac{1}{\theta} \ln \sqrt{\frac{(a^\theta + b^\theta + c^\theta)(b^\theta + c^\theta - a^\theta)(c^\theta + a^\theta - b^\theta)(a^\theta + b^\theta - c^\theta)}{3}}\right)$$

$$= \frac{\theta}{2}\left(\frac{a^\theta \ln a + b^\theta \ln b + c^\theta \ln c}{a^\theta + b^\theta + c^\theta} + \frac{b^\theta \ln b + c^\theta \ln c - a^\theta \ln a}{b^\theta + c^\theta - a^\theta}\right.$$

$$\left. + \frac{c^\theta \ln c + a^\theta \ln a - b^\theta \ln b}{c^\theta + a^\theta - b^\theta} + \frac{a^\theta \ln a + b^\theta \ln b - c^\theta \ln c}{a^\theta + b^\theta - c^\theta}\right)$$

$$-\frac{1}{2}\Big(\ln\frac{(a^\theta+b^\theta+c^\theta)(b^\theta+c^\theta-a^\theta)(c^\theta+a^\theta-b^\theta)(a^\theta+b^\theta-c^\theta)}{3}\Big).$$

因为 $f(\theta)>0$,所以 f' 和 F 同号. 我们来证明 $F(\theta)\leqslant 0$. 由于

$$F'(\theta)=\frac{\theta}{2}\Big(\frac{b^\theta c^\theta\big(\ln\frac{b}{c}\big)^2+c^\theta a^\theta\big(\ln\frac{c}{a}\big)^2+a^\theta b^\theta\big(\ln\frac{a}{b}\big)^2}{(a^\theta+b^\theta+c^\theta)^2}$$

$$+\frac{b^\theta c^\theta\big(\ln\frac{b}{c}\big)^2-c^\theta a^\theta\big(\ln\frac{c}{a}\big)^2-a^\theta b^\theta\big(\ln\frac{a}{b}\big)^2}{(b^\theta+c^\theta-a^\theta)^2}$$

$$+\frac{c^\theta a^\theta\big(\ln\frac{c}{a}\big)^2-a^\theta b^\theta\big(\ln\frac{a}{b}\big)^2-b^\theta c^\theta\big(\ln\frac{b}{c}\big)^2}{(c^\theta+a^\theta-b^\theta)^2}$$

$$+\frac{a^\theta b^\theta\big(\ln\frac{a}{b}\big)^2-b^\theta c^\theta\big(\ln\frac{b}{c}\big)^2-c^\theta a^\theta\big(\ln\frac{c}{a}\big)^2}{(a^\theta+b^\theta-c^\theta)^2}\Big),$$

不妨设 $a^\theta\leqslant b^\theta\leqslant c^\theta$,则 $(a^\theta+b^\theta+c^\theta)^{-2}\leqslant(b^\theta+c^\theta-a^\theta)^{-2}\leqslant(c^\theta+a^\theta-b^\theta)^{-2}$
$\leqslant(a^\theta+b^\theta-c^\theta)^{-2}$. 于是

$$\frac{2}{\theta}F'(\theta)\leqslant\frac{b^\theta c^\theta\big(\ln\frac{b}{c}\big)^2+c^\theta a^\theta\big(\ln\frac{c}{a}\big)^2+a^\theta b^\theta\big(\ln\frac{a}{b}\big)^2}{(a^\theta+b^\theta+c^\theta)^2}$$

$$+\frac{b^\theta c^\theta\big(\ln\frac{b}{c}\big)^2-c^\theta a^\theta\big(\ln\frac{c}{a}\big)^2-a^\theta b^\theta\big(\ln\frac{a}{b}\big)^2}{(b^\theta+c^\theta-a^\theta)^2}$$

$$+\frac{-2b^\theta c^\theta\big(\ln\frac{b}{c}\big)^2}{(b^\theta+a^\theta-c^\theta)^2}$$

$$\leqslant\frac{b^\theta c^\theta\big(\ln\frac{b}{c}\big)^2+c^\theta a^\theta\big(\ln\frac{c}{a}\big)^2+a^\theta b^\theta\big(\ln\frac{a}{b}\big)^2}{(a^\theta+b^\theta+c^\theta)^2}$$

$$+\frac{-b^\theta c^\theta\big(\ln\frac{b}{c}\big)^2-c^\theta a^\theta\big(\ln\frac{c}{a}\big)^2-a^\theta b^\theta\big(\ln\frac{a}{b}\big)^2}{(b^\theta+a^\theta-c^\theta)^2}\leqslant 0.$$

因此,当 $\theta>0$ 时 F 是减函数,当 $\theta<0$ 时 F 是增函数. 于是当 $\theta=0$ 时 F 具有最大值. 由此可知,函数 F 和 f' 对所有 t 的值(不一定包括 $t=0$)皆为负. 证毕.

点评 1986年，本人在一篇论文中将奥本海姆不等式改写成：设$\triangle ABC$的三边长为a,b,c，S表示其面积，则当$0<\theta<1$时，
$$3^{1-\theta}(16S^2)^\theta \leq 2b^{2\theta}c^{2\theta}+2c^{2\theta}a^{2\theta}+2a^{2\theta}b^{2\theta}-a^{4\theta}-b^{4\theta}-c^{4\theta},$$
并指出：当$\theta<0$或$\theta>1$时，上式的不等号反向.

1988年，张焕明用初等方法证明了上式中$\theta=-1,2$的情形. 而$\theta=1,2$的情形就是著名的芬斯勒-哈德维格(Finsler-Hadwiger)不等式.

另外，奥本海姆还指出了关于三角形外接圆半径的等价命题：$(\sqrt{3}R(a^\theta,b^\theta,c^\theta))^{\frac{1}{\theta}}$在$(0,1)$中是$\theta$的递增函数，于是

$$(abc)^{\frac{1}{3}} \leq (\sqrt{3}R(a^\theta,b^\theta,c^\theta))^{\frac{1}{\theta}} \leq \sqrt{3}R(a,b,c).$$

我们还可得到关于内切圆半径的相应结果：$(2\sqrt{3}r(a^\theta,b^\theta,c^\theta))^{\frac{1}{\theta}}$在$(0,1)$中是$\theta$的递减函数. 事实上，

$$(2\sqrt{3}r(a^\theta,b^\theta,c^\theta))^{\frac{1}{\theta}} = \left(\frac{\frac{4S(a^\theta,b^\theta,c^\theta)}{\sqrt{3}}}{\frac{a^\theta+b^\theta+c^\theta}{3}} \right)^{\frac{1}{\theta}}.$$

§5.4 闵科夫斯基不等式

在经常用到的简单不等式中,有四项是最基本的,即
(1) 算术平均-几何平均不等式,
(2) 赫尔德不等式,
(3) 幂平均单调性定理,
(4) 闵科夫斯基(Minkowski)不等式.
在这里,我们来介绍最后这个以闵科夫斯基命名的不等式.

若 $x_i, y_i > 0$,则当 $p > 1$ 时,有
$$\left(\sum_{i=1}^{n}(x_i+y_i)^p\right)^{\frac{1}{p}} \leqslant \left(\sum_{i=1}^{n}x_i^p\right)^{\frac{1}{p}} + \left(\sum_{i=1}^{n}y_i^p\right)^{\frac{1}{p}}, \quad (1)$$
当 $p < 1 (p \neq 0)$ 时,不等号反向. 当且仅当 x_i 和 y_i 成比例时等号成立.

证明 由恒等式
$$(x_i+y_i)^p = x_i(x_i+y_i)^{p-1} + y_i(x_i+y_i)^{p-1},$$
将 $i = 1, 2, \cdots, n$ 时的这些等式相加,我们得到
$$\sum_{i=1}^{n}(x_i+y_i)^p = \sum_{i=1}^{n}x_i(x_i+y_i)^{p-1} + \sum_{i=1}^{n}y_i(x_i+y_i)^{p-1}.$$
对右边用赫尔德不等式. 当 $p > 1$ 时,有
$$\sum_{i=1}^{n}(x_i+y_i)^p \leqslant \left(\sum_{i=1}^{n}x_i^p\right)^{\frac{1}{p}}\left(\sum_{i=1}^{n}(x_i+y_i)^p\right)^{\frac{p-1}{p}}$$
$$+ \left(\sum_{i=1}^{n}y_i^p\right)^{\frac{1}{p}}\left(\sum_{i=1}^{n}(x_i+y_i)^p\right)^{\frac{p-1}{p}},$$
这等价于式(1). 当 $p < 1, p \neq 0$ 时,不等号反向. 当且仅当 x_i^p 和 y_i^p 都与 $(x_i+y_i)^p$ 成比例,即 x_i 与 y_i 成比例时等号成立.

这一证明属于里斯(F. Riesz).

此外,当 $p \to 0$ 时,不等式(1)化为

$$\left(\prod_{i=1}^{n}(x_i+y_i)\right)^{\frac{1}{n}} \geqslant \left(\prod_{i=1}^{n}x_i\right)^{\frac{1}{n}} + \left(\prod_{i=1}^{n}y_i\right)^{\frac{1}{n}}, \tag{2}$$

其中等号成立的充要条件仍是 x_i 和 y_i 成比例,但这需要另加证明.我们把它留给读者.

贝尔曼(Bellman)的推论 若 $x_i, y_i > 0, p > 1$,并满足

$$x_1^p - x_2^p - \cdots - x_n^p > 0 \text{ 和 } y_1^p - y_2^p - \cdots - y_n^p > 0,$$

则有

$$(x_1^p - x_2^p - \cdots - x_n^p)^{\frac{1}{p}} + (y_1^p - y_2^p - \cdots - y_n^p)^{\frac{1}{p}}$$
$$\leqslant ((x_1+y_1)^p - (x_2+y_2)^p - \cdots - (x_n+y_n)^p)^{\frac{1}{p}}.$$

例1 (贝肯巴赫(Beckenbach)不等式)设 $x_i, y_i > 0$,证明:当 $1 \leqslant t \leqslant 2$ 时,有

$$\frac{(M_t(x+y))^t}{(M_{t-1}(x+y))^{t-1}} \leqslant \frac{(M_t(x))^t}{(M_{t-1}(x))^{t-1}} + \frac{(M_t(y))^t}{(M_{t-1}(y))^{t-1}},$$

当 $0 \leqslant t \leqslant 1$ 时,不等号反向.当且仅当 $t=1$ 或 x_i 与 y_i 成比例时等号成立.

证明 我们来证明更一般的结果:若 $t \geqslant 1, p \geqslant 1 \geqslant r$,则

$$\frac{(M_p(x+y))^t}{(M_r(x+y))^{t-1}} \leqslant \frac{(M_p(x))^t}{(M_r(x))^{t-1}} + \frac{(M_p(y))^t}{(M_r(y))^{t-1}}, \tag{3}$$

当 $0 \leqslant t \leqslant 1, p \leqslant 1 \leqslant r$ 时,不等号反向.

当 $t \geqslant 1$ 时,由拉东不等式,得

$$\frac{(M_p(x)+M_p(y))^t}{(M_r(x)+M_r(y))^{t-1}} \leqslant \frac{(M_p(x))^t}{(M_r(x))^{t-1}} + \frac{(M_p(y))^t}{(M_r(y))^{t-1}},$$

再由闵科夫斯基不等式,

$$M_p(x) + M_p(y) \geqslant M_p(x+y), p \geqslant 1,$$
$$M_r(x) + M_r(y) \leqslant M_r(x+y), r \leqslant 1,$$

即知式(3)成立.同理可得 $0 \leqslant t \leqslant 1, p \leqslant 1 \leqslant r$ 时,式(5)的不等号反向.

点评

1. 令 $t=\dfrac{p}{p-r}$，则得到德雷什（Dresher）积分不等式的有限和形式：当 $p\geqslant 1\geqslant r\geqslant 0$ 时，有

$$\left[\frac{\sum\limits_{i=1}^{n}(x_i+y_i)^p}{\sum\limits_{i=1}^{n}(x_i+y_i)^r}\right]^{\frac{1}{p-r}} \leqslant \left(\frac{\sum\limits_{i=1}^{n}x_i^p}{\sum\limits_{i=1}^{n}x_i^r}\right)^{\frac{1}{p-r}} + \left(\frac{\sum\limits_{i=1}^{n}y_i^p}{\sum\limits_{i=1}^{n}y_i^r}\right)^{\frac{1}{p-r}},$$

当 $1\geqslant p\geqslant 0\geqslant r$ 时，不等号反向.

2. 令 $p=\dfrac{t}{t-1}$，$r=\dfrac{t-1}{t-2}$，就得到王挽澜和王鹏飞的结果：当 $1\leqslant t\leqslant 2$ 时，有

$$\frac{(\sum\limits_{i=1}^{n}(x_i+y_i)^{\frac{t}{t-1}})^{t-1}}{(\sum\limits_{i=1}^{n}(x_i+y_i)^{\frac{t-1}{t-2}})^{t-2}} \leqslant \frac{(\sum\limits_{i=1}^{n}x_i^{\frac{t}{t-1}})^{t-1}}{(\sum\limits_{i=1}^{n}x_i^{\frac{t-1}{t-2}})^{t-2}} + \frac{(\sum\limits_{i=1}^{n}y_i^{\frac{t}{t-1}})^{t-1}}{(\sum\limits_{i=1}^{n}y_i^{\frac{t-1}{t-2}})^{t-2}},$$

当 $0\leqslant t\leqslant 1$ 时，不等号反向.

3. 1952 年，德雷什用矩量空间理论得到了较广的积分形式. 同年，他的同事丹斯金（J. M. Danskin）用闵科夫斯基不等式以及拉东不等式给出了一个初等证明.

例 2 （米特里诺维奇—乔科维奇不等式的推广）设 $x_i>0$，$i=1,2,\cdots,n$，$n\geqslant 2$，$x_1+x_2+\cdots+x_n=s\leqslant 2\sqrt{2+\sqrt{5}}$，且 $a>0$. 证明：

$$\sum_{i=1}^{n}\left(x_i+\frac{1}{x_i}\right)^a \geqslant n\left(\frac{s}{n}+\frac{n}{s}\right)^a, \tag{4}$$

当且仅当 $x_1=x_2=\cdots=x_n$ 时等号成立.

证明 我们利用闵科夫斯基不等式进一步拓广上述不等式的条件，即：当 $s\leqslant n-2+2\sqrt{2+\sqrt{5}}$ 时，式(4)成立.

由算术平均-几何平均不等式，我们只须证：若正数 $x_1,x_2,\cdots,x_n$

满足 $x_1+x_2+\cdots+x_n=s\leqslant n-2+2\sqrt{2+\sqrt{5}}$,则
$$\prod_{i=1}^{n}\left(x_i+\frac{1}{x_i}\right)\geqslant\left(\frac{s}{n}+\frac{n}{s}\right)^n, \tag{5}$$
当且仅当 $x_1=x_2=\cdots=x_n$ 时等号成立.

当 $x_1+x_2+\cdots+x_n=s\leqslant n$ 时,利用闵科夫斯基不等式(2)及算术平均-几何平均不等式,得
$$G\left(x+\frac{1}{x}\right)\geqslant G(x)+G\left(\frac{1}{x}\right)$$
$$\geqslant G(x)+\frac{1}{G(x)}-\left(\frac{1}{G(x)}-\frac{1}{A(x)}\right)(1-A(x)G(x))$$
$$=A(x)+\frac{1}{A(x)}=\frac{s}{n}+\frac{n}{s},$$
即知式(5)成立.

下面,我们设 $x_1+x_2+\cdots+x_n=s>n$.

若有 $0<x_i<1$,则存在 $x_{i_j}>1$,使
$$x_i+x_{i_1}+x_{i_2}+\cdots+x_{i_r}>r+1.$$

由函数 $x+\frac{1}{x}$ 的单调性,得
$$\left(x_i+\frac{1}{x_i}\right)\prod_{j=1}^{r}\left(x_{i_j}+\frac{1}{x_{i_j}}\right)\geqslant 2\prod_{j=1}^{r}\left(x_{i_j}-\delta_j+\frac{1}{x_{i_j}-\delta_j}\right),$$
其中 $0<\delta_j\leqslant x_{i_j}-1, \delta_1+\delta_2+\cdots+\delta_r=1-x_i$. 因此,可设 $x_i\geqslant 1, i=1,2,\cdots,n$.

多元函数
$$g(x_1,x_2,\cdots,x_n,x_{n+1})=\prod_{i=1}^{n+1}\left(x_i+\frac{1}{x_i}\right)$$
在有界闭集 $\{(x_1,x_2,\cdots,x_{n+1})\mid x_i\geqslant 1, x_1+x_2+\cdots+x_{n+1}\leqslant n-1+2\sqrt{2+\sqrt{5}}\}$ 上连续,所以存在最小值. 若 x_i 不全相等,不妨设 $1\leqslant x_1\leqslant x_2\leqslant\cdots\leqslant x_n\leqslant x_{n+1}, x_1<x_{n+1}$,则 $x_1+x_2+\cdots+x_{n-1}+x_{n+1}\leqslant n-1+2\sqrt{2+\sqrt{5}}-x_n\leqslant n-2+2\sqrt{2+\sqrt{5}}$. 用数学归纳法假设
$$\prod_{i=1}^{n+1}\left(x_i+\frac{1}{x_i}\right)>\left(x_n+\frac{1}{x_n}\right)\left(\frac{x_1+x_2+\cdots+x_{n-1}+x_{n+1}}{n}+\frac{n}{x_1+x_2+\cdots+x_{n-1}+x_{n+1}}\right)^n,$$

即此时 $g(x_1,x_2,\cdots,x_{n+1})$ 取不到最小值. 所以, 当且仅当 $x_1=x_2=\cdots=x_{n-1}=x_{n+1}$ 时 $g(x_1,x_2,\cdots,x_{n+1})$ 达到最小值. 证毕.

我们已证明当 $0<s\leqslant n-2+2\sqrt{2+\sqrt{5}}$ 时,不等式(7)成立. 一个自然的问题是:对每个 n,定出使式(5)成立的所有 s 值.

事实上:若不等式(5)对 s 成立,则对小于 s 的正数也成立.

若正数 x,y,z 满足 $x+y+z=6$,则
$$\left(x+\frac{1}{x}\right)\left(y+\frac{1}{y}\right)\left(z+\frac{1}{z}\right)\geqslant\frac{125}{8},$$
当且仅当 $x=y=z$ 时等号成立.

因此,对 $x+y+z=s\leqslant 6$,有
$$\left(x+\frac{1}{x}\right)\left(y+\frac{1}{y}\right)\left(z+\frac{1}{z}\right)\geqslant\left(\frac{s}{n}+\frac{n}{s}\right)^3.$$

§5.5 切比雪夫不等式

由闵科夫斯基不等式，我们已经知道 $M_p(x+y)$ 和 $M_p(x)+M_p(y)$ 是可以比较的. 自然就会问 $M_p(xy)$ 是不是可以和 $M_p(x)M_p(y)$ 相比较. 切比雪夫(П. Л. Чебышев)不等式说明事实并非如此.

若 x_i 与 y_i 排法相似，即对所有的 i,j，都有
$$(x_i-x_j)(y_i-y_j)\geqslant 0, \tag{1}$$
则
$$A(x)A(y)\leqslant A(xy), \tag{2}$$
当且仅当所有的 x_i 或所有的 y_i 都相等时等号成立. 若 x_i 与 y_i 排法相反，即对所有的 i,j，不等式(1)的不等号皆反向，则不等式(2)的不等号也反向.

这个不等式在积分方面的类似定理也属于切比雪夫.

证明 我们有
$$\sum_i \sum_j (x_iy_j - x_iy_j) = \sum_i (nx_iy_i - x_i\sum_j y_j)$$
$$= n\sum_i x_iy_i - \sum_i x_i \sum_j y_j,$$
$$\sum_j \sum_i (x_jy_j - x_jy_i) = \sum_j (nx_jy_j - x_j\sum_i y_i)$$
$$= n\sum_j x_jy_j - \sum_j x_j \sum_i y_i,$$
因此
$$n\sum_k x_ky_k - \sum_k x_k \sum_k y_k = \frac{1}{2}\sum_i \sum_j (x_iy_i - x_iy_j + x_jy_j - x_jy_i)$$
$$= \frac{1}{2}\sum_i \sum_j (x_i - x_j)(y_i - y_j).$$

这个不等式等价于式(2).

一个直接的推论是:若 $x_i, y_i, \cdots, u_i$ 排法全相似,则
$$A(x)A(y)\cdots \cdot A(u) \leqslant A(xy\cdots u).$$
特别地,若 m 是一正整数,则
$$M_1(x) \leqslant M_m(x),$$
这包含于幂平均单调性定理中.

例1 若 $x_i \geqslant 0, \alpha < 0 < \beta$. 证明:
$$\frac{M_\alpha(x)}{M_\alpha(x+1)} \leqslant \frac{G(x)}{G(x+1)} \leqslant \frac{M_\beta(x)}{M_\beta(x+1)}, \tag{3}$$
当且仅当 $x_1 = x_2 = \cdots = x_n$ 时等号成立.

证明 由幂平均单调性定理和切比雪夫不等式,
$$\left(\sum_{i=1}^n (x_i+1)^\beta\right)^{\frac{1}{\beta}} \left(\prod_{i=1}^n \left(\frac{x_i}{x_i+1}\right)\right)^{\frac{1}{n}}$$
$$\leqslant \left(\sum_{i=1}^n (x_i+1)^\beta\right)^{\frac{1}{\beta}} \left[\frac{1}{n}\sum_{i=1}^n \left(\frac{x_i}{x_i+1}\right)^\beta\right]^{\frac{1}{\beta}}$$
$$= \left[\frac{1}{n}\sum_{i=1}^n (x_i+1)^\beta \cdot \sum_{i=1}^n \left(\frac{x_i}{x_i+1}\right)^\beta\right]^{\frac{1}{\beta}} \leqslant \left(\sum_{i=1}^n x_i^\beta\right)^{\frac{1}{\beta}},$$
所以式(3)的右式成立. 类似可证左式.

> **点评** 式(1)即 x_i 和 y_i 排法相似,给出了切比雪夫不等式成立的充分条件. 然而,这个条件不是必要的. 1967年,萨瑟(D. W. Sasser)和斯莱特(M. L. Slater)给出了式(2)成立的充要条件:设 **x** 和 **y** 是实 n 维列向量,又设 **e** 是所有分量都等于1的 n 维列向量,则切比雪夫不等式(2)成立的一个充分必要条件是: **y** = **Ax** + c**e** 或 **x** = **Ay** + c**e**,这里 c 是一个实数,**A** 是一个每一列或每一行的元素之和为零的半正定矩阵. 当且仅当 $(A+A')x = 0$ 或 $(A+A')y = 0$ 时式(2)中等号成立.

本节开头所提出的问题包含在一个更为广泛的问题之中,该问题可由下列命题解决:设 p,q,r 皆为正,则 $M_r(xy)$ 与 $M_p(x),M_q(y)$ 为可比较的充要条件是:$\dfrac{1}{r} \geqslant \dfrac{1}{p} + \dfrac{1}{q}$,此时有 $M_r(xy) \leqslant M_p(x) \cdot M_q(y)$.

习 题 五

1. 使用连续凸函数的性质证明算术平均-几何平均不等式.

2. 若 $x_i, y_i \geqslant 0$，p 和 q 是满足 $\dfrac{1}{p}+\dfrac{1}{q}\geqslant 1$ 的正数.证明第二节式(2)(即赫尔德不等式)成立.

3. 证明：若 $x_i \geqslant 0$，则当 $\alpha \leqslant 1 \leqslant \beta$ 时，有不等式
$$\frac{M_\alpha(x)}{M_\alpha(x+1)} \leqslant \frac{M_\beta(x)}{M_\beta(x+1)}.$$

4. 设非负实数 x, y, z 满足 $x+y+z=1$.证明：
$$\sqrt{9-32yz}+\sqrt{9-32zx}+\sqrt{9-32xy}\geqslant 7.$$

第六讲 arqady 的不等式技巧

著名的 Mathlinks 网站上有一位网名叫 arqady 的活跃分子. 在这章里面,我们一起来学习 arqady 的不等式思想和技巧. 下面的例题和习题全部取自 Mathlinks 网站上面与 arqady 有关的不等式,绝大部分的解答都来自 arqady.

下面让我们一起进入 arqady 的不等式世界.

例 1 正实数 a,b,c 满足 $a+b+c=3$. 证明:
$$\frac{a\sqrt{a}}{a+b}+\frac{b\sqrt{b}}{b+c}+\frac{c\sqrt{c}}{c+a} \geqslant \frac{ab+bc+ca}{2}. \tag{1}$$

证明 由赫尔德不等式知
$$\left(\sum_{\text{cyc}}\frac{a\sqrt{a}}{a+b}\right)^2 \sum_{\text{cyc}}(a+b)^2 \geqslant (a+b+c)^3,$$

所以我们只需证
$$(a+b+c)^3 \geqslant \left(\frac{ab+bc+ca}{2}\right)^2 \sum_{\text{cyc}}(a+b)^2, \tag{2}$$

事实上,我们有
$$(a+b+c)^3 \geqslant \left(\frac{ab+bc+ca}{2}\right)^2 \sum_{\text{cyc}}(a+b)^2$$
$$\Leftrightarrow 2(a+b+c)^6$$
$$\geqslant 27(ab+ac+bc)^2 \sum_{\text{cyc}}(a^2+ac),$$

由
$$(a+b+c)^6 \geqslant 27(ab+ac+bc)^2(a^2+b^2+c^2), \tag{3}$$

可知式(2)成立.

> **点评** 设 $a+b+c=3u, bc+ca+ab=3v^2$,则
> 有
> $(a+b+c)^6 \geqslant 27(ab+ac+bc)^2(a^2+b^2+c^2) \Leftrightarrow$
> $729u^6 \geqslant 27 \cdot 9v^4(9u^2-6v^2) \Leftrightarrow u^6-3u^2v^4+2v^6 \geqslant 0 \Leftrightarrow$
> $(u^2-v^2)^2(u^2+2v^2) \geqslant 0$,
> 所以式(3)成立.
> 参见 http://www.mathlinks.ro/viewtopic.php?t=221728
> http://www.mathlinks.ro/Forum/viewtopic.php?t=221717

例 2 非负实数 a,b,c 满足 $a+b+c=3$. 证明:

$$\sqrt{a\sqrt{a}}+\sqrt{b\sqrt{b}}+\sqrt{c\sqrt{c}} \geqslant \sqrt{3(ab+bc+ac)}. \tag{4}$$

证明 设 $a=x^4, b=y^4, c=z^4$,其中 x,y,z 是非负实数,则

$(4) \Leftrightarrow x^3+y^3+z^3 \geqslant \sqrt{3(x^4y^4+x^4z^4+y^4z^4)}$

$\Leftrightarrow (x^4+y^4+z^4)(x^3+y^3+z^3)^4 \geqslant 27(x^4y^4+x^4z^4+y^4z^4)^2$

$\Leftrightarrow \left(\dfrac{x^4+y^4+z^4}{3}\right)^3 \left(\dfrac{x^3+y^3+z^3}{3}\right)^{12} \geqslant \left(\dfrac{x^4y^4+x^4z^4+y^4z^4}{3}\right)^6.$

事实上,

$$\left(\dfrac{x^4+y^4+z^4}{3}\right)^3 \geqslant \left(\dfrac{x^3+y^3+z^3}{3}\right)^4,$$

$$\left(\dfrac{x^3+y^3+z^3}{3}\right)^{16} \geqslant \left(\dfrac{x^4y^4+x^4z^4+y^4z^4}{3}\right)^6.$$

故式(4)成立.

参见 http://www.mathlinks.ro/Forum/viewtopic.php?t=221956
http://www.mathlinks.ro/viewtopic.php?p=351034#351034

例 3 正实数 a,b,c 满足 $a^2+b^2+c^2=3$. 证明:

$$\frac{1}{2-a}+\frac{1}{2-b}+\frac{1}{2-c}\geqslant 3.$$

证明 去分母展开得

$$\sum_{cyc}(2-b)(2-c)\geqslant 3(2-a)(2-b)(2-c)$$

$$\Rightarrow \sum_{cyc}(4-2b-2c+bc)$$

$$\geqslant 3(8-4a-4b-4c+2ab+2bc+2ca-abc)$$

$$\Rightarrow 12-4(a+b+c)+(ab+bc+ca)$$

$$\geqslant 24-12(a+b+c)+6(ab+bc+ca)-3abc$$

$$\Rightarrow 8(a+b+c)+3abc\geqslant 12+5(ab+bc+ca).$$

令 $a+b+c=3u, ab+ac+bc=3v^2, abc=w^3, u^2=tv^2$,
则 $t\geqslant 1, 8(a+b+c)+3abc\geqslant 12+5(ab+bc+ca) \Leftrightarrow 24u^3-16uv^2+w^3$
$\geqslant (12u^2-3v^2)\sqrt{3u^2-2v^2}.$

由舒尔不等式得 $w^3\geqslant 4uv^2-3u^3$. 具体证明过程留给读者思考.

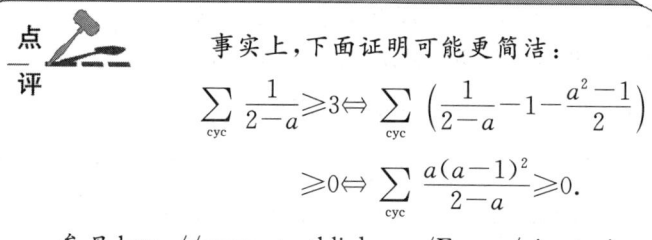

事实上,下面证明可能更简洁:

$$\sum_{cyc}\frac{1}{2-a}\geqslant 3 \Leftrightarrow \sum_{cyc}\left(\frac{1}{2-a}-1-\frac{a^2-1}{2}\right)$$

$$\geqslant 0 \Leftrightarrow \sum_{cyc}\frac{a(a-1)^2}{2-a}\geqslant 0.$$

参见 http://www.mathlinks.ro/Forum/viewtopic.php?t=221947

例 4 正实数 a,b,c 满足 $a+b+c=3$. 证明:

$$\frac{1}{a^2}+\frac{1}{b^2}+\frac{1}{c^2}\geqslant a^2+b^2+c^2. \qquad (5)$$

证明 由算术平均-几何平均不等式知

$$(a+b+c)^4(a^2b^2+a^2c^2+b^2c^2)\geqslant 81(a^2+b^2+c^2)a^2b^2c^2$$

$$\Leftrightarrow \sum_{sym}(a^6b^2+4a^5b^3+4a^5b^2c+3a^4b^4+12a^4b^3c$$

$+10a^3b^3c^2-34a^4b^2c^2)\geqslant 0,$

事实上，
$$a^6b^2+a^6c^2+4a^5b^3+4a^5c^3+4a^5b^2c+4a^5c^2b+3a^4b^4$$
$$+3a^4c^4+12a^4b^3c+12a^4c^3b+10a^3b^3c^2+10a^3c^3b^2$$
$$\geqslant 68\sqrt[68]{a^{272}b^{136}c^{136}}=68a^4b^2c^2.$$

所以式(5)成立.

参见 http://www.mathlinks.ro/viewtopic.php?t=87919
http://www.mathlinks.ro/Forum/viewtopic.php?t=221912

例 5 证明：对于正实数 a,b,c，有
$$\frac{a^2+bc}{b+3c}+\frac{b^2+ca}{c+3a}+\frac{c^2+ab}{a+3b}\geqslant\frac{a+b+c}{2}.$$

证明
$$\frac{a^2+bc}{b+3c}+\frac{b^2+ca}{c+3a}+\frac{c^2+ab}{a+3b}\geqslant\frac{a+b+c}{2}$$

$$\Leftrightarrow 2\sum_{cyc}(a^2+bc)(3a^2+9ab+ac+3bc)$$

$$\geqslant \sum_{cyc}a\sum_{cyc}\left(3a^2b+9a^2c+\frac{28}{3}abc\right)$$

$$\Leftrightarrow 2\sum_{cyc}(3a^4+9a^3b+a^3c+3a^2bc+3a^2bc+9a^2bc+a^2bc+3a^2b^2)$$

$$\geqslant \sum_{cyc}(3a^3b+3a^2b^2+3a^2bc+9a^3c+9a^2b^2+9a^2bc+28a^2bc)$$

$$\Leftrightarrow \sum_{cyc}(6a^4+15a^3b-7a^3c-6a^2b^2-8a^2bc)$$

$$=2\sum_{cyc}(b^4+2a^3b-3a^2b^2)+\frac{7}{2}\sum_{cyc}(a^4+a^3b-2ab^3)$$

$$+\frac{1}{2}\sum_{cyc}(a^4-a^3b)+8\sum_{cyc}(a^3b-a^2bc)\geqslant 0,$$

证明的最后一步很容易解决.

参见 http://www.mathlinks.ro/Forum/viewtopic.php?t=221309

例 6 证明：对于非负实数 a,b,c，有

$$\frac{a^3+b^3}{(a+b)^3}+\frac{b^3+c^3}{(b+c)^3}+\frac{c^3+a^3}{(c+a)^3}+\frac{27}{4}\cdot\frac{abc}{a^3+b^3+c^3}\leqslant 3. \quad (6)$$

证明
$$\sum_{\text{cyc}}\frac{a^3+b^3}{(a+b)^3}+\frac{27abc}{4(a^3+b^3+c^3)}\leqslant 3$$
$$\Leftrightarrow \sum_{\text{cyc}}\left(1-\frac{a^2-ab+b^2}{(a+b)^2}\right)\geqslant\frac{27abc}{4(a^3+b^3+c^3)}$$
$$\Leftrightarrow \sum_{\text{cyc}}\frac{ab}{(a+b)^2}\geqslant\frac{9abc}{4(a^3+b^3+c^3)}.$$

由算术平均-几何平均不等式知
$$\sum_{\text{cyc}}\frac{ab}{(a+b)^2}\geqslant 3\sqrt[3]{\frac{a^2b^2c^2}{(a+b)^2(a+c)^2(b+c)^2}},$$

所以要证式(6)只需证明
$$64(a^3+b^3+c^3)^3\geqslant 27(a+b)^2(a+c)^2(b+c)^2 abc. \quad (7)$$

由米尔黑德定理易知式(7)成立.

> **点评** 对于非负实数 a,b,c,其中任意两个不为零,有
> $$\frac{ab}{(a+b)^2}+\frac{ac}{(a+c)^2}+\frac{bc}{(b+c)^2}\geqslant\frac{(a+b+c)(ab+ac+bc)}{4(a^3+b^3+c^3)}.$$
> 参见 http://www.mathlinks.ro/Forum/viewtopic.php?t=221910
> http://www.mathlinks.ro/viewtopic.php?t=221924

例7 正实数 a,b,c,d 满足 $a+b+c+d=1$. 证明:
$$\frac{a}{b}+\frac{b}{a}+\frac{c}{d}+\frac{d}{c}\leqslant\frac{1}{64abcd}.$$

证明
$$\left(\frac{a}{b}+\frac{b}{a}+\frac{c}{d}+\frac{d}{c}\right)abcd=(ac+bd)(bc+ad)$$
$$\leqslant\left(\frac{ac+bd+bc+ad}{2}\right)^2=\left(\frac{(a+b)(c+d)}{2}\right)^2$$

$$\leqslant \left[\frac{\left(\frac{a+b+c+d}{2}\right)^2}{2}\right]^2 = \frac{1}{64},$$

所以原不等式成立.

参见http://www.mathlinks.ro/Forum/viewtopic.php?t=221817

例 8 非负实数 a,b,c 满足 $bc+ca+ab=3$. 证明:
$$\frac{1}{1+a^2(b+c)}+\frac{1}{1+b^2(a+c)}+\frac{1}{1+c^2(a+b)} \leqslant \frac{3}{1+2abc}. \tag{8}$$

证明

$$\sum_{cyc}\frac{1}{1+a^2(b+c)} \leqslant \frac{3}{1+2abc} \Leftrightarrow \sum_{cyc}\left(\frac{1}{1+2abc}-\frac{1}{1+a^2(b+c)}\right)\geqslant 0$$

$$\Leftrightarrow \sum_{cyc}\frac{a^2(b+c)-2abc}{1+a^2(b+c)}\geqslant 0 \Leftrightarrow \sum_{cyc}\frac{ac(a-b)-ab(c-a)}{1+a^2(b+c)}\geqslant 0$$

$$\Leftrightarrow \sum_{cyc}(a-b)\left(\frac{ac}{1+a^2(b+c)}-\frac{bc}{1+b^2(a+c)}\right)\geqslant 0$$

$$\Leftrightarrow \sum_{cyc}\frac{c(1-abc)(a-b)^2}{(1+a^2(b+c))(1+b^2(a+c))}\geqslant 0.$$

事实上,由 $\frac{bc+ca+ab}{3} \geqslant \sqrt[3]{a^2b^2c^2}$,可知 $1-abc \geqslant 0$.

因此式(8)成立.

参见http://www.mathlinks.ro/Forum/viewtopic.php?t=221310

例 9 正实数 a,b,c 满足 $bc+ca+ab=1$. 证明:
$$\sum_{cyc}\sqrt{a^3+a} \geqslant 2\sqrt{a+b+c}. \tag{9}$$

证明

$$\sum_{cyc}\sqrt{a^3+a} \geqslant 2\sqrt{a+b+c}$$

$$\Leftrightarrow \sum_{cyc}\sqrt{a^3+a^2b+a^2c+abc} \geqslant 2\sqrt{(a+b+c)(ab+ac+bc)}$$

$$\Leftrightarrow \sum_{cyc}(a^3+a^2b+a^2c+abc)$$

$$+2\sum_{cyc}\sqrt{(a^2(a+b+c)+abc)(b^2(a+b+c)+abc)}$$

$$\geqslant 4(a+b+c)(ab+ac+bc).$$

由柯西不等式知

$$\sqrt{(a^2(a+b+c)+abc)(b^2(a+b+c)+abc)} \geq ab(a+b+c)+abc,$$

所以要证式(9)只需证明

$$\sum_{cyc}(a^3+a^2b+a^2c+abc+2(ab(a+b+c)+abc))$$

$$\geq 4(a+b+c)(ab+ac+bc). \tag{10}$$

由舒尔不等式易知式(10)成立,所以式(9)成立.

参见http://www.mathlinks.ro/Forum/viewtopic.php?t=221359

例10 证明:对于正实数 a,b,有

$$\frac{a}{\sqrt{a^2+3b^2}}+\frac{b}{\sqrt{b^2+3a^2}} \geq 1. \tag{11}$$

证明 利用赫尔德不等式知

$$\left(\frac{a}{\sqrt{a^2+3b^2}}+\frac{b}{\sqrt{b^2+3a^2}}\right)^2(a(a^2+3b^2)+b(b^2+3a^2)) \geq (a+b)^3$$

$$=a(a^2+3b^2)+b(b^2+3a^2),$$

所以式(11)成立.

参见http://www.mathlinks.ro/Forum/viewtopic.php?t=218216

例11 证明:对于非负实数 a,b,c,有

$$\sum_{cyc}\sqrt{2(a^2+b^2)} \geq \sqrt[3]{9\sum_{cyc}(a+b)^3}.$$

证明

$$\sum_{cyc}\sqrt{2(a^2+b^2)}-\sqrt[3]{9\sum_{cyc}(a+b)^3}$$

$$=\sum_{cyc}(\sqrt{2(a^2+b^2)}-a-b)-\left(\sqrt[3]{9\sum_{cyc}(a+b)^3}-2(a+b+c)\right)$$

$$=\sum_{cyc}\frac{(a-b)^2}{a+b+\sqrt{2(a^2+b^2)}}$$

$$-\frac{\sum_{cyc}(18a^3+27a^2b+27a^2c)-8(a+b+c)^3}{\left(\sqrt[3]{9\sum_{cyc}(a+b)^3}\right)^2+2(a+b+c)\sqrt[3]{9\sum_{cyc}(a+b)^3}+4(a+b+c)^2}$$

$$= \sum_{cyc} (a-b)^2 \Big(\frac{1}{a+b+\sqrt{2(a^2+b^2)}}$$

$$- \frac{5a+5b+8c}{\left(\sqrt[3]{9\sum_{cyc}(a+b)^3}\right)^2 + 2(a+b+c)\sqrt[3]{9\sum_{cyc}(a+b)^3} + 4(a+b+c)^2} \Big)$$

$$\geqslant \sum_{cyc} (a-b)^2 \Big(\frac{1}{a+b+1.5(a+b)}$$

$$- \frac{5a+5b+8c}{\left(\sqrt{3\sum_{cyc}(a+b)^2}\right)^2 + 4(a+b+c)^2 + 4(a+b+c)^2} \Big)$$

$$= \sum_{cyc} (a-b)^2 \Big[\frac{2}{5(a+b)} - \frac{5a+5b+8c}{\sum_{cyc}(14a^2+22ab)} \Big]$$

$$= \sum_{cyc} \frac{(a-b)^2 (4c(7c+a+b) + 3(a-b)^2)}{10(a+b)\sum_{cyc}(7a^2+11ab)} \geqslant 0,$$

所以原不等式成立.

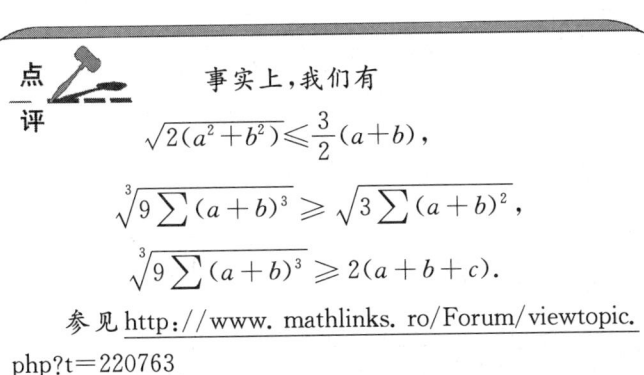

事实上,我们有
$$\sqrt{2(a^2+b^2)} \leqslant \frac{3}{2}(a+b),$$
$$\sqrt[3]{9\sum(a+b)^3} \geqslant \sqrt{3\sum(a+b)^2},$$
$$\sqrt[3]{9\sum(a+b)^3} \geqslant 2(a+b+c).$$

参见 http://www.mathlinks.ro/Forum/viewtopic.php?t=220763

例 12 证明:对于非负实数 x,y,有
$$(x^2+y^2)^2 + x^3 + y^3 + 4xy^2 + x^2 + y^2 \geqslant 3x^3y + 5xy^2 + xy.$$

证明

$$(x^2+y^2)^2 + x^3 + y^3 + 4xy^2 + x^2 + y^2 - (3x^3y + 5xy^2 + xy)$$
$$= x^4 - 3x^3y + 2x^2y^2 + y^4 + x^3 - xy^2 + y^3 + x^2 - xy + y^2$$

$$\geqslant x^4 - 3x^3y + 2x^2y^2 + y^4 = \frac{(2x^2 - 3xy - y^2)^2 + 3y^2(x-y)^2}{4} \geqslant 0.$$

所以原不等式成立.

参见 http://www.mathlinks.ro/Forum/viewtopic.php?t=220257

http://www.mathlinks.ro/Forum/viewtopic.php?t=78337

例 13 证明：对于所有正整数 n，有

$$0 < \sqrt{4n+2} - \sqrt{n+1} - \sqrt{n} < \frac{1}{16n\sqrt{n}}.$$

证明

$$\sqrt{4n+2} - \sqrt{n+1} - \sqrt{n}$$

$$= \sqrt{n+\frac{1}{2}} - \sqrt{n} - \left(\sqrt{n+1} - \sqrt{n+\frac{1}{2}}\right)$$

$$= \frac{n+\frac{1}{2}-n}{\sqrt{n+\frac{1}{2}}+\sqrt{n}} - \frac{n+1-\left(n+\frac{1}{2}\right)}{\sqrt{n+1}+\sqrt{n+\frac{1}{2}}}$$

$$= \frac{1}{2}\left[\frac{1}{\sqrt{n+\frac{1}{2}}+\sqrt{n}} - \frac{1}{\sqrt{n+1}+\sqrt{n+\frac{1}{2}}}\right]$$

$$= \frac{1}{2\left(\sqrt{n+\frac{1}{2}}+\sqrt{n}\right)\left(\sqrt{n+1}+\sqrt{n+\frac{1}{2}}\right)(\sqrt{n+1}+\sqrt{n})},$$

易知上式 >0，且 $< \dfrac{1}{2 \cdot 2\sqrt{n} \cdot 2\sqrt{n} \cdot 2\sqrt{n}} = \dfrac{1}{16n\sqrt{n}}$.

参见 http://www.mathlinks.ro/Forum/viewtopic.php?t=220842

例 14 证明：对于正实数 a,b,c,d，有

$$(a+b)(b+c)(c+d)(d+a)(1+\sqrt[4]{abcd})^4$$
$$\geqslant 16abcd(1+a)(1+b)(1+c)(1+d).$$

证明

$$(a+b)(b+c)(c+d)(d+a)(1+\sqrt[4]{abcd})^4$$

$$\geqslant 16abcd(1+a)(1+b)(1+c)(1+d)$$
$$\Leftrightarrow (a+b)(b+c)(c+d)(d+a)-16abcd$$
$$+4\sqrt[4]{abcd}\big((a+b)(b+c)(c+d)(d+a)$$
$$-4\sqrt[4]{a^3b^3c^3d^3}(a+b+c+d)\big)$$
$$+2\sqrt{abcd}\big(3(a+b)(b+c)(c+d)(d+a)$$
$$-8\sqrt{abcd}(ab+ac+ad+bc+bd+cd)\big)$$
$$+4\sqrt[4]{a^3b^3c^3d^3}\big((a+b)(b+c)(c+d)(d+a)$$
$$-4\sqrt[4]{abcd}(abc+abd+acd+bcd)\big)\geqslant 0,$$

所以原不等式成立.

证明过程中的 4 个不等式的成立,可以作为习题留给读者思考.
参见 http://www.mathlinks.ro/Forum/viewtopic.php?t=217874

例 15 证明:对于非负实数 a,b,c,d,有
$$(a+b)(b+c)(c+a)(1+a)(1+b)(1+c) \tag{12}$$
$$\geqslant abc(2+a+b)(2+b+c)(2+c+a).$$

证明 原不等式等价于
$$\frac{(a+b)(b+c)(c+a)}{abc}\geqslant \frac{(a+b+2)(b+c+2)(c+a+2)}{(a+1)(b+1)(c+1)},$$

即
$$\frac{(a+b)(b+c)(c+a)}{abc}-8\geqslant \frac{(a+b+2)(b+c+2)(c+a+2)}{(a+1)(b+1)(c+1)}-8,$$
$$\sum_{\text{cyc}}\left(\frac{(a-b)^2}{ab}-\frac{(a-b)^2}{(a+1)(b+1)}\right)\geqslant 0. \tag{13}$$

式(13)显然成立,故式(12)成立.

事实上,我们还可以根据
$$\left(1+\frac{1}{a}\right)\left(1+\frac{1}{b}\right) \geq \left(1+\frac{2}{a+b}\right)^2$$
给出式(12)的证明.

参见 http://www.mathlinks.ro/Forum/viewtopic.php?t=220496

例 16 当正实数 a,b,c 满足 $abc=1$. 证明:
$$\frac{1}{(1+a)^2}+\frac{1}{(1+b)^2}+\frac{1}{(1+c)^2}+\frac{4}{(a+b+c+1)^2} \geq 1.$$

证明 $\frac{1}{(1+a)^2}+\frac{1}{(1+b)^2}+\frac{1}{(1+c)^2}+\frac{4}{(a+b+c+1)^2}-1$
$$=\frac{(a^2+b^2+c^2-3)^2}{(1+a)^2(1+b)^2(1+c)^2(1+a+b+c)^2} \geq 0,$$
所以原不等式成立.

由 $\frac{1}{a+b+c+1} \geq \frac{4}{(a+b+c+1)^2}$,

可知原不等式是
$$\frac{1}{(1+a)^2}+\frac{1}{(1+b)^2}+\frac{1}{(1+c)^2}+\frac{1}{(a+b+c+1)} \geq 1$$
的加强.

参见 http://www.mathlinks.ro/Forum/viewtopic.php?t=219632

http://www.mathlinks.ro/viewtopic.php?t=77407

例 17 证明:对于非负实数 a,b,c,有
$$\sum_{cyc} \sqrt{\frac{2a(b+c)}{(2b+c)(b+2c)}} \geq 2.$$

证明 由赫尔德不等式知

$$\left(\sum_{cyc}\sqrt{\frac{a(b+c)}{(2b+c)(b+2c)}}\right)^2 \sum_{cyc}\frac{a^2(2b+c)(b+2c)}{b+c} \geqslant (a+b+c)^3,$$

所以只需证

$$(a+b+c)^3 \geqslant 2\sum_{cyc}\frac{a^2(2b+c)(b+2c)}{b+c}.$$

事实上，$(a+b+c)^3 - 2\sum_{cyc}\frac{a^2(2b+c)(b+2c)}{2b+c} = \sum_{cyc}\frac{(b-c)^2(b+c-a)^2}{2(b+c)} \geqslant 0.$

综上所述，原不等式成立.

参见 http://www.mathlinks.ro/Forum/viewtopic.php?t=97699

例 18 设 a,b,c 是三角形的三边. 证明：
$$a^3+b^3+c^3-3abc \geqslant 2\max(|a-b|^3, |b-c|^3, |c-a|^3).$$

证明 设 $a \geqslant b \geqslant c$ 且 $a=y+z, b=z+x, c=x+y$，于是
$$a^3+b^3+c^3-3abc \geqslant 2\max\{|a-b|^3, |b-c|^3, |c-a|^3\}$$
$$\Leftrightarrow (a+b+c)(a^2+b^2+c^2-ab-ac-bc) \geqslant 2(a-c)^3$$
$$\Leftrightarrow (x+y+z)(x^2+y^2+z^2-xy-xz-yz) \geqslant (z-x)^3$$
$$\Leftrightarrow x^3+y^3+z^3-3xyz \geqslant z^3-3z^2x+3zx^2-x^3$$
$$\Leftrightarrow 3xz^2-3x(x+y)z+2x^3+y^3 \geqslant 0.$$

事实上，我们有
$$(3x(x+y))^2 - 12x(2x^3+y^3) \leqslant 0, (5x+4y)(x-y)^2 \geqslant 0.$$

综上可知，原不等式成立.

参见 http://www.mathlinks.ro/Forum/viewtopic.php?t=219583

例 19 正实数 a,b,c 满足 $abc=1$. 证明：
$$\sqrt{\frac{1}{1+a}}+\sqrt{\frac{1}{1+b}}+\sqrt{\frac{1}{1+c}} \leqslant 2\sqrt{1+\frac{1}{(1+a)(1+b)(1+c)}}.$$

证明 设 $a=\frac{y}{x}, b=\frac{z}{y}, c=\frac{x}{z}$，其中 x,y,z 是正实数，且满足 $x+y+z=1$. 于是

代数不等式

$$\sum_{cyc}\sqrt{\frac{1}{1+a}} \leqslant 2\sqrt{1+\frac{1}{(1+a)(1+b)(1+c)}}$$

$$\Leftrightarrow \sum_{cyc}\sqrt{\frac{x}{x+y}} \leqslant 2\sqrt{1+\frac{xyz}{(x+y)(x+z)(y+z)}}.$$

由于 $f(x)=\sqrt{x}$ 是凸函数,所以由詹生不等式知

$$\sum_{cyc}\sqrt{\frac{x}{x+y}} = \sum_{cyc}\frac{x+z}{2}\sqrt{\frac{4x}{(x+y)(x+z)^2}}$$

$$\leqslant \sqrt{\sum_{cyc}\frac{2x}{(x+y)(x+z)}} = \sqrt{\sum_{cyc}\frac{2x(x+y+z)}{(x+y)(x+z)}}$$

$$= 2\sqrt{1+\frac{xyz}{(x+y)(x+z)(y+z)}},$$

因此,原不等式成立.

参见 http://www.mathlinks.ro/Forum/viewtopic.php?t=204770

例 20 证明:对于非负实数 a,b,c,有
$$(a^2+b^2+c^2)(a+b+c) \geqslant 3\sqrt{3abc(a^3+b^3+c^3)}.$$

证明 原不等式等价于

$$\sum_{sym}(a^6+4a^5b+6a^4b^2+4a^3b^3+8a^3b^2c+2a^2b^2c^2-25a^4bc) \geqslant 0.$$

$$\sum_{sym}(a^6+4a^5b+6a^4b^2+4a^3b^3+8a^3b^2c+2a^2b^2c^2-25a^4bc)$$

$$=\sum_{cyc}(a^6-a^5b-ab^5+b^6)+5\sum_{cyc}(a^5c-a^4bc-b^4ac+b^2c)$$

$$+6\sum_{cyc}(c^4a^2-2c^4bc+c^4b^2)+4\sum_{cyc}(c^3a^3-c^3a^2b-c^3ab^2+c^3b^3)$$

$$-12abc\sum_{cyc}(a^4-a^2b-ab^2+b^3)-4abc\sum_{cyc}(a^3-abc)$$

$$=\sum_{cyc}(a-b)^2(6c^4+4(a+b)c^3-2abc^2+(5a^3-9a^2b-9ab^2$$

$$+5b^3)c+a^4+a^3b+a^2b^2+ab^3+b^4)$$

$$\geqslant \sum_{cyc}(a-b)^2\left(6c^4+4(a+b)c^3-\frac{(a+b)^2}{2}c^2-(a+b)^3c+\frac{5(a+b)^4}{16}\right).$$

设 $2c=(a+b)t$,则只需证明以下不等式:
$$6t^4+8t^3-2t^2-8t+5 \geqslant 0.$$

170

上式显然成立，故原不等式成立.
参见http://www.mathlinks.ro/Forum/viewtopic.php?t=217800

例21 正实数 a,b,c 满足 $a+b+c=1$. 证明：
$$\frac{a^2+bc}{a^2+1}+\frac{b^2+ac}{b^2+1}+\frac{c^2+ba}{c^2+1}\leqslant\frac{13}{20}.$$

证明 $\frac{a^2+bc}{a^2+1}+\frac{b^2+ac}{b^2+1}+\frac{c^2+ba}{c^2+1}\leqslant\frac{13}{20}$

$\Leftrightarrow \sum_{\text{sym}}\left(3a^6+10a^5b-a^4b^2-15a^3b^3+23a^4bc+114a^3b^2c\right.$
$\left.+32\frac{2}{3}a^2b^2c^2\right)\geqslant 0.$

由舒尔不等式以及米尔黑德定理知，

$\sum_{\text{sym}}(3a^6+10a^5b-a^4b^2-15a^3b^3+3a^4bc)$

$=3\sum_{\text{sym}}(a^6-2a^5b+a^4bc)+\sum_{\text{sym}}(a^5b-a^4b^2)$

$+15\sum_{\text{sym}}(a^5b-a^3b^3)\geqslant 0,$

因此，原不等式成立.
参见http://www.mathlinks.ro/Forum/viewtopic.php?t=219061

例22 正实数 a,b,c 满足 $abc=1$. 证明：
$$\frac{a+b}{2(a^7+b^7+c)}+\frac{b+c}{2(b^7+c^7+a)}+\frac{c+a}{2(c^7+a^7+b)}\leqslant 1.$$

证明 由米尔黑德定理，有
$$a^7+b^7\geqslant a^2b^2(a^3+b^3),$$
所以

$\sum_{\text{cyc}}\frac{a+b}{a^7+b^7+c}\leqslant\sum_{\text{cyc}}\frac{a+b}{a^2b^2(a^3+b^3)+c}$

$=\sum_{\text{cyc}}\frac{a+b}{\frac{a^3+b^3}{c^2}+c}=\sum_{\text{cyc}}\frac{c^2(a+b)}{a^3+b^3+c^3}.$

又因为

$$\sum_{cyc} c^2(a+b) \leqslant 2\sum_{cyc} a^3 \Leftrightarrow \sum_{cyc} (a-b)^2(a+b) \geqslant 0,$$

所以原不等式成立.

(该不等式的证明属于 Mathlinks 网站上的 Can_hang2007)

参见 http://www.mathlinks.ro/Forum/viewtopic.php?t=219131

例 23 证明:对于正实数 a,b,c,有

$$\frac{(b+c-a)^2}{(b+c)^2+a^2}+\frac{(c+a-b)^2}{(c+a)^2+b^2}+\frac{(a+b-c)^2}{(a+b)^2+c^2} \geqslant \frac{3}{5}.$$

证明 由柯西不等式得

$$\sum_{cyc}\frac{(b+c-a)^2}{(b+c)^2+a^2} = \sum_{cyc}\frac{(b^2+bc-ab)^2}{a^2b^2+(b^2+bc)^2} \geqslant \frac{(a^2+b^2+c^2)^2}{\sum_{cyc}(a^2b^2+(b^2+bc)^2)},$$

所以我们只需证明

$$\frac{(a^2+b^2+c^2)^2}{\sum_{cyc}(a^2b^2+(b^2+bc)^2)} \geqslant \frac{3}{5},$$

即

$$(a^2+b^2+c^2)^2 \geqslant 3(a^3b+b^3c+c^3a).$$

上式成立,故原不等式成立.

参见 http://www.mathlinks.ro/Forum/viewtopic.php?t=219109

例 24 证明:对于实数 x,y,z,有

$$x^4+y^4+z^4+xy^3+yz^3+zx^3 \geqslant 2(yx^3+zy^3+xz^3).$$

证明 方法一

$$x^4+y^4+z^4+xy^3+yz^3+zx^3-2(yx^3+zy^3+xz^3)$$
$$=\frac{1}{2}\sum_{cyc}(x^2-y^2-xy+yz)^2 \geqslant 0.$$

方法二

$$x^4+y^4+z^4+xy^3+yz^3+zx^3-2(yx^3+zy^3+xz^3)$$
$$=\frac{1}{4}(x^2-xy+2xz+y^2-yz-2z^2)^2+\frac{3}{4}(x^2-xy-y^2+yz)^2$$
$$\geqslant 0.$$

因此,原不等式成立.

参见http://www.mathlinks.ro/Forum/viewtopic.php?t=218219

例 25 证明:对于正实数 a,b,c,有
$$\sum_{cyc}\frac{a^5}{a^3+b^3}+\sum_{cyc}\frac{a^3}{a+b}\geqslant\sum_{cyc}\frac{a^4}{a^2+b^2}+\frac{a^2+b^2+c^2}{2}.$$

证明

$$\sum_{cyc}\frac{a^5}{a^3+b^3}+\sum_{cyc}\frac{a^3}{a+b}-\sum_{cyc}\frac{a^4}{a^2+b^2}-\frac{a^2+b^2+c^2}{2}$$

$$=\sum_{cyc}\left(\frac{a^5}{a^3+b^3}-\frac{a^2+b^2}{4}+\frac{a^3}{a+b}-\frac{a^2+b^2}{4}-\frac{a^4}{a^2+b^2}+\frac{a^2+b^2}{4}\right)$$

$$=\sum_{cyc}\left(\frac{3a^5-a^3b^2-a^2b^3-b^5}{4(a^3+b^3)}+\frac{3a^3-a^2b-ab^2-b^3}{4(a+b)}\right.$$
$$\left.-\frac{3a^4-2a^2b^2-b^4}{4(a^2+b^2)}\right)$$

$$=\sum_{cyc}\frac{a-b}{4}\left(\frac{3a^4+3a^3b+2a^2b^2+ab^3+b^4}{a^3+b^3}+\frac{3a^2+2ab+b^2}{a+b}\right.$$
$$\left.-\frac{3a^3+3a^2b+ab^2+b^3}{a^2+b^2}\right)$$

$$=\sum_{cyc}\frac{a-b}{4}\left(\frac{3a^4+3a^3b+2a^2b^2+ab^3+b^4}{a^3+b^3}-\frac{5(a+b)}{2}\right.$$
$$\left.+\frac{3a^2+2ab+b^2}{a+b}-\frac{3(a+b)}{2}-\frac{3a^3+3a^2b+ab^2+b^3}{a^2+b^2}+2(a+b)\right)$$

$$=\sum_{cyc}\frac{a-b}{8}\left(\frac{a^4+a^3b+4a^2b^2-3ab^3-3b^4}{a^3+b^3}+\frac{3a^2-2ab-b^2}{a+b}\right.$$
$$\left.-\frac{2(a^3+a^2b-ab^2-b^3)}{a^2+b^2}\right)$$

$$=\sum_{cyc}\frac{(a-b)^2}{8}\left(\frac{a^3+2a^2b+6ab^2+3b^3}{a^3+b^3}+\frac{3a+b}{a+b}-\frac{2(a^2+2ab+b^2)}{a^2+b^2}\right)$$

$$=\sum_{cyc}\frac{(a-b)^2(a^6-a^5b+3a^4b^2+6a^3b^3+3a^2b^4+3ab^5+b^6)}{4(a^3+b^3)(a^2+b^2)(a+b)}$$

$$=\sum_{cyc}\frac{(a-b)^2(a^5-2a^4b+5a^3b^2+a^2b^3+2ab^4+b^5)}{4(a^3+b^3)(a^2+b^2)}\geqslant 0,$$

因此,原不等式成立.

参见 http://www.mathlinks.ro/Forum/viewtopic.php?t=218191

例 26 证明：对于正实数 a,b,c，有
$$\frac{a^5}{a^3+b^3}+\frac{b^5}{b^3+c^3}+\frac{c^5}{c^3+a^3}\geq\frac{a^2+b^2+c^2}{2}.$$

证明
$$\sum_{cyc}\frac{a^5}{a^3+b^3}\geq\frac{a^2+b^2+c^2}{2}\Leftrightarrow\sum_{cyc}\left(\frac{a^5}{a^3+b^3}-\frac{a^2+b^2}{4}\right)\geq 0$$
$$\Leftrightarrow\sum_{cyc}\left(\frac{(a-b)(3a^4+3a^3b+2a^2b^2+ab^3+b^4)}{a^3+b^3}-\frac{5(a^2-b^2)}{2}\right)\geq 0$$
$$\Leftrightarrow\sum_{cyc}\frac{(a-b)^2(a^3+2a^2b+6ab^2+3b^3)}{a^3+b^3}\geq 0,$$

因此，原不等式成立.

参见 http://www.mathlinks.ro/Forum/viewtopic.php?t=217447

例 27 证明：对于非负实数 a,b,c，有
$$\sum_{cyc}a^3+3abc\geq\sum_{cyc}ab\sqrt{2(a^2+b^2)}.$$

证明
$$\sum_{cyc}(a^3+abc)\geq\sum_{cyc}ab\sqrt{2(a^2+b^2)}$$
$$\Leftrightarrow\sum_{cyc}(a^6+2a^3b^3+6a^4bc+3a^2b^2c^2-2a^4b^2-2a^4c^2)$$
$$\geq 4\sum_{cyc}a^2bc\sqrt{(a^2+b^2)(a^2+c^2)}.$$

因为
$$2\sqrt{(a^2+b^2)(a^2+c^2)}\leq 2a^2+b^2+c^2,$$

要证原不等式只需证明
$$\sum_{cyc}(a^6-2a^4b^2-2a^4c^2+2a^3b^3 \\ +2a^4bc-2a^3b^2c-2a^3c^2b+3a^2b^2c^2)\geq 0. \qquad(14)$$

利用平方和（S.O.S.）法容易证明式(14).
$$\sum_{cyc}(a^6-2a^4b^2-2a^4c^2+2a^3b^3+2a^4bc-2a^3b^2c-2a^3c^2b$$

$+3a^2b^2c^2)\geqslant 0$

$\Leftrightarrow \sum_{cyc}(2a^6-4a^4b^2-4a^4c^2+4a^3b^3+4a^3bc-4a^3b^2c-4a^3c^2b$
$+6a^2b^2c^2)\geqslant 0$

$\Leftrightarrow \sum_{cyc}(a^6-a^4b^2-a^2b^4+b^6)-3\sum_{cyc}(a^4b^2-2a^3b^3+a^2b^4)$
$-\sum_{cyc}(c^3a^3-c^3a^2b-c^3ab^2+c^3b^3)+2\sum_{cyc}(a^4bc-a^3b^2c$
$-b^3a^2c+b^4ac)-3\sum_{cyc}(a^3c^2b-2a^2b^2c^2+b^3c^2a)\geqslant 0$

$\Leftrightarrow \sum_{cyc}(a-b)^2((a+b)^2(a^2+b^2)-3a^2b^2-c^3(a+b)$
$+2abc(a+b)-3abc^2)\geqslant 0.$

不妨设 $a\geqslant b\geqslant c$,则 $S_c\geqslant 0$,

$S_b=(a+c)^2(a^2+c^2)-3a^2c^2-b^3(a+c)+2abc(a+c)-3ab^2c\geqslant 0,$
$S_b+S_a\geqslant (a-b)^2(a^2+b^2-c^2+ab+ac+bc)\geqslant 0,$

所以原不等式即为

$$\sum_{cyc}(a-b)^2S_c\geqslant S_a(b-c)^2+S_b(b-c)^2\geqslant 0.$$

综上可知,原不等式成立.

参见 http://www.mathlinks.ro/Forum/viewtopic.php?t=216948

例 28 证明:对于任意两个不为零的非负实数 a,b,c,有

$$\frac{a}{b+c}+\frac{b}{c+a}+\frac{c}{a+b}+\frac{a^2b+b^2c+c^2a}{ab^2+bc^2+ca^2}\geqslant \frac{5}{2}.$$

证明 $\frac{a}{b+c}+\frac{b}{c+a}+\frac{c}{a+b}+\frac{a^2b+b^2c+c^2a}{ab^2+bc^2+ca^2}\geqslant \frac{5}{2}$

$\Leftrightarrow \sum_{cyc}\left(\frac{a}{b+c}-\frac{1}{2}\right)\geqslant \dfrac{\sum_{cyc}(a^2c-a^2b)}{\sum_{cyc}a^2c}$

$\Leftrightarrow \sum_{cyc}\frac{a-b-(c-a)}{2(b+c)}\geqslant \frac{(a-b)(b-c)(c-a)}{a^2c+b^2a+c^2b}$

$\Leftrightarrow \sum_{cyc}\frac{a-b}{2}\left(\frac{1}{b+c}-\frac{1}{a+c}\right)\geqslant \frac{(a-b)(b-c)(c-a)}{a^2c+b^2a+c^2b}$

175

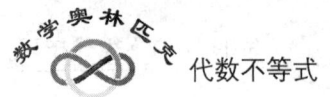

$$\Leftrightarrow \sum_{cyc} \frac{(a-b)^2}{(a+c)(b+c)} \geq \frac{2(a-b)(b-c)(c-a)}{a^2c+b^2a+c^2b}.$$

如果 $(a-b)(b-c)(c-a) \leq 0$,那么原不等式显然成立.下面设 $(a-b)(b-c)(c-a) > 0$,且

$$\frac{a^2c+b^2a+c^2b}{a^2b+b^2c+c^2a}=t,$$

于是 $t>1$.由算术平均-几何平均不等式知

$$\sum_{cyc} \frac{(a-b)^2}{(a+c)(b+c)} \geq 3\sqrt[3]{\frac{(a-b)^2(b-c)^2(c-a)^2}{(a+b)^2(a+c)^2(b+c)^2}},$$

所以只需证明

$$27(a^2c+b^2a+c^2b)^3 \geq 8(a+b)^2(a+c)^2(b+c)^2(a-b)(b-c)(c-a).$$

又因为

$$(a+b)(a+c)(b+c) = \sum_{cyc}(a^2b+a^2c)+2abc \leq \frac{4}{3}\sum_{cyc}(a^2b+a^2c),$$

所以只需证明以下不等式:

$$27t^3 \geq 8 \cdot \frac{16}{9}(t+1)^2(t-1).$$

上式显然成立,故原不等式成立.

参见 http://www.mathlinks.ro/Forum/viewtopic.php?t=216361

例29 证明:对于非负实数 a,b,c,有

$$a^3+b^3+c^3+12abc \leq \sum a^2\sqrt{a^2+24bc}.$$

证明 $a^3+b^3+c^3+12abc \leq \sum_{cyc} a^2\sqrt{a^2+24bc}$

$$\Leftrightarrow \sum_{cyc}(a^3b^3+24a^2b^2c^2) \leq \sum_{cyc} a^2b^2\sqrt{(a^2+24bc)(b^2+24ac)}.$$

因为

$$\sqrt{(a^2+24bc)(b^2+24ac)} \geq ab+24c\sqrt{ab},$$

所以只需证明

$$\sum_{cyc}(ab\sqrt{ab}-abc) \geq 0.$$

由米尔黑德定理易知上式显然成立,故原不等式成立.

参见 http://www.mathlinks.ro/Forum/viewtopic.php?t=216459

例 30 设非负实数 a,b,c 满足 $a+b+c=1$. 证明：
$$\sqrt{a+b^2}+\sqrt{b+c^2}+\sqrt{c+a^2}\geqslant 2.$$

证明 原不等式等价于
$$\sum_{\text{cyc}}(\sqrt{a+b^2}-b)\geqslant 1,$$

即
$$\sum_{\text{cyc}}\frac{a}{b+\sqrt{a+b^2}}\geqslant 1.$$

由算术平均-几何平均不等式得
$$\frac{a}{b+\sqrt{a+b^2}}=\frac{a(a+b)}{b(a+b)+(a+b)\sqrt{a+b^2}}$$
$$\geqslant\frac{2a(a+b)}{2b(a+b)+(a+b)^2+a+b^2}$$
$$=\frac{a(a+b)}{2a^2+5ab+4b^2+ca},$$

所以只需证明
$$\sum_{\text{cyc}}\frac{a(a+b)}{2a^2+5ab+4b^2+ca}\geqslant 1,$$

即
$$4\sum_{\text{cyc}}a^4b^2+3\sum_{\text{cyc}}a^3b^2c-19\sum_{\text{cyc}}a^2b^3c+16\sum_{\text{cyc}}a^4bc-12a^2b^2c^2\geqslant 0$$
$$\Leftrightarrow 4\left(\sum_{\text{cyc}}a^4b^2-\sum_{\text{cyc}}a^2b^3c\right)+3\left(\sum_{\text{cyc}}a^3b^2c-3a^2b^2c^2\right)$$
$$+15\left(\sum_{\text{cyc}}a^4bc-\sum_{\text{cyc}}a^2b^3c\right)+\left(\sum_{\text{cyc}}a^4bc-3a^2b^2c^2\right)\geqslant 0.$$

由算术平均-几何平均不等式易知上式显然成立, 故原不等式成立.
(该不等式的证明属于 Mathlinks 网站上的 Can_hang2007).
参见http://www.mathlinks.ro/Forum/viewtopic.php?t=216119

例 31 非负实数 a,b,c,d 满足 $abcd=1$. 证明：
$$(1+a^2)(1+b^2)(1+c^2)(1+d^2)\geqslant(a+b+c+d)^2.$$

证明 $(1+a^2)(1+b^2)(1+c^2)(1+d^2)\geqslant(a+b+c+d)^2$

$$\Leftrightarrow \sum_{sym} \left(\frac{1}{3}+a^2b^2+\frac{1}{3}a^2b^2c^2+\frac{1}{3}a^2b^2d^2\right) \geqslant 2\sum_{sym} ab.$$

由柯西不等式知

$$\sum_{sym}\left(\frac{1}{3}+a^2b^2+\frac{1}{3}a^2b^2c^2+\frac{1}{3}a^2b^2d^2\right)\geqslant 2\sum_{sym}a^{\frac{4}{3}}b^{\frac{4}{3}},$$

由此易知原不等式成立.

参见 http://www.mathlinks.ro/viewtopic.php?t=84043

http://www.mathlinks.ro/Forum/viewtopic.php?t=216006

例32 证明:对于非负实数 a,b,c,有

$$\sum_{cyc}\frac{a^3+abc}{b+c}\geqslant \sum_{cyc}\frac{a(b^3+c^3)}{a^2+bc}.$$

证明

$$\sum_{cyc}((a^3+abc)(a+b)(a+c)(a^2+bc)(b^2+ac)(c^2+ab)$$
$$-(ab^3+ac^3)(b^2+ac)(c^2+ab)(a+b)(a+c)(b+c))$$
$$=\sum_{cyc}(a^5+a^4b+a^4c+2a^3bc+3a^2b^2c)\sum_{cyc}\left(a^3b^3+a^4bc\right.$$
$$\left.+\frac{2}{3}a^2b^2c^2\right)-\sum_{cyc}(a^6b^2+a^6c^2+a^5b^2c+a^5c^2b+a^4b^3c$$
$$+a^4c^3b+2a^3b^3c^2)\sum_{cyc}\left(a^2b+a^2c+\frac{2}{3}abc\right)$$
$$=\sum_{sym}(0.5a^9bc+a^8b^3+a^8b^2c+a^7b^4+a^7b^3c+2a^7b^2c^2$$
$$+3a^6b^4c+5a^6b^3c^2+2.5a^5b^5c+6a^5b^4c^2+4a^5b^3c^3+5a^4b^4c^3)$$
$$-\sum_{sym}(a^8b^3+a^8b^2c+a^7b^4+3a^7b^3c+2a^7b^2c^2+3a^6b^4c+5a^6b^3c^2$$
$$+a^5b^5c+6a^5b^4c^2+4a^5b^3c^3+5a^4b^4c^3)$$
$$=\sum_{sym}(0.5a^9bc-2a^7b^3c+1.5a^5b^5c)$$
$$=abc\left(\sum_{cyc}(a^4-a^2b^2)\right)^2\geqslant 0,$$

所以原不等式成立.

参见 http://www.mathlinks.ro/Forum/viewtopic.php?t=215971

例33 非负实数 a,b,c,其中任意两个之和不为零.证明:
$$\frac{(b+c)^2}{a^2+bc}+\frac{(c+a)^2}{b^2+ca}+\frac{(a+b)^2}{c^2+ab}\geqslant 6.$$

证明 原不等式等价于
$$(a-b)^2(a-c)^2(b-c)^2+\sum_{\text{cyc}}ab(a^2-b^2)^2\geqslant 0.$$

上式显然成立,故原不等式成立.

参见 http://www.mathlinks.ro/Forum/viewtopic.php?t=215296

例34 证明:对于正实数 x,y,z,有
$$\frac{(y+z)^2}{x^2+yz}+\frac{(z+x)^2}{y^2+zx}+\frac{(x+y)^2}{z^2+xy}$$
$$\geqslant \frac{2}{3}(x^2+yz+y^2+zx+z^2+xy)\left(\frac{1}{x^2+yz}+\frac{1}{y^2+zx}+\frac{1}{z^2+xy}\right)\geqslant 6.$$

证明

$$3\sum_{\text{cyc}}(y+z)^2(y^2+zx)(z^2+xy)-2\sum_{\text{cyc}}(x^2+yz)\sum_{\text{cyc}}(y^2+zx)(z^2+xy)$$
$$=(x^5(y+z)+y^5(z+x)+z^5(x+y))-(x^4(y^2+z^2)+y^4(z^2+x^2)$$
$$+z^4(x^2+y^2))+6xyz(x^3+y^3+z^3)-4xyz(x^2(y+z)$$
$$+y^2(z+x)+z^2(x+y))+6x^2y^2z^2$$
$$=\sum_{\text{cyc}}yz(y^4+z^4-y^3z-yz^3)+2xyz\sum_{\text{cyc}}(y^3+z^3-y^2z-yz^2)$$
$$+2xyz(\sum_{\text{cyc}}x^3-\sum_{\text{cyc}}x^2(y+z)+3xyz)$$
$$=\sum_{\text{cyc}}yz(y-z)^2(y^2+z^2+yz+2zx+2xy)$$
$$+2xyz\sum_{\text{cyc}}x(x-y)(x-z)\geqslant 0,$$

由舒尔不等式易知上式成立.

后半个不等式留给读者尝试.

参见 http://www.mathlinks.ro/viewtopic.php?t=60128

例35 证明:对于正实数 a,b,c,有

$$(8a+5b+5c)^3+(5a+8b+5c)^3+(5a+5b+8c)^3$$
$$\geqslant 1944(a+b+c)(ab+bc+ca).$$

证明

$$\sum_{cyc}(8a+5b+5c)^3 \geqslant \frac{1}{3}\sum_{cyc}(8a+5b+5c)\sum_{cyc}(8a+5b+5c)^2$$
$$=\sum_{cyc}6a\sum_{cyc}(114a^2+210ab) \geqslant \sum_{cyc}6a\sum_{cyc}324ab$$
$$=1944(a+b+c)(ab+ac+bc).$$

参见 http://www.mathlinks.ro/Forum/viewtopic.php?t=215859

例 36 证明:对于非负实数 a,b,c,有
$$\frac{b+c}{2a^2+bc}+\frac{c+a}{2b^2+ca}+\frac{a+b}{2c^2+ab} \geqslant \frac{6}{a+b+c}.$$

证明

$$\sum_{cyc}\frac{b+c}{2a^2+bc} \geqslant \frac{6}{a+b+c}$$
$$\Leftrightarrow \sum_{sym}(a^5b+3a^4b^2-4a^3b^3-a^4bc+5a^3b^2c-4a^2b^2c^2) \geqslant 0$$
$$\Leftrightarrow 4(a-b)^2(a-c)^2(b-c)^2+\sum_{sym}(a^5b-a^4b^2)$$
$$+3\sum_{sym}(a^4bc-a^3b^2c) \geqslant 0,$$

由米尔黑德定理知上式成立,故原不等式成立.

参见 http://www.mathlinks.ro/Forum/viewtopic.php?t=215297

例 37 证明:对于正实数 a,b,c,有
$$\frac{a^2-bc}{\sqrt{8a^2+(b+c)^2}}+\frac{b^2-ca}{\sqrt{8b^2+(c+a)^2}}+\frac{c^2-ab}{\sqrt{8c^2+(a+b)^2}} \geqslant 0.$$

证明

$$\sum_{cyc}\frac{a^2-bc}{\sqrt{8a^2+(b+c)^2}} \geqslant 0$$
$$\Leftrightarrow \sum_{cyc}\frac{(a-b)(a+c)-(c-a)(a+b)}{\sqrt{8a^2+(b+c)^2}} \geqslant 0.$$

$$\sum_{cyc} \frac{(a-b)(a+c)-(c-a)(a+b)}{\sqrt{8a^2+(b+c)^2}}$$

$$= \sum_{cyc} (a-b)\left(\frac{a+c}{\sqrt{8a^2+(b+c)^2}} - \frac{b+c}{\sqrt{8b^2+(a+c)^2}}\right)$$

$$= \sum_{cyc} \frac{(a-b)((a+c)^2(8b^2+(a+c)^2)-(b+c)^2(8a^2+(b+c)^2))}{\sqrt{(8a^2+(b+c)^2)(8b^2+(a+c)^2)}((a+c)\sqrt{8b^2+(a+c)^2}+(b+c)\sqrt{(8a^2+(b+c)^2)})}$$

$$= \sum_{cyc} \frac{(a-b)^2(4c^3-2(a+b)c^2+4(a^2-3ab+b^2)c+(a+b)(a^2+b^2))}{\sqrt{(8a^2+(b+c)^2)(8b^2+(a+c)^2)}((a+c)\sqrt{8b^2+(a+c)^2}+(b+c)\sqrt{(8a^2+(b+c)^2)})}$$

$$\geqslant \sum_{cyc} \frac{(a-b)^2\left(4c^3-2(a+b)c^2-(a+b)^2c+\frac{(a+b)^3}{2}\right)}{\sqrt{(8a^2+(b+c)^2)(8b^2+(a+c)^2)}((a+c)\sqrt{8b^2+(a+c)^2}+(b+c)\sqrt{(8a^2+(b+c)^2)})}$$

$$= \sum_{cyc} \frac{(a-b)^2(2c+a+b)(2c-a-b)^2}{2\sqrt{(8a^2+(b+c)^2)(8b^2+(a+c)^2)}((a+c)\sqrt{8b^2+(a+c)^2}+(b+c)\sqrt{(8a^2+(b+c)^2)})}$$

$$\geqslant 0,$$

所以原不等式成立.

参见 http://www.mathlinks.ro/Forum/viewtopic.php?t=214879

例 38 证明:对于非负实数 a,b,c,有
$$\sum_{cyc} (a^2-bc)\sqrt{a^2+4bc} \geqslant 0.$$

证明

$$\sum_{cyc} (a^2-bc)\sqrt{a^2+4bc} \geqslant 0$$

$$\Leftrightarrow \sum_{cyc} a^2\sqrt{a^2+4bc} \geqslant \sum_{cyc} bc\sqrt{a^2+4bc}$$

$$\Leftrightarrow \sum_{cyc} (a^6+4a^4bc+2a^2b^2\sqrt{(a^2+4bc)(b^2+4ac)})$$

$$\geqslant \sum_{cyc} (a^2b^2c^2+4a^3b^3+2c^2ab\sqrt{(a^2+4bc)(b^2+4ac)}).$$

因为

$$2a^2b^2\sqrt{(a^2+4bc)(b^2+4ac)} \geqslant 2a^3b^3+8a^2b^2c\sqrt{ab},$$

$$2c^2ab\sqrt{(a^2+4bc)(b^2+4ac)} \leqslant a^3c^2b+b^3c^2a+4c^3a^2b+4c^3b^2a,$$

所以只需证明

$$\sum_{cyc}(a^6-2a^3b^3+4a^4bc+8a^2b^2c\sqrt{ab}-5a^3b^2c-5a^3c^2b-a^2b^2c^2)\geqslant 0.$$

事实上,我们有

$$\sum_{cyc}(a^6-2a^3b^3+a^4bc)=\sum_{cyc}(a^6-a^5b-a^5c+a^4bc)$$
$$+\sum_{cyc}(a^5b+a^5c-2a^3b^3)\geqslant 0,$$

所以只需证明

$$\sum_{cyc}(a^2b^2c\sqrt{ab}-a^2b^2c^2)\geqslant 0. \qquad (15)$$

设 $a=x^2, b=y^2, c=z^2$,则式(15)等价于

$$\sum_{cyc}(3x^6-5x^4y^2-5x^4z^2+7x^3y^3)\geqslant 0$$
$$\Leftrightarrow \sum_{cyc}(3x^6-10x^4y^2+14x^3y^3-10x^2y^4+3y^6)\geqslant 0$$
$$\Leftrightarrow \sum_{cyc}(x-y)^2(3x^4+6x^3y-x^2y^2+6xy^3+3y^4)\geqslant 0,$$

所以式(15)成立. 综上可知原不等式成立.

参见 http://www.mathlinks.ro/viewtopic.php?t=157776
http://www.mathlinks.ro/Forum/viewtopic.php?t=214878

例39 当正实数 a,b,c 满足 $a+b+c=1$. 证明:

$$a\sqrt{1-bc}+b\sqrt{1-ca}+c\sqrt{1-ab}\geqslant\frac{2\sqrt{2}}{3}.$$

证明 由赫尔德不等式得

$$\left(\sum_{cyc}a\sqrt{1-bc}\right)^2\sum_{cyc}\frac{a}{1-bc}\geqslant(a+b+c)^3=1,$$

所以只需证明

$$\sum_{cyc}\frac{a}{1-bc}\leqslant\frac{9}{8}.$$

事实上,

$$\sum_{cyc}\frac{a}{1-bc}\leqslant\frac{9}{8}\Leftrightarrow(a+b+c)^6-9(ab+ac+bc)(a+b+c)^4$$
$$+9abc(a+b+c)^3-9a^2b^2c^2+8(a+b+c)^3\sum_{sym}a^2b$$

$$-8abc\sum_{\text{cyc}}a^2\sum_{\text{cyc}}a\geqslant 0,$$

即

$$\sum_{\text{sym}}\left(\frac{a^6}{2}+5a^5b+11a^4b^2-a^4bc+7a^3b^3-15a^3b^2c-\frac{15a^2b^2c^2}{2}\right)\geqslant 0,$$

由米尔黑德定理易知上式成立,故原不等式成立.

参见http://www.mathlinks.ro/Forum/viewtopic.php?t=214517

例 40 实数 x,y 满足 $x+y=1$. 求 $(x^3+1)(y^3+1)$ 的最大值.

解 $(x^3+1)(y^3+1)=x^3y^3+x^3+y^3+1=(xy)^3-3xy+2=$

$$\sqrt{\frac{2(xy)^2(3-(xy)^2)(3-(xy)^2)}{2}}+2\leqslant\sqrt{\frac{\left(\frac{6}{3}\right)^3}{2}}+2=4.$$

当 $x=\dfrac{1+\sqrt{5}}{2},y=\dfrac{1-\sqrt{5}}{2}$ 或 $y=\dfrac{1+\sqrt{5}}{2},x=\dfrac{1-\sqrt{5}}{2}$ 时取等号.

参见http://www.mathlinks.ro/Forum/viewtopic.php?t=214576

例 41 当 $1\leqslant a,b,c,d\leqslant 2$ 时,证明:

$$\frac{4}{3}\leqslant\frac{a}{b+cd}+\frac{b}{c+da}+\frac{c}{d+ab}+\frac{d}{a+bc}\leqslant 2.$$

证明

$$\sum_{\text{cyc}}\frac{a}{b+cd}=\sum_{\text{cyc}}\frac{a^2}{ab+acd}$$

$$\geqslant\sum_{\text{cyc}}\frac{a^2}{ab+2cd}$$

$$\geqslant\frac{(a+b+c+d)^2}{3(ab+bc+cd+da)}$$

$$=\frac{(a+b+c+d)^2}{3(a+c)(b+d)}\geqslant\frac{4}{3}.$$

另一方面,设 $f(a,b,c,d)=\sum_{\text{cyc}}\dfrac{a}{b+cd}$,由 $\dfrac{\partial^2 f}{\partial a^2}>0$ 等知

$\max f=\max\{f(2,2,2,2),f(2,2,2,1),f(2,2,1,2),f(2,1,2,2),f(2,2,1,1),f(2,1,2,1),f(2,1,1,2),f(2,1,1,1),f(1,1,1,1)\}$.

综上可知原不等式成立.

参见 http://www.mathlinks.ro/Forum/viewtopic.php?t=214281

例 42 证明:对于正实数 a,b,c,有
$$\frac{8(a+b+c)^2}{a^2+b^2+c^2}+\frac{3(a+b)(b+c)(c+a)}{abc}\geqslant 48.$$

证明
$$\frac{8(a+b+c)^2}{a^2+b^2+c^2}+\frac{3(a+b)(b+c)(c+a)}{abc}\geqslant 48$$
$$\Leftrightarrow \sum_{sym}(3a^4b+3a^3b^2+11a^2b^2c-17a^3bc)\geqslant 0$$
$$\Leftrightarrow \sum_{cyc}(a-b)^2(6c^3-11abc+3ab(a+b))\geqslant 0.$$

事实上,
$$6c^3-11abc+3ab(a+b)\geqslant 6c^3+3\sqrt{a^3b^3}+3\sqrt{a^3b^3}-11abc$$
$$\geqslant (3\sqrt[3]{54}-11)abc\geqslant 0.$$

综上可知,原不等式成立.

点评 我们有更强的不等式
$$\frac{(y+z)(z+x)(x+y)}{xyz}+\frac{2\sqrt{2}(x+y+z)^2}{x^2+y^2+z^2}$$
$$\geqslant 8+6\sqrt{2},$$
其中 x,y,z 是正实数.

不妨设 $x=\max\{x,y,z\}$,则
$$\frac{(y+z)(z+x)(x+y)}{xyz}+\frac{2\sqrt{2}(x+y+z)^2}{x^2+y^2+z^2}-8-6\sqrt{2}$$
$$\equiv \frac{F(x,y,z)}{xyz(x^2+y^2+z^2)},$$
$$F(x,y,z)$$
$$=x^4(y+z)+x^3(y^2-2(3+2\sqrt{2})yz+z^2)$$
$$+x^2(y+z)(y^2+(1+4\sqrt{2})yz+z^2)+x(y^4-2(3$$

$$+2\sqrt{2})y^3z+2(1+2\sqrt{2})y^2z^2-2(3+2\sqrt{2})yz^3+z^4)$$
$$+yz(y+z)(y^2+z^2)$$
$$=\frac{(y+z)}{8}(2x-y-z)^2(\sqrt{2}x-y-z)^2+\frac{(y-z)^2}{16}(2(2$$
$$+\sqrt{2})(2x-y-z)^3+(13+2\sqrt{2})(y+z)(2x-y-z)^2$$
$$+2(2x-y-z)(13y^2-2(6\sqrt{2}-5)yz+13z^2)+3(y$$
$$+z)(5y^2-2(4\sqrt{2}-1)yz+5z^2))$$
$$\geqslant 0,$$

所以不等式成立.

参见 http://www.mathlinks.ro/Forum/viewtopic.php?t=222448

例 43 设正实数 a,b,c 满足 $abc \geqslant 1$. 证明:
$$\frac{a+1}{a^2+a+1}+\frac{b+1}{b^2+b+1}+\frac{c+1}{c^2+c+1}\leqslant 2.$$

证明 展开整理得
$$(abc-1)\sum_{\text{cyc}}\left(\frac{1}{3}+a+ab+\frac{2}{3}abc\right)+\frac{1}{2}\sum_{\text{cyc}}c^2(a-b)^2\geqslant 0,$$
所以原不等式成立.

参见 http://www.mathlinks.ro/Forum/viewtopic.php?t=214063

例 44 证明:对非负实数 a,b,c,有
$$\frac{a^2+b^2+c^2}{ab+bc+ca}\geqslant\frac{a^2}{a^2+2bc}+\frac{b^2}{b^2+2ca}+\frac{c^2}{c^2+2ab}.$$

证明
$$\frac{a^2+b^2+c^2}{ab+bc+ca}\geqslant\sum_{\text{cyc}}\frac{a^2}{a^2+2bc}$$
$$\Leftrightarrow\sum_{\text{cyc}}\left(\frac{a^2}{ab+ac+bc}-\frac{a^2}{a^2+2bc}\right)\geqslant 0$$
$$\Leftrightarrow\sum_{\text{cyc}}\frac{a^2(a-b)(a-c)}{a^2+2bc}\geqslant 0.$$

事实上,设 $a \geqslant b \geqslant c$,则
$$\frac{a^2}{a^2+2bc} \geqslant \frac{b^2}{b^2+2ac},$$
$$a-c \geqslant b-c,$$

所以
$$\sum_{cyc} \frac{a^2(a-b)(a-c)}{a^2+2bc}$$
$$\geqslant (a-b)(b-c)\left(\frac{a^2}{a^2+2bc}-\frac{b^2}{b^2+2ac}\right)+\frac{c^2(c-a)(c-b)}{c^2+2ab} \geqslant 0.$$

综上可知,原不等式成立.

参见 http://www.mathlinks.ro/Forum/viewtopic.php?t=214185

例 45 正实数 a,b,c,d 满足 $a+b+c+d=4$. 证明:
$$\frac{a}{1+b^2c}+\frac{b}{1+c^2d}+\frac{c}{1+d^2a}+\frac{d}{1+a^2b} \geqslant 2.$$

证明 利用柯西不等式知
$$\sum_{cyc} \frac{a}{1+b^2c} \geqslant \frac{(a+b+c+d)^2}{a+b+c+d+\sum_{cyc} ab^2c},$$

所以只需证明
$$ab^2c+bc^2d+cd^2a+da^2b \leqslant 4.$$

事实上,
$$ab^2c+bc^2d+cd^2a+da^2b=(ab+cd)(ad+bc)$$
$$\leqslant \left(\frac{ab+bc+cd+da}{2}\right)^2$$
$$=\left(\frac{(a+c)(b+d)}{2}\right)^2 \leqslant \frac{1}{4}\left(\frac{a+b+c+d}{2}\right)^4=4.$$

综上可知,原不等式成立.

参见 http://www.mathlinks.ro/Forum/viewtopic.php?t=213733

例 46 正实数 a,b,c,d 满足 $a+b+c+d=4$. 证明:
$$a^2bc+b^2cd+c^2da+d^2ab \leqslant 4.$$

证明 原不等式等价于

$$ac(ab+cd)+bd(ad+bc) \leqslant 4.$$

当 $ab+cd \leqslant ad+bc$ 时,我们有
$$ac(ab+cd)+bd(ad+bc) \leqslant (ac+bd)(ad+bc)$$
$$\leqslant \left(\frac{ac+bd+ad+bc}{2}\right)^2$$
$$= \left(\frac{(a+b)(c+d)}{2}\right)^2 \leqslant \frac{1}{4}.$$

当 $ad+bc \leqslant ab+cd$ 时,我们有
$$ac(ab+cd)+bd(ad+bc) \leqslant (ac+bd)(ab+cd)$$
$$\leqslant \left(\frac{ac+bd+ab+cd}{2}\right)^2$$
$$= \left(\frac{(a+d)(b+c)}{2}\right)^2 \leqslant \frac{1}{4}.$$

综上可知,原不等式成立.

参见 http://www.mathlinks.ro/Forum/viewtopic.php?t=213733

例 47 非负实数 a, b, c 满足 $a+b+c=3$. 证明:
$$\sqrt{a(2a+b)(2a+c)}+\sqrt{b(2b+c)(2b+a)}+\sqrt{c(2c+a)(2c+b)} \geqslant 9.$$

证明 利用赫尔德不等式得
$$\left(\sum_{\text{cyc}} \sqrt{a(2a+b)(2a+c)}\right)^2 \sum_{\text{cyc}} \frac{a^2}{(2a+b)(2a+c)} \geqslant (a+b+c)^3,$$

所以要证原不等式只需证明
$$\sum_{\text{cyc}} \frac{a^2}{(2a+b)(2a+c)} \leqslant \frac{1}{3}.$$

事实上,
$$3 \prod_{\text{cyc}} (2a+b)(2a+c) \left[\frac{1}{3} - \sum_{\text{cyc}} \frac{a^2}{(2a+b)(2a+c)}\right]$$
$$= 2\left(\sum_{\text{cyc}} a^4(b^2+c^2) - 2\sum_{\text{cyc}} b^3 c^3\right)$$
$$+ abc\left(5\sum_{\text{cyc}} a^3 + 4\sum_{\text{cyc}} a^2(b+c) - 39abc\right) \geqslant 0.$$

综上可知,原不等式得证.

参见 http://www.mathlinks.ro/Forum/viewtopic.php?t=213518

http://www.mathlinks.ro/viewtopic.php?t=66660

例 48 证明:对于正实数 a,b,c,有
$$\frac{ab}{c^2+ca}+\frac{bc}{a^2+ab}+\frac{ca}{b^2+bc}\geqslant \frac{a}{a+c}+\frac{b}{b+a}+\frac{c}{c+b}.$$

证明 去分母整理得
$$\sum_{cyc}(a^4c^2-a^3c^2b)+\sum_{cyc}(a^3b^3-a^2b^2c^2)\geqslant 0,$$
由算术平均-几何平均不等式易知原不等式成立.

参见http://www.mathlinks.ro/Forum/viewtopic.php?t=213251

例 49 非负实数 a,b,c 满足 $(a+b)(b+c)(c+a)=2$. 证明:
$$(a^2+bc)(b^2+ca)(c^2+ab)\leqslant 1.$$

证明 $(a^2+bc)(b^2+ca)(c^2+ab)\leqslant 1$
$$\Leftrightarrow (a+b)^2(a+c)^2(b+c)^2\geqslant 4(a^2+bc)(b^2+ca)(c^2+ab)$$
$$\Leftrightarrow (a-b)^2(a-c)^2(b-c)^2+\sum_{sym}\left(4a^3b^2c+\frac{4}{3}a^2b^2c^2\right)\geqslant 0.$$

上式显然成立,故原不等式成立.

参见http://www.mathlinks.ro/Forum/viewtopic.php?t=206766

例 50 证明:对于正实数 x,y,z,有
$$\sum_{cyc}\sqrt{3x(x+y)(x+z)}\leqslant \sqrt{4(x+y+z)^3}.$$

证明
$$\sum_{cyc}\sqrt{3x(x+y)(x+z)}\leqslant \sqrt{4(x+y+z)^3}$$
$$\Leftrightarrow 4(x+y+z)^3\geqslant \sum_{cyc}3x(x+y)(x+z)$$
$$+6\sum_{cyc}(x+y)\sqrt{xy(x+z)(y+z)}.$$

因为
$$2\sqrt{xy(x+z)(y+z)}\leqslant x(y+z)+y(x+z),$$

所以只需证明

$$4(x+y+z)^3 \geqslant \sum_{cyc} 3x(x+y)(x+z) + 3\sum_{cyc}(x+y)(2xy+xz+yz).$$

事实上,上述不等式等价于
$$\sum_{cyc}(x^3-xyz) \geqslant 0.$$

综上所述,原不等式成立.

参见 http://www.mathlinks.ro/Forum/viewtopic.php?t=212946

例 51 设 a,b,c 为三角形三边. 证明:
$$(a+b)\cos\frac{C}{2} + (b+c)\cos\frac{A}{2} + (c+a)\cos\frac{B}{2} \leqslant \sqrt{3}(a+b+c).$$

证明 $\sum_{cyc}(a+b)\cos\frac{C}{2} \leqslant \sqrt{3}(a+b+c)$

$\Leftrightarrow \sum_{cyc}(a+b)\sqrt{\dfrac{(a+b+c)(a+b-c)}{4ab}} \leqslant \sqrt{3}(a+b+c)$

$\Leftrightarrow \sum_{cyc}(a+b)\sqrt{c(a+b-c)} \leqslant 2\sqrt{3(a+b+c)abc}$

$\Leftrightarrow \sum_{cyc}((a+b)^2 c(a+b-c)$
$\qquad +2(a+b)(a+c)\sqrt{bc(a+b-c)(a+c-b)})$
$\leqslant 12(a+b+c)abc.$

由算术平均-几何平均不等式得
$$\sum_{cyc}((a+b)^2 c(a+b-c)$$
$$+2(a+b)(a+c)\sqrt{bc(a+b-c)(a+c-b)})$$
$$\leqslant \sum_{cyc}((a+b)^2 c(a+b-c) + (a+b)(a+c)(c(a+b-c)$$
$$+b(a+c-b)))$$
$$=12(a+b+c)abc.$$

综上所述,原不等式成立.

参见 http://www.mathlinks.ro/Forum/viewtopic.php?t=212663

例 52 设 $a,b,c \in [0,1]$. 证明:

$$\frac{a}{b^3+c^3+7}+\frac{b}{c^3+a^3+7}+\frac{c}{a^3+b^3+7}\leqslant \frac{1}{3}.$$

证明
$$\sum_{\text{cyc}}\frac{a}{b^3+c^3+7}=\sum_{\text{cyc}}\frac{a}{b^3+2+c^3+2+3}$$
$$\leqslant \sum_{\text{cyc}}\frac{a}{3b+3c+3a}=\frac{1}{3}.$$

参见http://www.mathlinks.ro/Forum/viewtopic.php?t=211398

习 题 六

1. 证明：对于正实数 a, b, c，有
$$\frac{a}{a^2+bc}+\frac{b}{b^2+ac}+\frac{c}{c^2+ba} \geqslant \frac{3}{a+b+c}.$$

2. 证明：对于正实数 a, b, c，有
$$\sum_{\text{cyc}} \frac{1}{5(a^2+b^2)-ab} \geqslant \frac{1}{a^2+b^2+c^2}.$$

3. 设正实数 a, b, c 满足 $a+b+c=1$. 证明：
$$\frac{\sqrt{a^2+abc}}{ab+c}+\frac{\sqrt{b^2+abc}}{bc+a}+\frac{\sqrt{c^2+abc}}{ca+b} \leqslant \frac{1}{2\sqrt{abc}}.$$

4. 设正实数 a, b, c 满足 $a+b+c=1$. 证明：
$$2\left(\frac{a}{b}+\frac{b}{c}+\frac{c}{a}\right) \geqslant \frac{1+a}{1-a}+\frac{1+b}{1-b}+\frac{1+c}{1-c}.$$

5. 只利用算术平均-几何平均不等式，证明：
$$\sin A+\sin B+\sin C \leqslant \frac{3\sqrt{3}}{2}.$$

6. 设非负实数 x, y, z 满足 $x^2+y^2+z^2=1$. 证明：
$$\frac{x}{1-x^2}+\frac{y}{1-y^2}+\frac{y}{1-z^2} \geqslant \frac{3\sqrt{3}}{2}.$$

7. 设正实数 a, b, c 满足 $a+b+c=3$. 证明：
$$\sum_{\text{cyc}} \frac{a}{3a^2+abc+27} \leqslant \frac{3}{31}.$$

8. 设非负实数 a, b, c 满足 $abc=1$. 证明：
$$18\left(\frac{1}{a^3+1}+\frac{1}{b^3+1}+\frac{1}{c^3+1}\right) \leqslant (a+b+c)^3.$$

9. 设正实数 a, b, c 满足 $a^2b^2+b^2c^2+c^2a^2=1$. 证明：
$$(a^2+b^2+c^2)^2+abc(\sqrt{a^2+b^2+c^2})^3 \geqslant 4.$$

参考答案及提示

习 题 一

1. $x^2+5y^2+8z^2-4=x^2+5y^2+8z^2+4(xy+yz+zx)=(x+2y+2z)^2+(y-2z)^2\geqslant 0.$

2. 方法一 左边减去右边,整理配方得

$$x^2+y^2+z^2-2\sqrt{\frac{abc}{(a+b)(b+c)(c+a)}}\left(\sqrt{\frac{a+b}{c}}xy+\sqrt{\frac{b+c}{a}}yz+\sqrt{\frac{c+a}{b}}zx\right)=\sum_{\text{cyc}}ab\left(\frac{x}{\sqrt{a(b+c)}}-\frac{y}{\sqrt{b(c+a)}}\right)^2\geqslant 0.$$

方法二 把 x^2 拆成 $\frac{b}{b+c}x^2+\frac{c}{b+c}x^2$,然后再把 y^2,z^2 拆开,利用算术平均-几何平均不等式来证.

3. 利用三次方程的韦达定理,再通过适当的恒等变形来证.

4. 两边平方并整理.

5. 证明更强的不等式:

$$(a^2+b^2+c^2)(a^4+b^4+c^4)\geqslant(b-c)^2(c-a)^2(a-b)^2+\frac{74a^2b^2c^2}{9}+\frac{7(a+b+c)^6}{6561},$$

当 $a=b=c$ 时等号成立.

6. $(x^2+y^2+z^2+yz+zx+xy)^2-4(x+y+z)(x^2y+y^2z+z^2x)$
$=(z+x)^2(x-y)(x-z)+(x+y)^2(y-z)(y-x)$
$+(y+z)^2(z-x)(z-y)\geqslant 0.$

参见 http://www.mathlinks.ro/Forum/viewtopic.php?t=186038

7. $x^2(a-b)(a-c)+y^2(b-c)(b-a)+z^2(c-a)(c-b)$
$=(|x|a-(|z|+|x|)b+|z|c)^2$

$+((|z|+|x|)^2-y^2)(a-b)(b-c) \geqslant 0.$

8. i) 若 $abc<0$,则左式 $\geqslant 0>64abc$.

ii) 若 $abc \geqslant 0$,则有两种情况:

当 $c>0$ 且 $(a-1)(b-1) \geqslant 0 \Rightarrow ab+1 \geqslant a+1$,

则左式 $\geqslant (a+b)^2(2c+2)^2 \geqslant 16c(a+b)^2 \geqslant 64abc$

(对任意 $a,b \in \mathbf{R}, (a+b)^2 \geqslant 4ab$).

当 $c>0$ 且 $(a-1)(c-1) \geqslant 0$,相似地可推出结论.

参见 http://www.mathlinks.ro/Forum/viewtopic.php?t=201822

9. 这个不等式是一个三次舒尔不等式的推广.

参见 http://www.mathlinks.ro/Forum/viewtopic.php?t=201830

10.

(1) $(7x^3(y+z)+x^2(9y^2+16yz+9z^2)+11xyz(y+z)$
$+2y^2z^2)^2-48x(x+y)(x+z)(x+y+z)(yz+zx+xy)^2$

$= \dfrac{x^6(y-z)^2(y^2+6yz+z^2)}{(y+z)^2}$

$+ \dfrac{2x^5(y-z)^2(3z^2+8yz+3y^2)(5z^2+6yz+5y^2)}{(y+z)^3}$

$+ \dfrac{x^4(y-z)^2(33y^6+208y^5z+531y^4z^2+696y^3z^3+531y^2z^4+208yz^5+33z^6)}{(y+z)^4}$

$+ \dfrac{2x^3yz(y-z)^2(27y^6+166y^5z+437y^4z^2+660y^3z^3+437y^2z^4+166yz^5+27z^6)}{(y+z)^5}$

$+ \dfrac{7x^2y^2z^2(y-z)^4(3y^4+20y^3z+50y^2z^2+20yz^3+3z^4)}{2(y+z)^6}$

$+ \dfrac{y^2z^2(y-z)^2(y^2+6yz+z^2)(y^4+4y^3z+22y^2z^2+4yz^3+z^4)(5x^2(y+z)^2-8xyz(y+z)+8y^2z^2)}{2(y+z)^8}$

$+ \dfrac{16y^2z^2(2yz+zx+xy)^2(2yz-xy-zx)^4}{(y+z)^8} \geqslant 0 \Rightarrow$

$\sum_{\text{cyc}} z\sqrt{\dfrac{x}{1-x}} = \sum_{\text{cyc}} z\sqrt{\dfrac{x}{y+z}}$

$\leqslant \sum_{\text{cyc}} \dfrac{z(7x^3(y+z)+x^2(9y^2+16yz+9z^2)+11xyz(y+z)+2y^2z^2)}{4(yz+zx+xy)\sqrt{3(y+z)(z+x)(x+y)(x+y+z)}}$

$= \dfrac{9}{4}\sqrt{\dfrac{(y+z)(z+x)(x+y)}{3(x+y+z)}} = \dfrac{3\sqrt{3(1-x)(1-y)(1-z)}}{4}.$

(2) 利用加权幂平均及(1)的结论得

$$\sum_{cyc} z\sqrt[3]{\frac{x}{y+z}} \leqslant \Big(\sum_{cyc} z\sqrt{\frac{x}{y+z}}\Big)^{\frac{2}{3}} \leqslant \frac{3}{2}\sqrt[3]{\frac{(y+z)(z+x)(x+y)}{2}}.$$

事实上,有下面两个更强的不等式:

$$z\sqrt{\frac{x}{y+z}}+x\sqrt{\frac{y}{z+x}}+y\sqrt{\frac{z}{x+y}}$$

$$\leqslant \sqrt{\frac{25(x^2y+x^2z+y^2z+y^2x+z^2x+z^2y)+66xyz}{16(x+y+z)}},$$

$$z\sqrt[3]{\frac{x}{y+z}}+x\sqrt[3]{\frac{y}{z+x}}+y\sqrt[3]{\frac{z}{x+y}}$$

$$\leqslant \frac{\sqrt[3]{9(x^2y+x^2z+y^2z+y^2x+z^2x+z^2y+6xyz)}}{2},$$

对所有正实数 x,y,z 成立.

参见 http://www.mathlinks.ro/Forum/viewtopic.php?t=200837

11.
$$\frac{1}{x^2}+\frac{1}{y^2}+\frac{1}{z^2}-\frac{2(x^3+y^3+z^3)}{xyz}-3$$

$$=\sum_{cyc}\Big(\frac{x^2+y^2+z^2}{x^2}-\frac{2x^2}{yz}\Big)-3$$

$$=\sum_{cyc} x^2\Big(\frac{1}{y^2}-\frac{2}{yz}+\frac{1}{z^2}\Big)$$

$$=\sum_{cyc} x^2\Big(\frac{1}{y}-\frac{1}{z}\Big)^2$$

$$\geqslant 0.$$

12. 因为

$$\sum_{cyc}\Big(\frac{a^2}{(1+a)^2}-\frac{1}{16}-\frac{9}{32}\cdot\Big(a-\frac{1}{3}\Big)\Big)\geqslant 0,$$

即

$$\sum_{cyc}\frac{(3a-1)^2(1-a)}{(1+a)^2}\geqslant 0,$$

可推得原不等式成立.

13. $(a+b+c+d)^3-8(bcd+cda+dab+abc)-4(a^2(b+d)$
$+b^2(c+a)+c^2(d+b)+d^2(a+c))$
$=(a+b+c+d)(a-b+c-d)^2\geqslant 0.$

参见 http://www.mathlinks.ro/Forum/viewtopic.php?t=148360

14. 因为
$$(x^2+2yz)(x(y+z)+y^2+z^2)^2 - (x^2(y+z)+y^2(z+x)+z^2(x+y))^2$$
$$= 2x(y+z)(y^2+z^2)+2y^4-y^3z+2y^2z^2-yz^3+2z^4$$
$$= 2x(y+z)(y^2+z^2)+(y-z)^2(y^2+yz+z^2)+(y^2+z^2)^2 > 0.$$

所以
$$\sum_{cyc}\frac{x}{\sqrt{x^2+2yz}} < \sum_{cyc}\frac{x^2(y+z)+x(y^2+z^2)}{x^2(y+z)+y^2(z+x)+z^2(x+y)} = 2.$$

这是 2008 年江西高考理科数学最后一题的等价形式.

参见 http://forum.cnool.net/topic_show.jsp?id=4760099&oldpage=1&thesisid=494&flag=topic1

http://www.mathlinks.ro/Forum/viewtopic.php?t=106970

15. $5x^4+x^2+2-5x = 5\left(x^2-\dfrac{1}{3}\right)^2+\dfrac{13}{3}\left(x-\dfrac{15}{26}\right)^2+\dfrac{1}{468} > 0.$

参见 http://www.mathlinks.ro/Forum/viewtopic.php?t=204332

16. $\dfrac{x^2}{(x-1)^2}+\dfrac{y^2}{(y-1)^2}+\dfrac{z^2}{(z-1)^2}-1$

$\equiv \dfrac{a^6}{(a^3-abc)^2}+\dfrac{b^6}{(b^3-abc)^2}+\dfrac{c^6}{(c^3-abc)^2}-1$

$= \dfrac{(bc+ca+ab)^2(b^2c^2+c^2a^2+a^2b^2-a^2bc-b^2ca-c^2ab)^2}{(a^2-bc)^2(b^2-ca)^2(c^2-ab)^2} \geqslant 0.$

参见 http://www.mathlinks.ro/Forum/viewtopic.php?t=215222

17. 由已知得
$$a_n = \sum_{k=1}^{n}\frac{1}{k(n+1-k)} = \frac{2}{n+1}\sum_{k=1}^{n}\frac{1}{k},$$

事实上,
$$\frac{1}{k(n+1-k)} = \frac{1}{n+1}\left(\frac{1}{k}+\frac{1}{n+1-k}\right),$$

于是对任意的正整数 $n \geqslant 2$, 有

$$\frac{1}{2}(a_n-a_{n+1}) = \frac{1}{n+1}\sum_{k=1}^{n}\frac{1}{k}-\frac{1}{n+2}\sum_{k=1}^{n+1}\frac{1}{k}$$

$$= \left(\frac{1}{n+1}-\frac{1}{n+2}\right)\sum_{k=1}^{n}\frac{1}{k}-\frac{1}{(n+1)(n+2)}$$

195

$$= \frac{1}{(n+1)(n+2)}\left(\sum_{k=1}^{n}\frac{1}{k}-1\right)>0, \tag{1}$$

由式(1)立刻得到 $a_{n+1}<a_n$.

18. (a) 由 $\left(\dfrac{yz}{x}+\dfrac{xz}{y}+\dfrac{xy}{z}\right)^2 = \sum_{cyc}\left(\dfrac{xz}{y}-\dfrac{xy}{z}\right)^2 + 3\sum_{cyc}x^2 \geqslant 3$ 知原不等式成立,当且仅当 $x=y=z=\dfrac{\sqrt{3}}{3}$ 时等号成立.

(b) 对原不等式左边平方得

$$\left(\frac{y^2z}{x^2}+\frac{x^2z}{y^2}+\frac{x^2y}{z^2}\right)^2 = \sum_{cyc}\left(\frac{x^2z}{y^2}-\frac{x^2y}{z^2}\right)^2 + 3\sum_{cyc}\frac{x^3}{y}$$

$$= \sum_{cyc}\left(\frac{x^2z}{y^2}-\frac{x^2y}{z^2}\right)^2 + 3\sum_{cyc}\left(\left(\sqrt{\frac{x^3}{y}}-\sqrt{xy}\right)^2 + 2x^2 - xy\right)$$

$$= \sum_{cyc}\left(\frac{x^2z}{y^2}-\frac{x^2y}{z^2}\right)^2 + 3\sum_{cyc}\left(\sqrt{\frac{x^3}{y}}-\sqrt{xy}\right)^2$$

$$+ \frac{3}{2}\sum_{cyc}(x-y)^2 + 3\sum_{cyc}x^2, \tag{2}$$

由式(2)知原不等式成立,当且仅当 $x=y=z=\dfrac{\sqrt{3}}{3}$ 时等号成立.

(c) 对原不等式左边平方,由类似式(2)的操作得

$$\left(\frac{y^2z^3}{x^4}+\frac{x^2z^3}{y^4}+\frac{x^2y^3}{z^4}\right)^2 \geqslant 3\left(\frac{x^5}{z^2y}+\frac{y^5}{x^2z}+\frac{z^5}{y^2x}\right), \tag{3}$$

由 $\dfrac{x^5}{z^2y}+z^2+xy\geqslant 3x^2$ 等知

$$\frac{x^5}{z^2y}+\frac{y^5}{x^2z}+\frac{z^5}{y^2x} \geqslant 3\sum_{cyc}x^2 - \sum_{cyc}x^2 - \sum_{cyc}xy \geqslant \sum_{cyc}x^2 = 1. \tag{4}$$

联立式(3),(4),易知原不等式成立,当且仅当 $x=y=z=\dfrac{\sqrt{3}}{3}$ 时等号成立.

> **点评** 在恒等变形的过程中,建立起一定的经验后进行适当的不等变形可以使问题的解决更富有灵动性.对不等式两边平方是证明不等式时的常见操作.

19. $3(x+y+1)^2 + 1 - 3xy = \dfrac{1}{4}(3x+3y+4)^2 + \dfrac{3}{4}(x-y)^2 \geqslant 0.$

20. 因为

$$2\Big(\sum_{cyc} x^3\Big)\Big(\sum_{cyc} x^2\Big) + 9xyz\Big(\sum_{cyc} x\Big)^2 - 33xyz\Big(\sum_{cyc} x^2\Big)$$

$$= \Big(\sum_{cyc}(y-z)^2\Big)\Big(\sum_{cyc} x^3 + \sum_{cyc} x^2(y+z) - 9xyz\Big)$$

$$= \dfrac{1}{2}\Big(\sum_{cyc} x\Big)\Big(\sum_{cyc}(y-z)^2\Big)^2 + \Big(\sum_{cyc}(y-z)^2\Big)\Big(\sum_{cyc} x(y-z)^2\Big),$$

(5)

所以原不等式成立.

点评 1. 原不等式是韩国的李镐株（Hojoo Lee）提供给《数学难题》（Crux Mathematicorum）的题目（第 2465 题）.

2. 式(5)的最后一步利用了 3.2 节中的米尔黑德定理，可用恒等式表示：

$$\sum_{cyc} x^3 + \sum_{cyc} x^2(y+z) - 9xyz$$

$$= \dfrac{1}{2}\Big(\sum_{cyc} x\Big)\Big(\sum_{cyc}(y-z)^2\Big) + \sum_{cyc} x(y-z)^2.$$

21. $\displaystyle\sum_{i=1}^{n} a_i b_i = \sum_{i=1}^{n} a_i(B_i - B_{i-1}) = \sum_{i=1}^{n-1}(a_i - a_{i-1})B_i + a_n B_n,$ (6)

所以

$$\sum_{i=1}^{n} a_i b_i \leqslant B\Big(\sum_{i=1}^{n-1}(a_i - a_{i+1}) + a_n\Big) = a_1 B.$$

同样可证原不等式的另一半.

22. 首先我们有

$$\Big(\sum_{cyc} x\Big)\Big(\sum_{cyc} \dfrac{1}{x}\Big) - 9 = \sum_{cyc} \dfrac{(x-y)^2}{xy},$$ (7)

$$6\Big(\sum_{cyc} \dfrac{x}{y+z}\Big) - 9 = \sum_{cyc} \dfrac{3(x-y)^2}{(x+z)(y+z)},$$ (8)

由式(7),(8)知,要证原不等式只需证明
$$\sum_{cyc}\frac{(x-y)^2}{xy}\geqslant\sum_{cyc}\frac{3(x-y)^2}{(x+z)(y+z)}. \qquad (9)$$

记
$$S_x=\frac{1}{yz}-\frac{3}{(y+x)(z+x)},$$
$$S_y=\frac{1}{zx}-\frac{3}{(z+y)(x+y)},$$
$$S_z=\frac{1}{xy}-\frac{3}{(x+z)(y+z)},$$

不妨设 $x\geqslant y\geqslant z$. 显然 $S_x\geqslant 0$. 因为 $y+z\geqslant x$, 所以容易得到 $xy+zy+y^2-2xz\geqslant 0$, 即 $S_y\geqslant 0$. 如果 $S_z\geqslant 0$, 则不等式得证. 如果 $S_z\leqslant 0$, 我们能够证明 $S_y+S_z\geqslant 0$.

事实上,
$$S_y+S_z=\frac{1}{xz}-\frac{3}{(x+y)(z+y)}+\frac{1}{xy}-\frac{3}{(x+z)(z+y)}$$
$$=\frac{-4yx^2z+x^2y^2+2y^2z^2+y^3x+y^3z+x^2z^2+xz^3+yz^3}{xz(x+y)(z+y)y(x+z)},$$

当 $x,y,z\in[1,2]$ 时上式显然大于零.

由于 $(x-z)^2\geqslant (x-y)^2$, 所以
$$\sum_{cyc}S_x(y-z)^2\geqslant S_x(y-z)^2+(S_y+S_z)(x-y)^2\geqslant 0. \qquad (10)$$

由式(10)可知式(9)成立, 即原不等式成立, 当且仅当 $x=y=z$ 或 $x=2, y=z=1$ 时等号成立.

 这种证明题目的方法常常被人称为平方和(S.O.S.)法, 这是一种有力的证明技巧.

23. 首先猜测 m 的值为 $\frac{3}{2}$, 当且仅当 $x=y=z=2$ 时取到.

令 $x=\frac{1}{a}-1, y=\frac{1}{b}-1, z=\frac{1}{c}-1,$ 于是有 $\left(\frac{1}{a}-1\right)\left(\frac{1}{b}-1\right)\left(\frac{1}{c}-\right.$

1)$= \frac{1}{a}+\frac{1}{b}+\frac{1}{c}-1$,即 $a+b+c=1$. 于是原问题即证明：

$$\frac{a}{1-a}+\frac{b}{1-b}+\frac{c}{1-c}+\frac{3}{2} \leqslant \frac{b}{a}+\frac{c}{b}+\frac{a}{c}. \tag{11}$$

要证式(11)，即证明

$$\frac{ab}{c(b+c)}+\frac{bc}{a(c+a)}+\frac{ca}{b(a+b)} \geqslant \frac{3}{2}. \tag{12}$$

利用柯西不等式与算术平均-几何平均不等式容易证明式(12). 事实上，

$$\frac{ab}{c(b+c)}+\frac{bc}{a(c+a)}+\frac{ca}{b(a+b)}$$

$$=\frac{(ab)^2}{abc(b+c)}+\frac{(bc)^2}{abc(c+a)}+\frac{(ca)^2}{abc(a+b)}$$

$$\geqslant \frac{(ab+bc+ca)^2}{2abc(a+b+c)}$$

$$=\frac{a^2b^2+b^2c^2+c^2a^2+2abc(a+b+c)}{2abc(a+b+c)}$$

$$\geqslant \frac{abc(a+b+c)+2abc(a+b+c)}{2abc(a+b+c)}$$

$$=\frac{3}{2}.$$

综上所述，所求 m 的最大值是 $\frac{3}{2}$.

> **点评** 不等式的求解和证明无非就是适当地运用恒等变形和不等变形. 在证明不等式的时候，常常要交替使用两种变形. 不等变形是我们所熟悉并且熟练掌握的，反而是恒等变形这个更基本的操作手段倒是我们所忽视的. 这部分的主题是恒等变形，所以恒等变形部分的操作在此通常会喧宾夺主.

24. 可用反向归纳法给出证明. 若 $x_1 \neq x_2$, 我们有

$$\frac{x_1 x_2}{(1-x_1)(1-x_2)} - \left(\frac{x_1+x_2}{(1-x_1)+(1-x_2)}\right)^2$$

$$= \frac{(x_1-x_2)^2(x_1+x_2-1)}{(1-x_1)(1-x_2)((1-x_1)+(1-x_2))^2} < 0, \qquad (13)$$

因而有

$$\frac{x_1 x_2 x_3 x_4}{(1-x_1)(1-x_2)(1-x_3)(1-x_4)}$$

$$\leqslant \left(\frac{x_1+x_2}{(1-x_1)+(1-x_2)}\right)^2 \left(\frac{x_3+x_4}{(1-x_3)+(1-x_4)}\right)^2$$

$$= \left(\frac{(x_1+x_2)/2}{1-(x_1+x_2)/2}\right)^2 \left(\frac{(x_3+x_4)/2}{1-(x_3+x_4)/2}\right)^2$$

$$\leqslant \left(\frac{(x_1+x_2)/2 + (x_3+x_4)/2}{(1-(x_1+x_2)/2)+(1-(x_3+x_4)/2)}\right)^4$$

$$= \left(\frac{x_1+x_2+x_3+x_4}{(1-x_1)+(1-x_2)+(1-x_3)+(1-x_4)}\right)^4,$$

式中若非 $x_1=x_2=x_3=x_4$, 则不等号至少有一处成立. 重复此项论证 m 次, 若非所有的 x_i 都相等, 则有

$$\frac{\prod_{i=1}^{2^m} x_i}{\prod_{i=1}^{2^m}(1-x_i)} < \frac{\left(\sum_{i=1}^{2^m} x_i\right)^{2^m}}{\left(\sum_{i=1}^{2^m}(1-x_i)\right)^{2^m}}.$$

此即式(13), 不过此时 n 为 2 的幂.

现在来完成反向归纳过程, 即若式(13)对 n 成立, 且若 A 为 $x_1, x_2, \cdots, x_{n-1}$ 之算术平均, 则运用式(13)于 n 个数 $x_1, x_2, \cdots, x_{n-1}, A$, 即得

$$\left(\frac{A}{1-A}\right)^n = \left(\frac{x_1+x_2+\cdots+x_{n-1}+A}{(1-x_1)+(1-x_2)+\cdots+(1-x_{n-1})+(1-A)}\right)^n$$

$$> \frac{x_1 x_2 \cdots x_{n-1} A}{(1-x_1)(1-x_2)\cdots(1-x_{n-1})(1-A)},$$

故对 $n-1$ 也成立.

点评 算术平均-几何平均不等式可作为樊㽞不等式的极限形式:设 a 是正实数,$0 < x_i \leqslant \dfrac{a}{2}, i = 1, 2, \cdots, n$,则运用式(13)于 n 个数 $\dfrac{x_1}{a}, \dfrac{x_2}{a}, \cdots, \dfrac{x_n}{a}$,即得

$$\frac{\prod_{i=1}^{n} x_i}{\prod_{i=1}^{n}\left(1-\dfrac{x_i}{a}\right)} \leqslant \frac{\left(\sum_{i=1}^{n} x_i\right)^n}{\left(\sum_{i=1}^{n}\left(1-\dfrac{x_i}{a}\right)\right)^n},$$

当 $a \to +\infty$ 时就得到算术平均-几何平均不等式. 这个发现属于王挽澜和王鹏飞.

25. 我们可将算术平均-几何平均不等式改写成

$$(x_1 + x_1 + \cdots + x_1) \cdot (x_2 + x_2 + \cdots + x_2) \cdot \cdots \cdot (x_n + x_n + \cdots + x_n)$$
$$\leqslant (x_1 + x_2 + \cdots + x_n) \cdot (x_1 + x_2 + \cdots + x_n) \cdot \cdots \cdot (x_1 + x_2 + \cdots + x_n).$$

假定 $x_1 \leqslant x_2 \leqslant \cdots \leqslant x_n$,并将左边第一个因子中的 $n-1$ 项分别与其余 $n-1$ 个因子中的各一项交换,则得

$$(x_1 + x_2 + \cdots + x_n)(x_1 + x_2 + x_2 + \cdots + x_2) \cdot \cdots \cdot (x_1 + x_n + x_n + \cdots + x_n).$$

由引理知,上式比原式大,除非所有的 x_i 都相等. 重复此项论证即得算术平均-几何平均不等式.

26. 假设对 n 结论成立,且

$$x_1 x_2 \cdots x_n x_{n+1} = 1.$$

不妨设 $x_1 \geqslant 1, x_2 \leqslant 1$,则有 $(x_1 - 1)(x_2 - 1) \leqslant 0$,或

$$x_1 x_2 + 1 \leqslant x_1 + x_2.$$

因此对 n 个量 $x_1, x_2, \cdots, x_n$ 应用假设,得

$$x_1 + x_2 + x_3 + \cdots + x_{n+1} \geqslant 1 + x_1 x_2 + x_3 + \cdots + x_{n+1} \geqslant 1 + n.$$

因为对 $n=1$ 结论是平凡的,所以命题成立.

(这个归纳证明方法是由埃勒斯(Ehlers)提出的.)

27. 使用极限的方法来证明原式. 构造关于 x 和 y 的一种平均值序列:

$$I_r = I_r(x,y) = \frac{x + x^{\frac{r-1}{r}} y^{\frac{1}{r}} + \cdots + y}{r+1},$$

其中 $r = 1, 2, 3, \cdots$. 特别地,

$$I_1 = \frac{x+y}{2} \quad \text{是算术平均},$$

$$I_2 = \frac{x+\sqrt{xy}+y}{3} \quad \text{是海伦平均}.$$

下面,我们来证明: $\lim\limits_{r \to +\infty} I_r(x,y) = L(x,y)$, 且 $I_{r-1} > I_r$, 除非 $x = y$.

因为 $I_r(x,x) = x = L(x,x)$, 所以设 $x \neq y$. 此时

$$I_r = \frac{x^{\frac{r+1}{r}} - y^{\frac{r+1}{r}}}{(r+1)(x^{\frac{1}{r}} - y^{\frac{1}{r}})} = \frac{x\left(1 - \left(\frac{y}{x}\right)^{\frac{r+1}{r}}\right)}{(r+1)\left(1 - \left(\frac{y}{x}\right)^{\frac{1}{r}}\right)},$$

从而

$$\lim_{r \to +\infty} I_r(x,y) = \frac{x\left(1 - \frac{y}{x}\right)}{-\ln \frac{y}{x}} = \frac{x-y}{\ln x - \ln y} = L(x,y).$$

又因为

$$I_{r-1} - I_r = \frac{1}{r}\sum_{l=1}^{r} x^{\frac{r-l}{r-1}} y^{\frac{l-1}{r-1}} - \frac{1}{r+1}\sum_{m=0}^{r} x^{\frac{r-m}{r}} y^{\frac{m}{r}}$$

$$= \frac{1}{r+1}\sum_{k=1}^{r-1}\left(\frac{k}{r}x^{\frac{r-k}{r-1}} y^{\frac{k-1}{r-1}} + \frac{r-k}{r}x^{\frac{r-k-1}{r-1}} y^{\frac{k}{r-1}} - x^{\frac{r-k}{r}} y^{\frac{k}{r}}\right) > 0,$$

最后一个不等号用了算术平均-几何平均不等式, 于是

$$I_1 > I_2 > I_3 > \cdots > \lim_{r \to +\infty} I_r = L(x,y),$$

除非 $x = y$.

(1957 年,奥斯特和特维尔格首次比较了对数平均与算术平均,给出了 $L(x,y) \leqslant \dfrac{x+y}{2}$. 它被称为奥斯特-特维尔格不等式.)

习 题 二

1. 设 $a^2 = \tan A, b^2 = \tan B, c^2 = \tan C, d^2 = \tan D$,其中 $A, B, C, D \in \left(0, \dfrac{\pi}{2}\right)$.

2. 因为 $abcd = 1 \Rightarrow a+b+c+d \geqslant 4abcd$,所以事实上有更强的不等式成立:

当非负实数 a, b, c, d 满足 $a+b+c+d \geqslant 4abcd$ 时,有
$$\sum_{\text{cyc}} \frac{1}{(1+a)^2} \geqslant 1.$$

参见 http://www.mathlinks.ro/Forum/viewtopic.php?t=66028

3. 由算术平均-几何平均不等式知
$$\frac{bc}{a} + \frac{da}{c} \geqslant 2\sqrt{bd},$$
$$\frac{cd}{b} + \frac{ab}{d} \geqslant 2\sqrt{ac},$$

所以我们只需证明
$$\frac{c^2}{a} + \frac{a^2}{c} + \frac{d^2}{b} + \frac{b^2}{d} + 16\sqrt{ac} + 16\sqrt{bd} \geqslant 9(a+b+c+d).$$

事实上,只需证明对于任意非负实数 x, y,有
$$\frac{x^4}{y^2} + \frac{y^4}{x^2} + 16xy \geqslant 9(x^2 + y^2)$$
$$\Leftrightarrow \frac{x^4}{y^2} + \frac{y^4}{x^2} - x^2 - y^2 \geqslant 8(x^2 + y^2 - 2xy)$$
$$\Leftrightarrow \frac{(x^2 - y^2)^2(x^2 + y^2)}{x^2 y^2} \geqslant 8(x-y)^2$$
$$\Leftrightarrow (x+y)^2(x^2 + y^2) \geqslant 8x^2 y^2.$$

由算术平均-几何平均不等式知 $(x+y)^2(x^2+y^2) \geqslant 4xy \cdot 2xy = 8x^2 y^2$.

参见 http://www.mathlinks.ro/Forum/viewtopic.php?t=203795

4. 依次改写 a, b, c, d 为 a^4, b^4, c^4, d^4,则原式改写为
$$\sum_{\text{cyc}} \frac{1}{2a^8 + a^5 bcd + a^2 b^2 c^2 d^2} \geqslant \frac{1}{a^2 b^2 c^2 d^2}.$$

203

设 $b=a+x, c=a+x+y, d=a+x+y+z$,代入

$$\sum_{cyc}(2b^8+b^5cda+a^2b^2c^2d^2)(2c^8+c^5dab+a^2b^2c^2d^2)(2d^8+d^5abc$$
$$+a^2b^2c^2d^2)a^2b^2c^2d^2-\prod_{cyc}(2a^8+a^5bcd+a^2b^2c^2d^2),$$

证明该式$\geqslant 0$.

5. 利用柯西不等式得

$$\sqrt{\frac{b^2c}{a+b}}+\sqrt{\frac{c^2a}{b+c}}+\sqrt{\frac{a^2b}{c+a}}$$
$$\leqslant\sqrt{\frac{\sqrt[3]{b^4c}}{a+b}+\frac{\sqrt[3]{c^4a}}{b+c}+\frac{\sqrt[3]{a^4b}}{c+a}}\sqrt{\sqrt[3]{b^2c^2}+\sqrt[3]{c^2a^2}+\sqrt[3]{a^2b^2}},$$

所以只需证明

$$\frac{y^4z}{x^3+y^3}+\frac{z^4x}{y^3+z^3}+\frac{x^4y}{z^3+x^3}$$
$$\leqslant\frac{27(y^3+z^3)(z^3+x^3)(x^3+y^3)}{16(x^3+y^3+z^3)(y^2z^2+z^2x^2+x^2y^2)},$$

其中 x,y,z 为正实数.

上述不等式等价于

$$P(x,y,z)=27(y^3+z^3)^2(z^3+x^3)^2(x^3+y^3)^2$$
$$-16(x^3+y^3+z^3)(y^2z^2+z^2x^2+x^2y^2)(y^4z(y^3+z^3)(z^3+x^3)$$
$$+z^4x(z^3+x^3)(x^3+y^3)+x^4y(x^3+y^3)(y^3+z^3))\geqslant 0.$$

6. 利用增量变换易知

$$\frac{(y+z-x)^2}{x^2+(y+z)^2}+\frac{(z+x-y)^2}{y^2+(z+x)^2}+\frac{(y+x-z)^2}{z^2+(y+x)^2}$$
$$-\frac{3(x^2+y^2+z^2)}{(z+y+z)^2+2(yz+zx+xy)}$$
$$\equiv\frac{8F(x,y,z)}{(x^2+(y+z)^2)(y^2+(z+x)^2)(z^2+(y+x)^2)((x+y+z)^2+2(yz+zx+xy))},$$

$$F(x,y,z)=F(x,x+s,x+s+t)$$
$$=30(s^2+st+t^2)x^6+12(2s+t)(4s^2+4st+7t^2)x^5$$
$$+2(62s^4+124s^3t+261s^2t^2+199st^3+47t^4)x^4$$
$$+(2s+t)(41s^4+82s^3t+256s^2t^2+215st^3+54t^4)x^3$$
$$+(28s^6+84s^5t+342s^4t^2+544s^3t^3+387s^2t^4+129st^5+16t^6)x^2$$

$$+(2s+t)(2s^6+6s^5t+43s^4t^2+76s^3t^3+56s^2t^4+19st^5+2t^6)x$$
$$+st^2(s+t)(2s+t)^2(2s^2+2st+t^2) \geqslant 0,$$

其中 $x \leqslant y \leqslant z$.

参见 http://www.mathlinks.ro/Forum/viewtopic.php?t=146&start=20

7. $(a+b+c)^5(\sqrt[3]{a}+\sqrt[3]{b}+\sqrt[3]{c})^3 - 243(bc+ca+ab)^3$
$$\equiv F(a,b,c) = F(x^3, y^3, z^3)$$
$$\equiv G(x,y,z) = G(x, x+s, x+s+t).$$

展开后可知每一项的系数都是正数.

参见 http://www.mathlinks.ro/Forum/viewtopic.php?t=34428&start=20

8. 设 $x = \min\{x,y,z\}$, 则
$$\prod_{\text{sym}} x(y+z) \left(\sum_{\text{cyc}} \frac{xy}{z(z+x)} - \sum_{\text{cyc}} \frac{x}{z+x} \right)$$
$$= \sum_{\text{cyc}} y^2 z^4 + \sum_{\text{sym}} y^3 z^3 - \sum_{\text{cyc}} xy^2 z^3 - 3x^2 y^2 z^2$$
$$\equiv F(x,y,z) = F(x, x+s, x+t)$$
$$= 6(s^2 - st + t^2)x^4 + (5s^3 + s^2 t + 8st^2 + 5t^3)x^3$$
$$+ (s+t)(s^3 + s^2 t + 8st^2 + t^3)x^2 + st^2(3s^2 + 6st + 2t^2)x$$
$$+ s^2 t^3 (s+t) \geqslant 0,$$

所以原不等式成立.

参见 http://www.mathlinks.ro/viewtopic.php?t=47342
http://www.mathlinks.ro/Forum/viewtopic.php?t=102568

9. $\sum_{\text{cyc}} \sqrt{2(y^2+z^2)} \geqslant \sum_{\text{cyc}} \frac{7y^2 + 6yz + 7z^2}{5(y+z)} \geqslant \sqrt[3]{9 \sum_{\text{cyc}} (y+z)^3}.$

事实上,
$$2(y^2+z^2) - \frac{(7y^2+6yz+7z^2)^2}{25(y+z)^2} = \frac{(y-z)^2(y^2+18yz+z^2)}{25(y+z)^2} \geqslant 0,$$
$$\left(\sum_{\text{cyc}} \frac{7y^2+6yz+7z^2}{5(y+z)} \right)^3 - 9 \sum_{\text{cyc}} (y+z)^3 \equiv \frac{F(x,y,z)}{125 \prod_{\text{cyc}} (y+z)^3},$$
$$F(x,y,z) = F(x, x+s, x+t)$$

205

$$= 460800(s^2-st+t^2)x^{10}+12800(s+t)(94s^2-55st+94t^2)x^9$$
$$+23040(63s^4+109s^3t+149s^2t^2+109st^3+63t^4)x^8$$
$$+1920(s+t)(574s^4+1015s^3t+2679s^2t^2+1015st^3+574t^4)x^7$$
$$+192(3018s^6+11036s^5t+33783s^4t^2+56444s^3t^3+33783s^2t^4$$
$$+11036st^5+3018t^6)x^6+96(s+t)(2134s^6+8505s^5t+26790s^4t^2$$
$$+60203s^3t^3+26790s^2t^4+8505st^5+2134t^6)x^5+96(447s^8$$
$$+3547s^7t+12116s^6t^2+37490s^5t^3+58517s^4t^4+37490s^3t^5$$
$$+12116s^2t^6+3547st^7+447t^8)x^4+8(s+t)(494s^8+8011s^7t$$
$$+26741s^6t^2+88573s^5t^3+167843s^4t^4+88573s^3t^5+26741s^2t^6$$
$$+8011st^7+494t^8)x^3+12st(494s^8+3533s^7t+11960s^6t^2$$
$$+34096s^5t^3+50542s^4t^4+34096s^3t^5+11960s^2t^6+3533st^7$$
$$+494t^8)x^2+6s^2t^2(s+t)(494s^6+1643s^5t+5287s^4t^2+9236s^3t^3$$
$$+5287s^2t^4+1643st^5+494t^6)x+s^3t^3(494s^6+1635s^5t+4782s^4t^2$$
$$+6770s^3t^3+4782s^2t^4+1635st^5+494t^6)\geqslant 0,$$

其中 $x=\min\{x,y,z\}$.

参见 http://www.mathlinks.ro/Forum/viewtopic.php?t=220763

10. 利用 $\left(\dfrac{2a}{b+c}\right)^{\frac{2}{3}}\geqslant 3\left(\dfrac{a}{a+b+c}\right)$.

11. 利用 $\dfrac{1}{\sqrt{1+x^3}}\geqslant\dfrac{2}{2+x^2}$.

12. 本题能从 2.4 节例 9 中得到足够的提示.

13. 本题能从 2.4 节例 9 得到足够的提示.

参见 http://www.mathlinks.ro/Forum/viewtopic.php?t=64122&start=20

14. $\displaystyle\sum_{\text{cyc}}\sqrt{\dfrac{a}{a+b+c}}$
$$\leqslant \dfrac{2}{3\sqrt{3}}\sum_{\text{cyc}}\dfrac{8a^2+b^2+c^2+8d^2+24ab+24ac+26ad+4bc+6bd+6cd}{3(a^2+b^2+c^2+d^2)+10(ab+bc+ac+bc+bd+cd)}$$
$$=\dfrac{4}{\sqrt{3}}.$$

15. 最佳常数 $k=3\sqrt[3]{4}-2\approx 2.7622$,等号成立条件为:

$$x = \frac{1}{3} + \sqrt[3]{2} - \frac{\sqrt[3]{4}}{3} + \frac{2}{3}\sqrt{\sqrt[3]{4} + 8\sqrt[3]{2} - 11} \cos\left(\frac{1}{3}\arccos\sqrt{\frac{17 - 3\sqrt[3]{4}}{20}}\right)$$

$$\approx 1.5949,$$

$$y = \frac{2}{3}\sqrt[3]{4} + \frac{2}{3}\sqrt{3\sqrt[3]{4} - \sqrt[3]{2} - 3} \sin\left(\frac{1}{3}\arccos\sqrt{\frac{27 + 27\sqrt[3]{2} - 27\sqrt[3]{4}}{20}}\right)$$

$$\approx 1.1067,$$

$$z = 1.$$

16. $$\sum_{cyc} \frac{1}{1 - yz} \leq \frac{4 \sum x \sum yz}{\prod (y + z)} \leq \frac{9}{2};$$

$$\sum_{cyc} \frac{1}{1 - yz} \leq \sum_{cyc} \frac{27 x^2}{2(2x + y)(2x + z)} \leq \frac{9}{2}.$$

17. $$\frac{(x + y + z)^2}{(x + y + z)^2 + x^2} - \frac{x + 2y + 2z}{2(x + y + z)}$$

$$= \frac{x(y + z)}{2(x + y + z)((x + y + z)^2 + x^2)} \geq 0 \Rightarrow$$

$$\sum_{cyc} \frac{1}{1 + x^2} = \sum_{cyc} \frac{(x + y + z)^2}{(x + y + z)^2 + x^2} \geq \sum_{cyc} \frac{x + 2y + 2z}{2(x + y + z)} = \frac{5}{2}.$$

参见 http://www.mathlinks.ro/Forum/viewtopic.php?t=28678

18. 这是一个与三角形中的热尔岗(Gergonne)点塞瓦(Ceva)线有关的代数不等式.

$$90(x + y + z) \sum_{cyc} x\sqrt{(y + z)(4x + y + z)(4y + z + x)(4z + x + y)(yz + zx + xy)}$$

$$\geq 180(x^4(y + z) + y^4(x + z) + z^4(x + y)) + 1079(x^3(y^2 + z^2)$$

$$+ y^3(z^2 + x^2) + z^3(x^2 + y^2)) + 2533(x^3 yz + y^3 zx + z^3 xy)$$

$$+ 4669(xy^2 z^2 + yz^2 x^2 + zx^2 y^2)$$

$$\geq 135(x + y + z) \sum_{cyc} x(y + z)\sqrt{(x + y)(x + z)(4y + z + x)(4z + x + y)}.$$

参见 http://www.mathlinks.ro//viewtopic.php?t=144133

19. (1) $$2 \frac{a}{\sqrt{a + ab}} = 2 \frac{a}{\sqrt{(a + c)(a + b)}}$$

$$= 2\sqrt{\frac{a}{a + c} \cdot \frac{a}{a + b}} \leq \frac{a}{a + c} + \frac{a}{a + b}.$$

(2) 由柯西不等式易得 $2 \geqslant \sum\limits_{cyc} \sqrt{a+bc} \Leftrightarrow 3\sqrt{\dfrac{\sum\limits_{cyc} a + \sum\limits_{cyc} ab}{3}}$,

$\sum\limits_{cyc} ab \leqslant \dfrac{1}{3}$.

参见 http://www.mathlinks.ro/Forum/viewtopic.php?t=149534

20. 因为

$200(x+y+z)^2((x+y+z)^2-3yz)-3(6x^2+19x(y+z)+7y^2+2yz+7z^2)^2$

$=(y+z-2x)^2(23x^2+52x(y+z)+2(y+z)^2)$

$+3(y-z)^2(9(y+z-x)^2+5x^2+4x(y+z)+4(2y^2+13yz+2z^2)) \geqslant 0$,

所以

$\sum\limits_{cyc} \sqrt{(x+y+z)^2-3yz} \geqslant \sum\limits_{cyc} \dfrac{\sqrt{3}(6x^2+19x(y+z)+7y^2+2yz+7z^2)}{10\sqrt{2}(x+y+z)}$

$= \sqrt{6}(x+y+z)$.

参见 http://www.mathlinks.ro/Forum/viewtopic.php?t=157939

21. $\begin{cases} \sqrt{2y^2+2z^2} \geqslant y+z, \\ 32(y^2+z^2)^3-(y+z)^2(5y^2-2yz+5z^2)^2 \\ =(y-z)^4(7y^2-2yz+7z^2) \geqslant 0, \\ 3\sqrt{2\prod\limits_{cyc}(y^2+z^2)} = \sqrt{6\sum\limits_{cyc} x^2(3y^4+2y^2z^2+3z^4)} \end{cases}$

$\geqslant 2\sqrt{3\sum\limits_{cyc} x^2(y^2+z^2)^2} \geqslant 2\sum\limits_{cyc} x(y^2+z^2)$,

$\left(\sum\limits_{cyc} \sqrt{2(y^2+z^2)}\right)^3 - \sum\limits_{cyc} 9(y+z)^3$

$=4\sum\limits_{cyc}(3x^2+2y^2+2z^2)\sqrt{2y^2+2z^2}+12\sqrt{2\prod\limits_{cyc}(y^2+z^2)}$

$-\sum\limits_{cyc} 9(y+z)^3$

$\geqslant 12\sum\limits_{cyc} x^2(y+z)+2\sum\limits_{cyc}(y+z)(5y^2-2yz+5z^2)$

$$+ 8\sum_{cyc} x(y^2+z^2) - \sum_{cyc} 9(y+z)^3$$
$$= 2\sum_{cyc} x^3 - \sum_{cyc} x^2(y+z) = \sum_{cyc}(y+z)(y-z)^2 \geqslant 0.$$

参见 http://www.mathlinks.ro/Forum/viewtopic.php?t=220763

22. 考虑函数 $f(x) = (x-a)(x-b)(x-c) = x^3 - px^2 + \dfrac{p^2-q^2}{3}x - r.$

我们有 $f'(x) = 3x^2 - 2px + \dfrac{p^2-q^2}{3}$,零点是 $x_1 = \dfrac{p+q}{3}, x_2 = \dfrac{p-q}{3},$

对于 $x_2 < x < x_1, f'(x) < 0$ 和 $x_2 < x < x_1, f'(x) > 0.$

进一步,有三个零点 a, b, c,于是
$$f\left(\dfrac{p-q}{3}\right) = \dfrac{(p-q)^2(p+2q)}{27} - r \geqslant 0,$$
$$f\left(\dfrac{p+q}{3}\right) = \dfrac{(p+q)^2(p-2q)}{27} - r \leqslant 0,$$

所以 $\dfrac{(p+q)^2(p-2q)}{27} \leqslant r \leqslant \dfrac{(p-q)^2(p+2q)}{27}.$

23. 设 $x = a^2, y = b^2, z = c^2$,则原式等价于
$$9(a^2+b^2+c^2) + 10 \geqslant 8a^2b^2c^2$$
$$\Rightarrow 6 + a^2+b^2+c^2 \geqslant 2(ab+bc+ca)(a,b,c \in \mathbf{R}).$$

设 $a+b+c = p, ab+bc+ca = \dfrac{p^2-q^2}{3}, abc = r,$

则上式又等价于
$$3p^2 + 6q^2 + 10 \geqslant 8r^2 \Rightarrow 18 + 4q^2 \geqslant p^2.$$

如果 $2q \geqslant p$,则显然成立,故可假设 $p \geqslant 2q.$

由习题 22,$\dfrac{(p-q)^2(p+2q)}{27} \geqslant r \geqslant \dfrac{(p+q)^2(p-2q)}{27},$

有 $\qquad 3p^2 + 6q^2 + 10 \geqslant 8\dfrac{((p+q)^2(p-2q))^2}{27^2}.$

下面开始推 $\qquad 18 + 4q^2 \geqslant p^2.$

反证若 $\qquad p^2 > 18 + 4q^2,$

则 $p-2q > \dfrac{18}{p+2q}$.

$$3p^2+6q^2+10 \geqslant 8\dfrac{((p+q)^2(p-2q))^2}{27^2} > \dfrac{8 \cdot 18^2}{27^2} \cdot \dfrac{(p+q)^4}{(p+2q)^2}$$

$$= \dfrac{32}{9}\left(\dfrac{p^2+2pq+q^2}{p+2q}\right)^2 = \dfrac{32}{9}\left(p+\dfrac{q^2}{p+2q}\right)^2,$$

即 $3p^2+6q^2+10-\dfrac{32}{9}\left(p+\dfrac{q^2}{p+2q}\right)^2 > 0$

$\Rightarrow 3p^2+6q^2+10-\dfrac{32}{9}\left(p^2+\dfrac{2pq^2}{p+2q}+\dfrac{q^4}{(p+2q)^2}\right) > 0$

$\Rightarrow 54q^2+90-5p^2-32 \cdot \dfrac{2(p+2q)q^2-4q^3}{p+2q} - \dfrac{32q^4}{(p+2q)^2} > 0$

$\Rightarrow -10q^2+90-5p^2+\dfrac{32 \cdot 4q^3}{p+2q} - \dfrac{32q^4}{(p+2q)^2} > 0$

$\Rightarrow 20q^2+90-5p^2+\left(\dfrac{32 \cdot 4q^3}{p+2q} - \dfrac{32q^4}{(p+2q)^2} - 30q^2\right) > 0$

$\Rightarrow 20q^2+90-5p^2 > -\dfrac{32 \cdot 4q^3}{p+2q} + \dfrac{32q^4}{(p+2q)^2} + 30q^2$

$= \dfrac{2q^4}{(p+2q)^2}\left(\dfrac{15p}{q}+26\right)\left(\dfrac{p}{q}-2\right) > 0$（因为 $p>2q$）

$\Rightarrow p^2 < 18+4q^2$ 矛盾！

所以 $18+4q^2 \geqslant p^2$，即原式成立.

以上证明属于叶一超.

24. $\dfrac{\sum\limits_{cyc} xy}{xyz}-3xyz \geqslant \left(\sum\limits_{cyc} x\right)^2-2\sum\limits_{cyc} xy-3$,

$\sum\limits_{cyc} x=3, \sum\limits_{cyc} xy=\dfrac{9-q^2}{3}, xyz=r$,

$\dfrac{9-q^2}{3r}-3r \geqslant q-3-\dfrac{2}{3}(9-q^2)$,

即 $\qquad 9-q^2 \geqslant qr^2+2q^2r.$

由习题 22 知，只需证

$9-q^2 \geqslant 9\left(\dfrac{(3-q)^2(3+2q)}{27}\right)^2+2q^2\dfrac{(3-q)^2(3+2q)}{27}$,

即 $3+q-\dfrac{(3-q)^2(3+2q)^2}{81}-\dfrac{2q^2(3-q)(3+2q)}{27}\geqslant 0,$

$\dfrac{q^2(189+27q-36q^2+4q^3)}{81}\geqslant 0,$

$\dfrac{q^2(4(1+q)(3-q)(7-q)+105-17q)}{81}\geqslant 0.$

因为 $0\leqslant q\leqslant 3$,故上式显然成立.

当 $x=y=z=1$ 时等号成立.以上证明属于叶一超.

25. 设 $x\leqslant y\leqslant z$,则 $xy\leqslant 1$,

$$\sqrt{\dfrac{1}{1+x}}+\sqrt{\dfrac{1}{1+y}}\leqslant 2\cdot\sqrt{\dfrac{\left(\dfrac{1}{1+x}+\dfrac{1}{1+y}\right)}{2}},$$

且 $$\dfrac{\left(\dfrac{1}{1+x}+\dfrac{1}{1+y}\right)}{2}\leqslant\dfrac{1}{1+\sqrt{xy}}$$

$$\Leftrightarrow (2\sqrt{xy}-(x+y))(1-\sqrt{xy})\leqslant 0,$$

故 $$\sqrt{\dfrac{1}{1+x}}+\sqrt{\dfrac{1}{1+y}}\leqslant 2\sqrt{\dfrac{1}{1+\sqrt{xy}}},$$

原式 $\leqslant 2\sqrt{\dfrac{1}{1+\sqrt{xy}}}+\sqrt{\dfrac{1}{1+z}}=2\sqrt{\dfrac{1}{1+\sqrt{\dfrac{1}{z}}}}+\sqrt{\dfrac{1}{1+z}}$

$=2\sqrt{\dfrac{1}{1+\sqrt{\dfrac{1}{z}}}}+\sqrt{\dfrac{1}{1+z}}\ (z\geqslant 1)=2\sqrt{\dfrac{\sqrt{z}}{1+\sqrt{z}}}+\dfrac{1}{\sqrt{1+z}}$

$\leqslant 2\sqrt{\dfrac{\sqrt{z}}{1+\sqrt{z}}}+\dfrac{\sqrt{2}}{1+\sqrt{z}}=2\sqrt{1-\dfrac{1}{1+\sqrt{z}}}+\dfrac{\sqrt{2}}{1+\sqrt{z}}$

$=-\sqrt{2}\left(\sqrt{1-\dfrac{1}{1+\sqrt{z}}}-\dfrac{\sqrt{2}}{2}\right)^2+\dfrac{3\sqrt{2}}{2}\leqslant\dfrac{3\sqrt{2}}{2}.$

当 $z=1$ 时成立,即 $x=y=1$

http://forum.cnool.net/topic_show.jsp?id=6476378&thesisid=494&flag=topicl

26. $\sum_{cyc} \sqrt{a^2-ab+b^2} \cdot \sqrt{b^2-bc+c^2} \geq a^2+b^2+c^2$

因为 $\sqrt{a^2-ab+b^2} \geq \dfrac{a^2+b^2}{a+b}$,

所以只需证

$$\sum_{cyc} \dfrac{a^2+b^2}{a+b} \cdot \dfrac{b^2+c^2}{b+c} \geq \sum_{cyc} a^2$$

两边展开即得.

参见 http://forum.cnool.net/topic_show.jsp?id=6983853&thesisid=494&flag=topicl

习 题 三

1. 当 $n=1,2$ 时比较容易证明,当 $n=3$ 时就是舒尔不等式. 事实上,对舒尔型不等式的证明能够给我们足够的启发. 该不等式是舒拉尼 (Suranyi) 提出的.

参见 http://www.mathlinks.ro/Forum/viewtopic.php?p=1472990#1472990

2. 通分并由米尔黑德定理得

$$xyz(y+z)(z+x)(x+y)\left(\sum_{cyc} \dfrac{xy}{z(z+x)} - \sum_{cyc} \dfrac{x}{z+x}\right)$$

$$= \sum_{cyc} y^2 z^4 + \sum_{sym} y^3 z^3 - \sum_{cyc} xy^2 z^3 - 3x^2 y^2 z^2$$

$$= \sum_{cyc} \left(\dfrac{2y^3 z^3 + z^3 x^3}{3} - xy^2 z^3\right) + \sum_{cyc} y^2 z^4 - 3x^2 y^2 z^2 \geq 0.$$

参见 http://www.mathlinks.ro/Forum/viewtopic.php?t=102568
http://www.mathlinks.ro/viewtopic.php?t=47342

3. 这个不等式等价于

$$\left(\dfrac{ab+bc+ca}{3}\right)^{\frac{3}{2}} + 3\left(\dfrac{ab+bc+ca}{3}\right)^{\frac{1}{2}} \geq a+b+c+abc.$$

设 $f(a,b,c) = \left(\dfrac{ab+bc+ca}{3}\right)^{\frac{3}{2}} + 3\left(\dfrac{ab+bc+ca}{3}\right)^{\frac{1}{2}} - (a+b+c) - abc$, $t = \sqrt{c^2+ab+bc+ca} - c$,则我们有

$$f(a,b,c)-f(t,t,c)=(a+b+2c-2\sqrt{c^2+ab+bc+ca})(c^2-1)\geqslant 0.$$

现在我们只需证明

$$g(t)=\left(\frac{t^2+2tc}{3}\right)^{\frac{3}{2}}+3\left(\frac{t^2+2tc}{3}\right)^{\frac{1}{2}}-2t-c-t^2c\geqslant 0.$$

令 $c=\min\{a,b,c\}\Rightarrow t\geqslant c$,

我们有

$$g'(t)=(t+c)(t^2+2tc)^{\frac{1}{2}}+(t+c)(t^2+2tc)^{-\frac{1}{2}}-2-2tc$$

$$=\frac{(t+c)(t^2+2tc)+t+c-(2+2tc)(t^2+2tc)^{\frac{1}{2}}}{(t^2+2tc)^{\frac{1}{2}}},$$

$(t+c)(t^2+2tc)+t+c-(2+2tc)(t^2+2tc)^{\frac{1}{2}}$
$\geqslant(3t^2c+(2\sqrt{3}-3)t^3-2\sqrt{3}t^2)+((4-2\sqrt{3})t^3+t^2c+2tc^2-2\sqrt{3}t)$
$\geqslant 0,$

由此得

$$g(t)\geqslant g(c)=0.$$

参见 http://www.mathlinks.ro/Forum/viewtopic.php?t=196891

4. 存在更强的命题

$$\sum_{\text{cyc}}\frac{1}{1+(2x-y)^2}\geqslant k_1\approx 0.7755$$

$$\sum_{\text{cyc}}\frac{1}{1+(2x-y)^2}\leqslant k_2\approx 2.2643$$

参见 http://forum.cnool.net/topic_show.jsp?id=3981939&thesisid=494&flag=topic1

http://www.mathlinks.ro/Forum/viewtopic.php?t=145457

5. 利用拉格朗日恒等式.

6. 左右都对 x 整理,再应用柯西不等式.

7. 略 **8.** 略 **9.** 略 **10.** 略

这 4 题可用 3.3 节"知识桥"中提到的柯西不等式的简单实用的变形证得.

11. 这里给出这道题目的一个更高级形式的证明.

设 $a_1,a_2,\cdots,a_n,b_1,b_2,\cdots,b_n\in[1001,2002]$,且

213

$$a_1^2+a_2^2+\cdots+a_n^2=b_1^2+b_2^2+\cdots+b_n^2,$$

证明:$\dfrac{a_1^3}{b_1}+\dfrac{a_2^3}{b_2}+\cdots+\dfrac{a_n^3}{b_n}\leqslant\dfrac{17}{10}(a_1^2+a_2^2+\cdots+a_n^2).$

$$\dfrac{21a_m^2-4b_m^2}{10}-\dfrac{a_m^3}{b_m}=(2a_m-b_m)(2b_m-a_m)\left(\dfrac{a_m}{2b_m}+\dfrac{1}{5}\right)\geqslant 0\,(0\leqslant m\leqslant n)$$

$\Rightarrow \sum\limits_{m=1}^{n}\dfrac{a_m^3}{b_m}\leqslant\dfrac{21}{10}\sum\limits_{m=1}^{n}a_m^2-\dfrac{4}{10}\sum\limits_{m=1}^{n}b_m^2=\dfrac{17}{10}\sum\limits_{m=1}^{n}a_m^2.$

使用 mathlinks 网站上网名为 myth 的网友的方法,我们有

$$\left(6n-2+8\left[\dfrac{n-1}{2}\right]\right)\sum\limits_{m=1}^{n}\dfrac{a_m^3}{b_m}\leqslant\left(13n-9+8\left[\dfrac{n-1}{2}\right]\right)\sum\limits_{m=1}^{n}a_m^2.$$

当 $n=9$ 时,$\sum\limits_{m=1}^{9}\dfrac{a_m^3}{b_m}\leqslant\dfrac{5}{3}\sum\limits_{m=1}^{9}a_m^2.$

当 $a_1=a_2=\cdots=a_5=b_5=\cdots=b_9=1001$,

$a_6=\cdots=a_9=b_1=\cdots=b_4=2002$ 时等号成立.

参见 http://www.mathlinks.ro/Forum/viewtopic.php?t=152

12. 利用 5.2 节中的罗登不等式,

$$\sum\limits_{\text{cyc}}\dfrac{x}{\sqrt{y+z}}=\sum\limits_{\text{cyc}}\dfrac{x^{\frac{3}{2}}}{\sqrt{xy+xz}}\geqslant\dfrac{(x+y+z)^{\frac{3}{2}}}{\sqrt{2\sum\limits_{\text{cyc}}xy}}\geqslant\sqrt{\dfrac{3}{2}}.$$

13. 先利用罗登不等式,再利用算术平均-几何平均不等式.

习 题 四

1. 用数学归纳法证明加强命题:$1<a_n<\dfrac{1}{1-a}.$

2. 用数学归纳法.

3. 证明加强命题:$\dfrac{1}{a_{n-1}}-\dfrac{1}{a_n}<\dfrac{1}{n^2}$ 及 $\dfrac{1}{a_{n-1}}-\dfrac{1}{a_n}>\dfrac{1}{n^2+n-1}>\dfrac{1}{n}-\dfrac{1}{n+1}$(其实 $a_4>1$).

4. 先证明 $a_{n-1}^2+2<a_n^2\leqslant a_{n-1}^2+3\,(n\geqslant 1)$,再归纳证明 $\sqrt{2n+1}\leqslant a_n\leqslant\sqrt{3n+2}.$

5. 证明对任意正整数 n,有 $\dfrac{1}{a_n+1}-\dfrac{1}{b_n+1}=\dfrac{1}{6}.$

6. (1) 用数学归纳法. (2) 证明 $\{b_n\}$ 为等差数列.

7. $x_{n+1} = \dfrac{x_n^3}{5} + \dfrac{1}{15x_n} + \dfrac{1}{15x_n} + \dfrac{1}{15x_n} \geqslant \dfrac{4}{5}\sqrt[4]{\dfrac{1}{27}} > \dfrac{1}{5}$. $x_n \leqslant 2$ 可用数学归纳法证明,从 k 过渡至 $k+1$ 时,分 $x_k \leqslant \dfrac{1}{2}$ 与 $\dfrac{1}{2} < x_k \leqslant 2$ 两种情况讨论.

8. 先证明 $f(x) = \dfrac{x}{n} + \dfrac{n}{x}$ 在 $(0, n)$ 上是减函数,再用数学归纳法证明 $\sqrt{n} \leqslant a_n \leqslant \dfrac{n}{\sqrt{n-1}}$,然后证 $a_n < \sqrt{n+1}$.

9. 证明 $\{a_n\}$ 自某项起都不是 5 的倍数. 先证明 $\{a_n\}$ 中必有相邻两项 a_m 与 a_{m+1} 均不被 5 整除,然后归纳推出 $5 \nmid a_{m+2}$.

10. 先用数学归纳法证明 $0 < a_n \leqslant \dfrac{1}{2}$ ($n \geqslant 1$),再由詹生不等式,得

$$\left(\dfrac{n}{\sum_{i=1}^n a_i} - 1\right)^n \leqslant \prod_{i=1}^n \left(\dfrac{1}{a_i} - 1\right),$$

又由柯西不等式,得 $\sum_{i=1}^n (1 - a_i)$

$$= \sum_{i=1}^n \dfrac{1}{a_i + a_{i+1}} - n \geqslant \dfrac{n^2}{\sum_{i=1}^n (a_i + a_{i+1})} - n = \dfrac{n^2}{a_{n+1} - a_1 + 2\sum_{i=1}^n a_i} - n \geqslant$$

$$n\left(\dfrac{n}{2\sum_{i=1}^n a_i} - 1\right),\text{于是有 } \dfrac{\sum_{i=1}^n (1 - a_i)}{\sum_{i=1}^n a_i} \geqslant \dfrac{n}{\sum_{i=1}^n a_i}\left(\dfrac{n}{2\sum_{i=1}^n a_i} - 1\right).\text{ 两边 } n$$

次方即得结论.

11. 用数学归纳法证明加强命题 $\sqrt{2} < a_n < \sqrt{2} + \dfrac{1}{n}$.

12. $\left(1 - \dfrac{a_{k-1}}{a_k}\right)\dfrac{1}{\sqrt{a_k}} = \dfrac{a_{k-1}}{\sqrt{a_k}}\left(\dfrac{1}{a_{k-1}} - \dfrac{1}{a_k}\right)$

$$= \left(\sqrt{\dfrac{a_{k-1}}{a_k}} + \dfrac{a_{k-1}}{a_k}\right)\left(\dfrac{1}{\sqrt{a_{k-1}}} - \dfrac{1}{\sqrt{a_k}}\right)$$

$$\leqslant 2\left(\dfrac{1}{\sqrt{a_{k-1}}} - \dfrac{1}{\sqrt{a_k}}\right).$$

13. 先证 $a_n > 0$, 又 $a_n = \dfrac{a_{n-1}^2}{a_{n-1}^2 - a_{n-1} + 1} \leq \dfrac{a_{n-1}^2}{2a_{n-1} - a_{n-1}} = a_{n-1}$. 于是

$$a_n = \dfrac{1}{1 - \dfrac{1}{a_{n-1}} + \dfrac{1}{a_{n-1}^2}} < \dfrac{1}{-\dfrac{1}{a_{n-1}} + \dfrac{1}{a_{n-1}^2}} = \dfrac{1}{\dfrac{1}{a_{n-1}} - 1} - \dfrac{1}{\dfrac{1}{a_{n-1}}} = -a_{n-1} +$$

$$\dfrac{1}{-\dfrac{1}{a_{n-2}} + \dfrac{1}{a_{n-2}^2}} = -a_{n-1} - a_{n-2} + \dfrac{1}{-\dfrac{1}{a_{n-3}} + \dfrac{1}{a_{n-3}^2}} = \cdots = -a_{n-1} - a_{n-2}$$

$$-\cdots - a_1 + \dfrac{1}{\dfrac{1}{a_1} - 1} = 1 - a_{n-1} - a_{n-2} - \cdots - a_1.$$

14. (1) $a_n^2 - 2a_n + 1 = 1 - 2a_{n-1}, (a_n - 1)^2 = 1 - 2a_{n-1} \geq 0, a_n^2 = 2(a_n - a_{n-1}) \geq 0$.

(2) $\dfrac{1}{a_n - 1} = \dfrac{2}{a_n(2 - a_n)} = \dfrac{1}{a_n} + \dfrac{1}{2 - a_n}$, 于是左式 $= \dfrac{1}{2 - a_1} + \dfrac{1}{a_1} - \dfrac{1}{a_m} < \dfrac{1}{a_1} = 2008$, 这是由于 $2(a_m + a_{m-1}) = 4a_m - a_m^2 \leq 4$. 若 $4a_m - a_m^2 = 4$, 则 $a_{m-1} = 0$, 矛盾, 故 $4a_m - a_m^2 < 4, a_1 + a_m \leq a_{m-1} + a_m < 2$.

15. (1) 先证明 $a_{n+1} \geq a_n$, 再证明 $n \geq 2$ 时, $a_{n+1} > 2a_n$, 然后用数学归纳法证明 $\dfrac{1}{2} a_n > \left(\dfrac{3}{2}\right)^n + 1$. 因此, $\dfrac{a_{n+1}}{a_n} = \dfrac{1}{2} a_n + \dfrac{2}{a_n} - 1 > \dfrac{a_n}{2} - 1 > \left(\dfrac{3}{2}\right)^n$.

(2) 证明 $\dfrac{1}{a_n} = \dfrac{1}{a_n - 2} - \dfrac{1}{a_{n+1} - 2}$, 再用数学归纳法证明 $n \geq 5$ 时, $a_n < 2 - \dfrac{1}{n-1}$.

16. (1) 用数学归纳法. (2) $x_{n+1} - 2 = \dfrac{(x_n - 2)^2}{2(x_n - 1)} < \dfrac{1}{2}(x_n - 2)$.

17. 先证明 $a_n b_n = \dfrac{4n-1}{3}, c_n = n^2$.

18. 不存在. 用反证法. 假设这样的数 α 存在, 于是 $a_n\left(1 + \dfrac{1}{n}\right) > a_n\left(1 + \dfrac{\alpha}{n}\right) > 1 + a_{n+1}$, 即 $a_n > \dfrac{n}{n+1}(1 + a_{n+1}) > \dfrac{n}{n+1}$. 由数学归纳法, 若

有 $k \leqslant n$ 满足 $a_k > k\left(\dfrac{1}{k+1}+\dfrac{1}{k+2}+\cdots+\dfrac{1}{n+1}\right)$, 则 $a_{k-1} > \dfrac{k-1}{k}(1+a_k)$
$> (k-1)\left(\dfrac{1}{k}+\dfrac{1}{k+1}+\cdots+\dfrac{1}{n+1}\right)$, 于是 $a_1 > \dfrac{1}{2}+\dfrac{1}{3}+\cdots+\dfrac{1}{n+1}$, 后者
随 $n \to +\infty$ 而趋于 $+\infty$, 矛盾.

19. 由柯西不等式, 记原式为 I_n, 则

$$I_n \leqslant \sqrt{\sum_{k=1}^{n}\dfrac{1}{a_{k+1}-1}\cdot\sum_{k=1}^{n}\dfrac{1}{b_k+k}}. \text{ 而 } \sum_{k=1}^{n}\dfrac{1}{a_{k+1}-1}=\sum_{k=1}^{n}\dfrac{1}{k(k+1)}<$$

1, 又 $\dfrac{1}{b_{k+1}}=\dfrac{1}{b_k}-\dfrac{1}{b_k+k}$, 故 $\sum_{k=1}^{n}\dfrac{1}{b_k+k}=\dfrac{1}{b_1}-\dfrac{1}{b_{n+1}}<1$.

20. 由数学归纳法, 有 $a_n=\sin\dfrac{\pi}{2^{n+2}}$, $b_n=\tan\dfrac{\pi}{2^{n+2}}$.

21. 若欲证的不等式成立, 则有 $\dfrac{1}{4}n^{2\alpha}+\dfrac{1}{2n^\alpha}\leqslant a_{n+1}^2=a_n^2+\dfrac{1}{a_n}\leqslant 4n^{2\alpha}+$
$\dfrac{2}{n^\alpha}$. 利用归纳假设, 有 $\dfrac{1}{4}(n+1)^{2\alpha}\leqslant\dfrac{1}{4}n^{2\alpha}+\dfrac{1}{2n^\alpha}$, $4n^{2\alpha}+\dfrac{2}{n^\alpha}\leqslant 4(n+1)^{2\alpha}$.
取 $\alpha=\dfrac{1}{3}$(由拉格朗日中值定理可证得 α 必须为 $\dfrac{1}{3}$), 运用因式分解证
明.

22. 易知有 $x_n^{n+1}-2x_n^n+1=0$, 故 $x_n<2$, $1=x_n^n(2-x_n)<2^n(2-x_n)$, $x_n<2-\dfrac{1}{2^n}$. 对下界, 可先证明 $x_n>1$ 及 $x_n\geqslant 2-\dfrac{2}{n+1}$. 设 $f(x)=$
$x^n(2-x)$, 当 $2\geqslant x\geqslant 2-\dfrac{2}{n+1}$ 时, $f(x)$ 为减函数, 故若 $x_n<2-\dfrac{1}{2^{n-1}}$, 则
$x_n^n(2-x_n)>\left(2-\dfrac{1}{2^{n-1}}\right)^n\dfrac{1}{2^{n-1}}=2\left(1-\dfrac{1}{2^n}\right)^n>1$, 矛盾!

23. 证明 $\dfrac{1}{S_n}-\dfrac{1}{S_{n-1}}=2$, $b_n=\dfrac{1}{n}$.

24. (1) $0=a_{n+1}^3-a_n^3+\dfrac{a_{n+1}}{n+1}-\dfrac{a_n}{n}<a_{n+1}^3-a_n^3+\dfrac{a_{n+1}}{n}-\dfrac{a_n}{n}=(a_{n+1}-a_n)\left(a_{n+1}^2+a_{n+1}a_n+a_n^2+\dfrac{1}{n}\right).$

(2) $a_n\left(a_n^2+\dfrac{1}{n}\right)=1$, 故 $a_n=\dfrac{1}{a_n^2+\dfrac{1}{n}}>\dfrac{1}{1+\dfrac{1}{n}}=\dfrac{n}{n+1}$.

25. 易知 $r_{n+1}=r_1r_2\cdots r_n+1$ 及 $\sum_{i=1}^{n}\dfrac{1}{r_i}=1-\dfrac{1}{r_1r_2\cdots r_n}$.

设命题在 $n\leqslant k$ 时均成立,不妨设 $a_1\leqslant a_2\leqslant\cdots\leqslant a_{k+1}$,于是有

$$\begin{cases}\dfrac{1}{a_1}\leqslant\dfrac{1}{r_1}, & (1)\\[4pt] \dfrac{1}{a_1}+\dfrac{1}{a_2}\leqslant\dfrac{1}{r_1}+\dfrac{1}{r_2}, & (2)\\ \cdots\\ \dfrac{1}{a_1}+\dfrac{1}{a_2}+\cdots+\dfrac{1}{a_k}\leqslant\dfrac{1}{r_1}+\dfrac{1}{r_2}+\cdots+\dfrac{1}{r_k}. & (k)\end{cases}$$

若 $\sum_{i=1}^{k+1}\dfrac{1}{a_i}>\sum_{i=1}^{k+1}\dfrac{1}{r_i}$,由

$$\dfrac{1}{a_1}+\dfrac{2}{a_2}+\cdots+\dfrac{1}{a_{k+1}}\leqslant\dfrac{1}{r_1}+\dfrac{1}{r_2}+\cdots+\dfrac{1}{r_{k+1}},\quad (k+1)$$

$(1)\times(a_1-a_2)+(2)\times(a_2-a_3)+\cdots+(k)\times(a_k-a_{k+1})+(k+1)\times a_{k+1}$,得 $k+1>\sum_{i=1}^{k+1}\dfrac{a_i}{r_i}\geqslant(k+1)\sqrt[k+1]{\dfrac{a_1a_2\cdots a_{k+1}}{r_1r_2\cdots r_{k+1}}}$,

于是 $a_1a_2\cdots a_{k+1}<r_1r_2\cdots r_{k+1}$,因此

$$\sum_{i=1}^{k+1}\dfrac{1}{a_i}\leqslant 1-\dfrac{1}{a_1a_2\cdots a_{k+1}}<1-\dfrac{1}{r_1r_2\cdots r_{k+1}}=\sum_{i=1}^{k+1}\dfrac{1}{r_i},\text{矛盾}.$$

26. 用数学归纳法,并利用 $[x+y]\geqslant[x]+[y]$.

27. (1) 先证明 $\dfrac{1}{a_{n+1}^2}-\dfrac{1}{a_n^2}=4$,可得 $a_n=\dfrac{1}{\sqrt{4n-3}}$.

(2) 证明 $b_{n+1}-b_n<0$,得 $p=3$.

28. 将左式的 x_{n+1} 看成 $\sum_{k=1}^{n}x_k$,利用柯西不等式即可证明.

29. 先用数学归纳法证明 $a_i\leqslant b_i(i\geqslant 1)$,令 $F_1=1,F_2=2,F_{i+2}=F_{i+1}+F_i$,构造 $a_1'=a_1+a_2,a_2'=a_3,\cdots,a_i'=a_{i+1}+F_{i-2}a_1(i=3,4,\cdots,k)$;$b_1'=b_1+b_2,b_2'=b_3,\cdots,b_i'=b_{i+1}+F_{i-2}b_1(i=3,4,\cdots,k)$,由归纳假设可得 $a_{k-1}'+a_k'\leqslant b_{k-1}'+b_k'$.

30. 易知 $0\leqslant a_n\leqslant na_1$,故 $n=m$ 时不等式成立.下设 $n>m$,$\dfrac{a_n}{n}-\dfrac{a_m}{m}$

$$\leqslant \frac{a_{n-m}+a_m}{n}-\frac{a_m}{m}=\frac{n-m}{n}\left(\frac{a_{n-m}}{n-m}-\frac{a_m}{m}\right)\leqslant\cdots\leqslant\frac{s}{n}\left(\frac{a_s}{s}-\frac{a_m}{m}\right), 这里 n=km$$

$+s(0 < s \leqslant m)$. 由于 $a_s \leqslant sa_1$, 故 $\frac{a_n}{n}-\frac{a_m}{m}\leqslant\frac{s}{n}\left(a_1-\frac{a_m}{m}\right)\leqslant\frac{m}{n}\left(a_1-\frac{a_m}{m}\right)$.

31. $a_n = 2^{n-1}-3a_{n-1} = 2^{n-1}-3\cdot 2^{n-2}+9a_{n-2}=\cdots=2^{n-1}-3\cdot 2^{n-2}$
$+\cdots+(-1)^{n-1}\cdot 3^{n-1}+(-1)^n\cdot 3^n a_0$, 于是 $a_n=\frac{2^n-(-3)^n}{5}+(-3)^n\cdot$
a_0. 设 $d_n = a_n - a_{n-1} = \frac{2^n-(-3)^n}{5}+(-3)^n a_0 - \frac{2^{n-1}-(-3)^{n-1}}{5}-$
$(-3)^{n-1}a_0 = \frac{2^{n-1}}{5}+\frac{4}{5}\cdot(-3)^{n-1}-4\cdot(-3)^{n-1}a_0 = \frac{2^{n-1}}{5}+4\cdot$
$(-3)^{n-1}\left(\frac{1}{5}-a_0\right)$. 若 $a_0 > \frac{1}{5}$, 则对充分大的偶数 n, $d_n < 0$; 若 $a_0 < \frac{1}{5}$,
则对充分大的奇数 n, $d_n < 0$. 因此 $a_0 = \frac{1}{5}$.

32. 对 $n \geqslant 4$, 记 $k_1, k_2, \cdots, k_n$ 是 $1, 2, \cdots, n$ 的一个排列, 且满足 $0 < a_{k_1} < a_{k_2} < \cdots < a_{k_n} \leqslant m$. 于是有 $a_{k_i}-a_{k_{i-1}}\geqslant\frac{1}{k_i+k_{i-1}}(i=2,3,\cdots,n)$. 由
柯西不等式, $m \geqslant a_{k_n}-a_{k_1}=\sum_{i=2}^n (a_{k_i}-a_{k_{i-1}})\geqslant\sum_{i=2}^n\frac{1}{k_i+k_{i-1}}\geqslant$
$\frac{(n-1)^2}{\sum_{i=2}^n(k_i+k_{i-1})}=\frac{(n-1)^2}{n(n+1)-k_1-k_n}\geqslant\frac{(n-1)^2}{n^2+n-3}=1-\frac{3n-4}{n^2+n-3}$. 注意此
式对任意 $n \geqslant 4$ 均成立, 故 $m \geqslant 1$.

33. 设 $a_0 = x_1$, $a_k = x_{k+1}-x_k$, $k=1,2,\cdots,2000$, 则 $x_1 = a_0$, x_k
$=\sum_{i=0}^{k-1}a_i$, $k=2,3,\cdots,2001$. 于是条件化为 $\sum_{k=1}^{2000}|a_k|=2001$, 而 $y_k=$
$\frac{1}{k}(a_0+(a_0+a_1)+\cdots+(a_0+\cdots+a_{k-1}))=\frac{1}{k}(ka_0+(k-1)a_1+\cdots+$
$2a_{k-2}+a_{k-1})$, $y_{k+1}=\frac{1}{k+1}\cdot((k+1)a_0+ka_1+\cdots+2a_{k-1}+a_k)$, 因此,
$|y_k-y_{k+1}|=\frac{1}{k(k+1)}|a_1+2a_2+\cdots+ka_k|\leqslant\frac{1}{k(k+1)}(|a_1|+2|a_2|+\cdots$

$+k|a_k|)$. 于是 $\sum\limits_{k=1}^{2000}|y_k-y_{k+1}|\leqslant\sum\limits_{k=1}^{2000}|a_k|-\dfrac{1}{2001}\sum\limits_{k=1}^{2000}k|a_k|\leqslant\sum\limits_{k=1}^{2000}|a_k|-\dfrac{1}{2001}\sum\limits_{k=1}^{2000}|a_k|=\dfrac{2000}{2001}\sum\limits_{k=1}^{2000}|a_k|=2000$, 当且仅当 $|a_1|=2001,a_2=a_3=\cdots=a_{2000}=0$ 时等号成立.

34. x_n 可为 $4(\sqrt{2}n-[\sqrt{2}n])$. 只需证明对正整数 a,b, 若 $a<(4-\sqrt{2})b$, 则 $|a-\sqrt{2}b|>\dfrac{1}{4b}$.

35. 令 $a_n=f(n)+\dfrac{n^2}{2}$, 则对任意正整数 $m,n,a_m+a_n\leqslant a_{m+n}$. 再用数学归纳法证明: $a_n\geqslant\sum\limits_{k=1}^{n}\dfrac{a_k}{k}$. 构造 $b_n=f(n)-\dfrac{n^2}{2}$, 可知对任意 $m,n,b_m+b_n\geqslant b_{m+n}$. 而由数学归纳法, 同理可证 $b_n\leqslant\sum\limits_{k=1}^{n}\dfrac{b_k}{k}$. 由 a_n 和 b_n 的性质, 可分别证得 $f(n)-\sum\limits_{k=1}^{n}\dfrac{f(k)}{k}\geqslant-\dfrac{n(n-1)}{4}$ 和 $f(n)-\sum\limits_{k=1}^{n}\dfrac{f(k)}{k}\leqslant\dfrac{n(n-1)}{4}$.

习 题 五

1. 当 $n=2$ 时, 易得
$$\dfrac{x_1+x_2}{2}\geqslant\sqrt{x_1x_2},$$
或
$$\ln\dfrac{x_1+x_2}{2}\geqslant\dfrac{\ln x_1+\ln x_2}{2},$$
换言之, $\ln x$ 是一个凹函数. 借助詹生不等式, 即得: 对 $x_i>0,p_i>0$, 有
$$\ln\dfrac{p_1x_1+p_2x_2+\cdots+p_nx_n}{p_1+p_2+\cdots+p_n}\geqslant\dfrac{p_1\ln x_1+p_2\ln x_2+\cdots+p_n\ln x_n}{p_1+p_2+\cdots+p_n}.$$

2. 现假定 $\dfrac{1}{p}+\dfrac{1}{q}=\dfrac{1}{r}>1$. 因为
$$\dfrac{\sum\limits_{i=1}^{n}a_i^r}{\left(\sum\limits_{i=1}^{n}a_i\right)^r}=\sum\limits_{j=1}^{n}\dfrac{a_j^r}{\left(\sum\limits_{i=1}^{n}a_i\right)^r}=\sum\limits_{j=1}^{n}\left(\dfrac{a_j}{\sum\limits_{i=1}^{n}a_i}\right)^r\geqslant\sum\limits_{j=1}^{n}\dfrac{a_j}{\sum\limits_{i=1}^{n}a_i}=1,$$

所以

$$\sum_{i=1}^{n} x_i y_i \leqslant \Big(\sum_{i=1}^{n} x_i^{\frac{p}{r}}\Big)^{\frac{r}{p}} \Big(\sum_{i=1}^{n} y_i^{\frac{q}{r}}\Big)^{\frac{r}{q}} \leqslant \Big(\sum_{i=1}^{n} x_i^p\Big)^{\frac{1}{p}} \Big(\sum_{i=1}^{n} y_i^q\Big)^{\frac{1}{q}}.$$

3. 利用闵科夫斯基不等式、幂平均单调性定理和 $f(x)=\dfrac{x}{x+1}$ 的递增性,得

$$\frac{M_\alpha(x)}{M_\alpha(x+1)} \leqslant \frac{M_\alpha(x)}{M_\alpha(x)+1} \leqslant \frac{M_\beta(x)}{M_\beta(x)+1} \leqslant \frac{M_\beta(x)}{M_\beta(x+1)}.$$

4. 由赫尔德不等式知

$$\sum_{\text{cyc}} \frac{(3x^2+2(y^2+z^2)+7x(y+z))^3}{9(x+y+z)^2-32yz} \Big(\sum_{\text{cyc}} \sqrt{9(x+y+z)^2-32yz}\Big)^2$$
$$\geqslant 343(x+y+z)^6,$$

所以只需证明

$$7(x+y+z)^4 \geqslant \sum_{\text{cyc}} \frac{(3x^2+2(y^2+z^2)+7x(y+z))^3}{9(x+y+z)^2-32yz}.$$

事实上,

$$7(x+y+z)^4 - \sum_{\text{cyc}} \frac{(3x^2+2(y^2+z^2)+7x(y+z))^3}{9(x+y+z)^2-32yz}$$
$$\equiv \frac{2F(x,y,z)}{(3x^2+2(y^2+z^2)+7x(y+z))(3y^2+2(z^2+x^2)+7y(z+x))(3z^2+2(x^2+y^2)+7z(x+y))},$$

不妨设 $x \leqslant y \leqslant z$,则

$F(x,y,z)=F(x,x+s,x+s+2t)$
$=1398411(s^2+2st+4t^2)x^8+21(s+t)(331673s^2+663346st$
$+1608440t^2)x^7+14(1068350s^4+4273400s^3t+11556399s^2t^2$
$+14565998st^3+6121688t^4)x^6+12(s+t)(1488770s^4+5955080s^3t$
$+17974495s^2t^2+24038830st^3+10451688t^4)x^5+24(530634s^6$
$+3183804s^5t+12158576s^4t^2+27408944s^3t^3+33439439s^2t^4$
$+20551134st^5+4991016t^6)x^4+16(s+t)(335269s^6+2011614s^5t$
$+8715964s^4t^2+21453096s^3t^3+28038031s^2t^4+18534174st^5$
$+4748168t^6)x^3+32(37986s^8+303888s^7t+1721381s^6t^2$
$+6073854s^5t^3+12881546s^6t^4+16706400s^3t^5+12991235s^2t^6$
$+5525142st^7+982008t^8)x^2+64(s+t)(1728s^8+13824s^7t$

$+112275s^6t^2+480114s^5t^3+1147486s^4t^4+1647232s^3t^5$
$+1401415s^2t^6+641214st^7+120168t^8)x+1152t^2(s+t)^2(6s^2$
$+12st+5t^2)(45s^4+180s^3t+377s^2t^2+394st^3+144t^4)\geqslant 0.$

综上可知原不等式成立.

参见 http://www.mathlinks.ro/Forum/viewtopic.php?t=156002

习 题 六

1. 去分母展开整理得

$$(a-b)^2(a-c)^2(b-c)^2+\sum_{cyc}(a^3b^3+a^3b^2c+a^3c^2b+a^2b^2c^2)\geqslant 0.$$

参见 http://www.mathlinks.ro/Forum/viewtopic.php?t=210321

2. $\displaystyle\sum_{cyc}\frac{1}{5a^2+5b^2-ab}=\sum_{cyc}\frac{(a+b+2c)^2}{(a+b+2c)^2(5a^2+5b^2-ab)}$

$$\geqslant\frac{16(a+b+c)^2}{\sum_{cyc}(a+b+2c)^2(5a^2+5b^2-ab)},$$

所以要证原不等式,只需证明

$$16(a+b+c)^2(a^2+b^2+c^2)\geqslant\sum_{cyc}(a+b+2c)^2(5a^2+5b^2-ab),$$

上式等价于

$$\sum_{sym}(3a^4+3a^3b-8a^2b^2+2a^2bc)\geqslant 0.$$

易知上式成立.

参见 http://www.mathlinks.ro/Forum/viewtopic.php?t=210305

3. $\displaystyle\sum_{cyc}\frac{\sqrt{a^2+abc}}{ab+c}=\sum_{cyc}\frac{\sqrt{a(a+b)(a+c)}}{(a+c)(b+c)}=\sum_{cyc}a\sqrt{\frac{a+b}{a(a+c)(b+c)^2}}$

$$\leqslant\sqrt{\sum_{cyc}\frac{a+b}{(a+c)(b+c)^2}},$$

$(a+b)^2(a+c)^2(b+c)^2(a+b+c)\geqslant 4abc\sum_{cyc}(a+b)^3(a+c).$

综上可知原不等式成立.

参见 http://www.mathlinks.ro/www.mathlinks.ro/viewtopic.php?t=204969

4. 不妨设 $c=\min\{a,b,c\}$,则

$$2\left(\frac{a}{b}+\frac{b}{c}+\frac{c}{a}\right) \geqslant \frac{1+a}{1-a}+\frac{1+b}{1-b}+\frac{1+c}{1-c}$$

$$\Leftrightarrow 2\left(\frac{a}{b}+\frac{b}{c}+\frac{c}{a}-3\right) \geqslant \sum_{cyc}\left(\frac{2a}{b+c}-1\right)$$

$$\Leftrightarrow 2\left(\frac{a}{b}+\frac{b}{a}-2+\frac{b}{c}-\frac{b}{a}+\frac{c}{a}-1\right)$$

$$\geqslant \frac{2a^3+2b^3+2c^3-a^2b-a^2c-b^2a-b^2c-c^2a-c^2b}{(a+b)(a+c)(b+c)}$$

$$\Leftrightarrow 2\left(\frac{(a-b)^2}{ab}+\frac{(c-a)(c-b)}{ac}\right)$$

$$\geqslant \frac{2(a+b)(a-b)^2+(a+b+2c)(c-a)(c-b)}{(a+b)(a+c)(b+c)}$$

$$\Leftrightarrow 2(a-b)^2\left(\frac{1}{ab}-\frac{1}{(a+c)(b+c)}\right)$$

$$+(c-a)(c-b)\left(\frac{2}{ac}-\frac{a+b+2c}{(a+b)(a+c)(b+c)}\right) \geqslant 0,$$

其中最后的不等式显然成立.

参见http://www.mathlinks.ro/Forum/viewtopic.php?t=209772

5. $\sin A+\sin B+\sin C=\frac{2}{\sqrt{3}}\left(\sin A \cdot \frac{\sqrt{3}}{2}+\sin B \cdot \frac{\sqrt{3}}{2}\right)$

$$+\sqrt{3}\left(\frac{\sin A}{\sqrt{3}} \cdot \cos B+\frac{\sin B}{\sqrt{3}} \cdot \cos A\right)$$

$$\leqslant \frac{1}{\sqrt{3}}\left(\left(\sin^2 A+\frac{3}{4}\right)+\left(\sin^2 B+\frac{3}{4}\right)\right)$$

$$+\frac{\sqrt{3}}{2}\left(\left(\frac{\sin^2 A}{3}+\cos^2 B\right)+\left(\frac{\sin^2 B}{3}+\cos^2 A\right)\right)=\frac{3\sqrt{3}}{2}$$

参见http://www.mathlinks.ro/Forum/viewtopic.php?t=209782

6. $\sum_{cyc} \frac{x}{1-x^2} \geqslant \frac{3\sqrt{3}}{2}$

$$\Leftrightarrow \sum_{cyc}\left(\frac{x}{1-x^2}-\frac{\sqrt{3}}{2}-\frac{3\sqrt{3}}{2}\left(x^2-\frac{1}{3}\right)\right) \geqslant 0$$

$$\Leftrightarrow \sum_{cyc} \frac{x(3\sqrt{3}x^3-3\sqrt{3}x+2)}{1-x^2} \geqslant 0.$$

事实上,由算术平均-几何平均不等式知
$$3\sqrt{3}x^3 - 3\sqrt{3}x + 2 = 3\sqrt{3}x^3 + 1 + 1 - 3\sqrt{3}x$$
$$\geqslant 3\sqrt[3]{3\sqrt{3}x^3 \cdot 1^2} - 3\sqrt{3}x = 0,$$

所以原不等式成立.

参见 http://www.mathlinks.ro/Forum/viewtopic.php?t=208834

7. 容易得到
$$3abc \geqslant 4(ab+bc+ca) - 9,$$

所以要证原不等式,只需证明
$$\sum_{\text{cyc}} \frac{3a}{9a^2 + 4(ab+bc+ca) + 72} \leqslant \frac{3}{31},$$

即
$$\sum_{\text{cyc}} \left(1 - \frac{31a(a+b+c)}{9a^2 + 4(ab+bc+ca) + 72}\right) \geqslant 0,$$

$$\sum_{\text{cyc}} \frac{(7a+8c+10b)(c-a) - (7a+8b+10c)(a-b)}{a^2+s} \geqslant 0,$$

其中
$$s = \frac{4(ab+bc+ca)+72}{9}.$$

$$\sum_{\text{cyc}} (a-b)^2 \frac{8a^2 + 8b^2 + 15ab + 10c(a+b) + s}{(a^2+s)(b^2+s)} \geqslant 0.$$

综上可知,原不等式成立.

参见 http://www.mathlinks.ro/Forum/viewtopic.php?t=199850
http://www.mathlinks.ro/Forum/viewtopic.php?t=199831

8. $18\left(\dfrac{1}{a^3+1} + \dfrac{1}{b^3+1} + \dfrac{1}{c^3+1}\right) \leqslant (a+b+c)^3$

$\Leftrightarrow (a+b+c)^3 \geqslant 18a^2b^2c^2 \sum_{\text{cyc}} \dfrac{1}{a^3+abc}$

$\Leftrightarrow (a+b+c)^3 \geqslant 18abc \sum_{\text{cyc}} \dfrac{bc}{a^2+bc}$

$\Leftrightarrow (a+b+c)^3 - 27abc \geqslant 18abc \sum_{\text{cyc}} \left(\dfrac{bc}{a^2+bc} - \dfrac{1}{2}\right)$

$$\Leftrightarrow \sum_{\text{cyc}} (a^3+3a^2b+3a^2c-7abc) \geqslant 9abc \sum_{\text{cyc}} \frac{bc-a^2}{a^2+bc}$$

$$\Leftrightarrow \sum_{\text{cyc}} (2a^3+6a^2b+6a^2c-14abc) \geqslant 9abc \sum_{\text{cyc}} \frac{2bc-2a^2}{a^2+bc}$$

$$\Leftrightarrow \sum_{\text{cyc}} (a-b)^2(a+b+7c)$$

$$\geqslant 9abc \sum_{\text{cyc}} \frac{(c-a)(a+b)-(a-b)(a+c)}{a^2+bc}$$

$$\Leftrightarrow \sum_{\text{cyc}} (a-b)^2(a+b+7c)$$

$$\geqslant 9abc \sum_{\text{cyc}} \left(\frac{(a-b)(b+c)}{b^2+ac} - \frac{(a-b)(a+c)}{a^2+bc} \right)$$

$$\Leftrightarrow \sum_{\text{cyc}} (a-b)^2 \left(a+b+7c - \frac{9abc(ab-c^2)}{(a^2+bc)(b^2+ac)} \right) \geqslant 0.$$

事实上，

$$a+b+7c - \frac{9abc(ab-c^2)}{(a^2+bc)(b^2+ac)} \geqslant 0.$$

对于满足 $abc=1$ 的非负实数，我们还有不等式

$$27 \left(\frac{1}{2a^3+1} + \frac{1}{2b^3+1} + \frac{1}{2c^3+1} \right) \leqslant (a+b+c)^3.$$

参见 http://www.mathlinks.ro/Forum/viewtopic.php?t=205798

9. $(a^2+b^2+c^2)^2 + abc(\sqrt{a^2+b^2+c^2})^3$

$= (a^2+b^2+c^2)^2 + abc\sqrt{a^2+b^2+c^2} \cdot \sqrt{(a^2+b^2+c^2)^2}$

$\geqslant (a^2+b^2+c^2)^2 + abc\sqrt{3(a^2+b^2+c^2)}$

$\geqslant (a^2+b^2+c^2)^2 + abc(a+b+c) \geqslant 4(a^2b^2+a^2c^2+b^2c^2) = 4.$

参见 http://www.mathlinks.ro/Forum/viewtopic.php?t=204769

责任编辑：卢　源　李　凌
封面设计：童郁喜

＊数学奥林匹克命题人讲座＊
代数不等式
单　墫　主编
陈　计　季潮丞　著
上海科技教育出版社有限公司出版发行
（上海市闵行区号景路159弄A座8楼　邮政编码201101）
www.sste.com　　www.ewen.co
全国新华书店经销　上海颛辉印刷厂有限公司印刷
开本890×1240　1/32　印张7.375　字数190 000
2009年8月第1版　2025年9月第18次印刷
ISBN 978-7-5428-4848-2/O·613
定价：28.00元